华章IT
HZBOOKS | Information Technology

云计算与虚拟化技术丛书

Understanding the
OpenStack Neutron

深入理解 OpenStack Neutron

李宗标 著

机械工业出版社
China Machine Press

图书在版编目（CIP）数据

深入理解 OpenStack Neutron / 李宗标著 . —北京：机械工业出版社，2017.12
（云计算与虚拟化技术丛书）

ISBN 978-7-111-58448-3

I. 深… II. 李… III. 计算机网络 IV. TP393

中国版本图书馆 CIP 数据核字（2017）第 278307 号

深入理解 OpenStack Neutron

出版发行：机械工业出版社（北京市西城区百万庄大街 22 号 邮政编码：100037）	
责任编辑：高婧雅	责任校对：张惠兰
印　　刷：三河市宏图印务有限公司	版　　次：2018 年 1 月第 1 版第 1 次印刷
开　　本：186mm×240mm　1/16	印　　张：22.75
书　　号：ISBN 978-7-111-58448-3	定　　价：89.00 元

凡购本书，如有缺页、倒页、脱页，由本社发行部调换
客服热线：（010）88379426　88361066　　　　投稿热线：（010）88379604
购书热线：（010）68326294　88379649　68995259　读者信箱：hzit@hzbook.com

版权所有 • 侵权必究
封底无防伪标均为盗版
本书法律顾问：北京大成律师事务所　韩光 / 邹晓东

Foreword 序

自从我在 OpenStack 香港峰会做了"深入探索 Neutron"的主题分享后,很少看见有从业者如此专心研究 Neutron 代码并且整理和分享出来。于是我一看到样章便欣然答应审稿,并索要了全文稿件阅读。正值国庆并中秋假期,本是出去游玩的计划也取消了,不但免了外面喧嚣、拥堵之苦,还饱尝了稿内流畅、风趣之美,值!

作者不是简单地罗列 Neutron 代码,而是从头到尾都有自己的总结和理解。细致的图文解说令人记忆深刻。Neutron Ocata 版代码近乎 30 万行,要想透彻掌握,除了扎实的 Python 语言知识技能、丰富的网络领域知识,还要有铁杵磨成针的信念和毅力、为公也为己的开源分享精神、踏实不轻浮的从业素质。从本书来看,作者在这些方面都有比较深的造诣,值得本人学习。

虽然此书只讲述了 Neutron 社区实现版本中基本的二层和三层部分,但是脉络清晰,行文循序渐进。阅读本书,建议读者先安装好 OpenStack 环境,有了基本的 Neutron 网络操作体验后,下载好源代码,准备好 UML 画图工具,从第 1 章开始一直读到最后。读完之后,如果读者能自己看着源代码把各种功能的 UML 相关图整理出来,本书的目的就达到一半了。"师傅领进门,修行在个人",我想获取知识,自我成长的道理都是如此。

学习 Neutron 的另一个关键是不要有固定模式。Neutron 的核心是 API 以及背后的资源模型,社区实现版本可以作为参考,因为我们在给客户实施部署时,可能要换成其他厂商的实现版本。在深知 Neutron 的内涵之后,提供出灵活多变,适应客户需求的虚拟网络解决方案才是我们的目的。也只有深知内涵,才能有变化,我想这也是本书"深入理解"几个字的内在含义。所以读完此书,不要停止,继续挖掘 Neutron 虚拟网络的背后逻辑、问题和可变部分,这样才能达到"应用自如,万变不离其宗"的境界。

Neutron 定义了一组云计算中使用的网络模型,其后面实现可以是实在的网络硬件,也可以是虚拟的网络功能(网元)。虚虚实实,实中有虚,虚中有实,能根据客户的现实环境进行虚实结合，然后对 Neutron 进行定制化的部署甚至实现，是我对我们公司 Neutron 从业人员的要求。我想这个要求和本书作者对 Neutron 源码进行深入分析的目的是一致的。

总之，这本《深入理解 OpenStack Neutron》既有对 Neutron 虚拟网络背后的网络原理方面的阐述，也有对 Neutron 的数据模型、启动过程、消息处理机制和经典 API 函数处理的源码分析。语言网络化，风趣而又流畅；知识通俗化，深刻又易懂。相信此书能帮助读者进一步掌握 Neutron 虚拟网络，为以后的实践打下扎实的基础。

九州云 CTO　龚永生

2017 年 10 月　中秋夜

Preface 前言

为什么写作本书

2016年1月16号,我在微信公众号(标哥说天下)发表了 Neutron 系列的第一篇文章,当时计划是半年写完,没想到写了一年半。也许是由于冲动吧,那天我决定写一系列有关 Neutron 的文章。

手里拎个锤子,认为满世界都是钉子,这是一种要命的思维逻辑。写 Neutron 系列,最初的原因,不是因为需要用它做什么,而是想要说明它不能做什么。这对于从事云计算的人来说,可能根本就不是问题,因为 Neutron 的适用范围也恰好在他们的工作范围之内,没有逾越半步。

对于那些从事非云计算行业,却又与 Neutron 有着千丝万缕的联系的人来说,这可能也不是问题。但是如果领导与"专家"太多,这可能就是问题了。

然而在写作的过程中,我逐步放弃了想说明"Neutron 能做什么,不能做什么"的想法,**慢慢改变为现在的思路:努力描述 Neutron 原本是什么!**

本书首先从 Linux 虚拟网络知识讲起,步步推进,最后深入到 Neutron 的代码。当剥开 Neutron 代码的面纱以后,Linux 虚拟网络既是构建 Neutron 网络的基础,也是构建 Neutron 代码的基础。Neutron 的代码写到最后,不过是调用 Linux 的命令行而已(也包括调用 OVS 的命令行)。

这么说,当然对 Neutron 不公平,调用命令行只是 Neutron 代码的最后一步,在这之前,Neutron 还需知道调用什么命令行。这不是是否熟练掌握各种命令行的问题,而是能否正确分配逻辑资源的问题。举个最简单的例子,为一个端口配置一个 IP 地址,在调用命令行之前,Neutron 需要通过各种机制和算法为这个端口分配一个正确的 IP 地址。

Neutron 不仅需要具备分配逻辑资源的机制,还需要创建相应的虚拟网元(物理资源),并将这些虚拟网元正确地连接和配置,构建成正确的网络。Neutron 所能支持的二、三层网络特性,不仅体现在它的代码中,也体现在它的资源模型中,并且以 RESTful 接口的形式对外提供服务。

如何阅读本书

总体来说,Neutron 并不神秘,也不深奥,却比较庞大。如果你对 Neutron 的代码细节比较感兴趣，本书会有大量的篇幅进行代码剖析。如果你仅仅想了解 Neutron 的基本原理，本书的前几章也正是这个目的，希望能对你有些帮助。

Neutron 是一个关于网络的系统，本书第 1 章介绍了一些背景知识。在阅读本书之前，读者首先得具备一定的网络知识，也正是出于这样的目的，第 2 章介绍了 Linux 的虚拟网络知识。限于主题和篇幅的原因，本书没法再过多介绍其他内容。本书假设你对基本的 TCP/IP 协议、VXLAN、OVS 等有一定的了解。当然，如果要阅读代码剖析那些章节，那么还需要对 Python 有一定的了解，因为 Python 的编程语言就是 Python。第 3 章讲述了 Neutron 的实现模型。第 4 章讲述的是 Neutron 的资源模型。第 5 章讲述了 Neutron 的基本架构，以及架构中所涉及的 Web 机制、通信机制、并发机制等，这些都是 Neutron 的基本原理。第 6 章主要讲述 Neutron 如何启动 Web Server，并通过 WSGI Pipeline 机制调用合适的 WSGI Application，以及 WSGI Application 如何巧妙地寻址到正确的 Plugin。第 7 章主要讲述 Plugin 如何如何处理 Neutron 的 RESTful 请求，如何进行逻辑资源分配，如何调用 Agent。第 8 章主要讲述 Agent 如何配置（虚拟）网元，以构建 Neutron 网络。

但是无论多么细节的代码剖析，也没法做到将 Neutron 的每一行代码都讲述到。所以本书在每一个代码剖析的章节，**尽可能地给出相关的类图和顺序图**。如果你对 Neutron 代码还不是很熟悉，**笔者强烈建议，你一边看着代码，一边看着本书，两相对照阅读**，并且自己尝试着画出这些类图和顺序图，这将起到事半功倍的作用。

Neutron 代码下载的网址是：https://releases.openstack.org/，截至笔者定稿时的最新版本是 Ocata。笔者还建议你阅读这个网址的内容：https://developer.openstack.org/api-ref/networking/v2/index.html，它讲述了 Neutron 的 RESTful API，是非常重要的参考资料。

致谢

在写作的过程中，遇到了很多难题，幸亏得到陈苍老师许多热情而又无私的帮助，我才能越过一道道坎。陈苍老师是我的同事，安静、幽默、智慧。

风河的杨斌先生同样给予了我很多无私的帮助，他纠正了我原稿中的很多错误。

黄朝义、胡玉刚两位先生也很耐心地解答了我很多问题。我还向 Oslo 项目的 PTL 郭先生请教了有关 Oslo 的问题。

OpenStack 资深专家（人称大师兄）、九州云 CTO 龚永生先生牺牲宝贵的国庆中秋双节假期，为本书审稿并作序，深感荣幸和不安。

感谢机械工业出版社华章公司的高婧雅的指导与帮助，我才能将这一系列文章集结付梓。

这一路走来，我自己受益良多，学习了很多知识，认识了很多朋友！微信里，大家给我留言，跟我交流，给我信心。欢迎大家与我交流或者指正我的错误，可以关注我的微信公众号"标哥说天下"（bgstx001）。

感谢你的支持、帮助和鼓励，我才能坚持到今天！

目录 Contents

序
前言

第1章 Neutron 概述 ………………… 1
1.1 Neutron 的由来 ………………… 1
1.2 Neutron 的特性与应用 ………… 3
    1.2.1 基于 OpenStack 的应用 …… 4
    1.2.2 基于 SDN 的应用 ………… 6
1.3 Neutron 的扩展能力 …………… 8
1.4 本章小结 ………………………… 9

第2章 Linux 虚拟网络基础 ……… 11
2.1 tap ………………………………… 11
2.2 namespace ……………………… 13
2.3 veth pair ………………………… 16
2.4 Bridge …………………………… 17
2.5 Router …………………………… 19
2.6 tun ………………………………… 21
2.7 iptables ………………………… 24
    2.7.1 NAT ……………………… 27
    2.7.2 Firewall …………………… 30
    2.7.3 mangle …………………… 32

2.8 本章小结 ………………………… 32

第3章 Neutron 的网络实现模型 … 34
3.1 Neutron 的三类节点 …………… 34
3.2 计算节点的实现模型 …………… 35
    3.2.1 VLAN 实现模型 ………… 37
    3.2.2 VXLAN 实现模型 ……… 41
    3.2.3 GRE 实现模型 …………… 44
    3.2.4 计算节点的实现模型小结 … 45
3.3 网络节点的实现模型 …………… 46
3.4 控制节点的实现模型 …………… 49
3.5 本章小结 ………………………… 49

第4章 Neutron 的资源模型 ……… 51
4.1 Neutron 资源的租户隔离 ……… 51
    4.1.1 Neutron 语境下租户隔离的
          含义 ……………………… 52
    4.1.2 Neutron 在租户隔离中的无限
          责任和有限责任 ………… 53
    4.1.3 Neutron 的租户隔离实现方案 … 54
    4.1.4 租户隔离小结 …………… 56
4.2 Network ………………………… 57

4.2.1 运营商网络和租户网络 58
4.2.2 物理网络 61
4.2.3 Network 小结 64
4.3 Trunk Networking 65
4.3.1 Bridge 的 VLAN 接口模式 65
4.3.2 VLAN aware VM 与 Trunk Networking 69
4.3.3 Trunk Networking 小结 78
4.4 Subnet 79
4.4.1 IP 核心网络服务 80
4.4.2 Subnet 资源池 81
4.5 Port 83
4.6 Router 86
4.6.1 Router 的外部网关 88
4.6.2 增加 Router 接口 89
4.6.3 Router 的路由表 91
4.6.4 Floating IP 92
4.6.5 Router 小结 94
4.7 Multi-Segments 95
4.7.1 Multi-Segments 的困惑 96
4.7.2 Multi-Segments 的几个应用场景 98
4.8 BGP VPN 102
4.8.1 BGP VPN 的使用场景 103
4.8.2 BGP VPN 的实现模型 104
4.8.3 BGP VPN 的资源模型 105
4.9 本章小结 109

第 5 章 Neutron 架构分析 112
5.1 Neutron 的 Web 框架与规范 115
5.2 Neutron 的消息通信机制 117

5.2.1 AMQP 基本概念 118
5.2.2 AMQP 的消息转发 118
5.3 Neutron 的并发机制 122
5.3.1 协程概述 122
5.3.2 Neutron 中的协程 124
5.4 通用库 Oslo 131
5.5 本章小结 131

第 6 章 Neutron 的服务 132
6.1 Neutron 启动一个 Web Server 133
6.1.1 Web Server 的启动过程 133
6.1.2 Web Server 启动过程中的关键参数 135
6.1.3 Web Server 的进程与协程 138
6.1.4 小结 142
6.2 加载 WSGI Application 142
6.2.1 api-paste.ini 对应的 WSGI Application 144
6.2.2 neutronapi_v2_0 section 146
6.3 Core Service API（RESTful）的处理流程 148
6.3.1 Core Service 的 WSGI Application 149
6.3.2 Core Service 处理 HTPP Request 的基本流程 149
6.3.3 Core Service 处理 HTTP Request 的函数映射 153
6.3.4 小结 162
6.4 Extension Service API（RESTful）的处理流程 164
6.4.1 Extension Service 的类图与加载 164

- 6.4.2 Extension Service 的 WSGI Application ·················· 167
- 6.4.3 Extension Service 处理 HTTP Request 的基本流程 ············ 169
- 6.4.4 Extension Service 处理 HTTP Request 的函数映射 ·········· 171
- 6.4.5 小结 ································· 176
- 6.5 Plugin 的加载 ································· 178
  - 6.5.1 Core Service Plugin 的加载 ····· 179
  - 6.5.2 Extension Services Plugin 的加载 ································· 180
- 6.6 RPC Consumer 的创建 ················ 181
  - 6.6.1 Neutron Plugin 创建 RPC Consumer 的接口 ···················· 182
  - 6.6.2 Neutron Server 启动 RPC Consumer ······························· 183
- 6.7 本章小结 ································· 187

第 7 章 Neutron 的插件 ·················· 190

- 7.1 核心插件 ································· 191
  - 7.1.1 ML2 插件简介 ················ 193
  - 7.1.2 类型驱动 ···················· 193
  - 7.1.3 机制驱动 ···················· 202
  - 7.1.4 ML2 插件 create_network 函数剖析 ····················· 224
  - 7.1.5 ML2 插件 create_subnet 函数剖析 ····················· 229
  - 7.1.6 ML2 插件 create_port 函数剖析 ····················· 240
- 7.2 业务插件 ································· 249
  - 7.2.1 Router Plugin 的 create_router 函数分析 ···················· 250
  - 7.2.2 Router Plugin 的 add_router_interface 代码分析 ············ 257
- 7.3 Neutron Plugin 的消息发布和订阅 ···································· 260
  - 7.3.1 Neutron Plugin 中的 Callbacks Module 机制 ···················· 261
  - 7.3.2 Neutron Plugin 中的 RPC 机制 ···························· 265
- 7.4 本章小结 ································· 266

第 8 章 Neutron 的代理 ·················· 268

- 8.1 OVS Agent ································· 270
  - 8.1.1 三类关键的 Bridge ············· 270
  - 8.1.2 内外 VID 的转换 ············· 288
  - 8.1.3 OVS Agent 代码分析 ········· 295
  - 8.1.4 OVS Agent 小结 ············· 309
- 8.2 L3 Agent ································· 311
  - 8.2.1 class OVSInterfaceDriver 分析 ···· 312
  - 8.2.2 class RouterInfo 分析 ·········· 317
  - 8.2.3 L3 Agent 代码分析 ··········· 326
  - 8.2.4 L3 Agent 小结 ················ 351
- 8.3 本章小结 ································· 352

第 1 章 Chapter 1

Neutron 概述

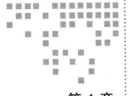

2010 年 7 月，OpenStack 开源社区（遵循 Apache License 2.0）成立，NASA（美国航天局）和 Rackspace 分别贡献出各自已有的虚拟化管理项目 Nova 和对象存储项目 Swift 作为 OpenStack 初始项目。2010 年 10 月，OpenStack 第一个正式版本 Austin 发布。

2012 年 Rackspace 为了社区的健康发展，捐出所有 OpenStack 相关的版权成立 OpenStack 基金会。基金会的设立使得 OpenStack 社区参与者更加多样化，操作系统、服务器、网络、运营商等纷纷加入。由此开始，OpenStack 社区开启了快速发展的繁荣局面。

Neutron 作为 OpenStack 的核心项目之一，在 OpenStack 的发展中，自然也功不可没。

1.1 Neutron 的由来

OpenStack 发展至今，已经有 46 个正式项目，Neutron 属于其中一个核心项目，如图 1-1 所示。

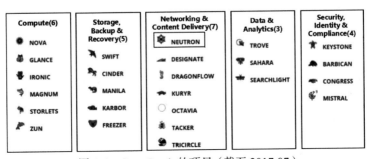

图 1-1　OpenStack 的项目（截至 2017.07）

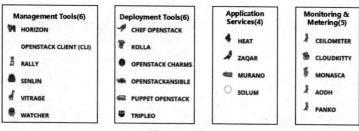

图 1-1 （续）

Neutron 在 OpenStack 的主要服务中所处的上下文，如图 1-2 所示。

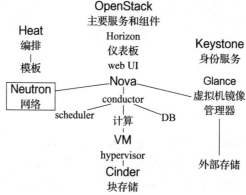

图 1-2　Neutron 在 OpenStack 主要服务中所处的上下文

当前，Neutron 已经成为 OpenStack 三大核心（存储、计算、网络）之一，对外提供 NaaS（Network as a Service）服务。但是当初 Neutron 只是 Nova 项目中的一个模块而已，到 Folsom 版本才正式从中剥离出来，成为一个正式并且核心的项目，如表 1-1 所示⊖。

表 1-1　Neutron 的由来

版本号	发行日期	Neutron 历史
Austin	2010.10.21	作为 Nova 中的一个模块 nova-network 存在
Essex	2012.04.05	网络功能数据模型开始从 Nova 中剥离，为独立项目做准备
Folsom	2012.09.27	正式从 Nova 中剥离，成立新的独立项目 Quantum，并且是核心项目
Havana	2013.10.17	项目名称从 Quantum 改名为 Neutron（Quantum 与一家公司名称冲突）

由此，Neutron 的发展简史可以概括为三个阶段：Nova-Network、Quantum、Neutron。Nova-Network 阶段，其支持的主要功能有：

1）IP 地址分配：包含为虚拟主机分配私有（固定）和浮动 IP 地址；

2）网络管理：仅支持三种网络，扁平网络、带 DHCP 功能的扁平网络、VLAN 网络；

3）安全控制：主要通过 ebtables 和 iptables 来实现。

⊖ 参考维基百科 OpenStack 条目。

可以看到，Nova-Network 所支持的功能还比较简单。到了 Quantum 阶段，其支持的主要功能有：

1）支持多租户隔离，并提供面向租户的 API；

2）插件式结构支持多种网络后端技术，包括 Open vSwitch、Cisco、Linux Bridge、Nicira NVP、Ryu、NEC 等；

3）支持位于不同的 2 层网络的 IP 地址重叠；

4）支持基本的 3 层转发和多路由器；

5）支持隧道技术（Tunneling）；

6）支持三层代理和 DHCP 代理的多节点部署，增强了扩展性和可靠性；

7）提供负载均衡 API（试用版本）。

Quantum 阶段所支持的功能已经初具规模。有了 Quantum 打下的良好基础，进入第三阶段以后，Neutron 所支持的功能和应用场景，得到了更大的发展。

1.2 Neutron 的特性与应用

从 Nova-Network 起步，经过 Quantum，再跨入新时代以后，经过几年的积累，Neutron 在网络的各个方面都取得了长足的发展。当前 Neutron 支持的特性，如表 1-2 所示。

表 1-2　Neutron 支持的特性

特性	状态	备注
Networks	required	支持的网络类型有：Local、Flat、VLAN、VXLAN、GRE、Geneve 6 种
Subnets	required	—
Ports	required	—
Routers	required	支持路由转发、SNAT、DNAT、外部网关等功能
Security Groups	mature	—
External Networks	mature	支持 Floating IP 和安全组
DVR	immature	分布式虚拟路由（Distributed Virtual Routers）
L3 High Availability	immature	支持 VRRP（Virtual Router Redundancy Protocol，虚拟路由冗余协议）
Quality of Service	mature	QoS
Border Gateway Protocol	immature	支持 BGP/MPLS VPN
DNS	mature	—
Trunk Ports	mature	支持 VLAN aware VM
Metering	mature	L3 路由器级别流量度量
Routed Provider Networks	immature	将多段 3 层网络封装为一个网络实体

Neutron 支持的这些特性，涵盖了 2～7 层的各种服务。除了基本的、必须支持的二层、三层服务，Neutron 在 4～7 层支持的服务有：LBaaS（负载均衡即服务）、FWaaS（防火墙

即服务）、VPNaaS（VPN 即服务）、Metering（网络计量服务）、DNSaaS（DNS 即服务）等。Neutron 在大规模高性能层面，还支持 L2pop、DVR、VRRP 等特性。

Neutron 的应用分为两大类：基于 OpenStack 的应用、基于 SDN 的应用。前者是在云的场景下，与 OpenStack 其他部件一起配合，为用户提供云服务。后者是在 SDN 场景下，与 SDN Controller 一起配合，为用户提供网络服务。

1.2.1 基于 OpenStack 的应用

基于 OpenStack 的应用，就是原生的云应用，Neutron 作为 OpenStack 中的网络部件，为用户提供网络服务。

早期的 Nova-Network 时代，Neutron 所支持的网络模型还比较简单，仅仅是单一的网络平面（或者是 Flat，或者是 VLAN），而且没有租户隔离，如图 1-3 所示[⊖]。

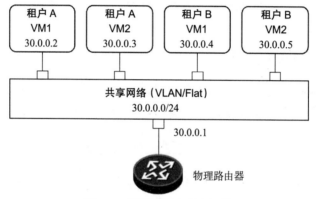

图 1-3　单平面租户共享网络

图 1-3 中，共享网络那个方框是 Neutron 的管理范围，它所表达的意思是：租户可以创建许多虚拟机，但是这些虚拟机只能连接到一个网络上。不同的租户共享一个网络，而且这个网络要么是 VLAN 网络，要么是 Flat 网络，只能是单一的网络类型。虽然 Neutron 在当时能够支持两种网络类型，但是在同一时刻，只能选择一种（虽然也没什么好选的）。另外，Neutron 还不支持路由器，它必须借助外部路由器（图 1-3 中的 Physical Router）才能有三层路由功能，这也意味着，不同租户的 VM 也必须在同一个网段，而且 IP 地址也不能重叠。

笔者当初第一眼看到这个图的时候，内心是崩溃的。不是因为它简单，而是因为它太简单。如果我们以物理世界的交换机、路由器来组网的话，单一平面网络就相当于图 1-4 所示的组网图：

单一平面网络，名字取得这么清新脱俗，不过是实现了一个低端交换机而已。人生若只如初见，何事秋风悲画扇。说句心里话，如果网络技术真的这么简单倒挺好，大家也不用费那么大力气去学习了。

⊖ 参考 https://www.ibm.com/developerworks/cn/cloud/library/1402_chenhy_openstacknetwork/。

第 1 章　Neutron 概述　❖　5

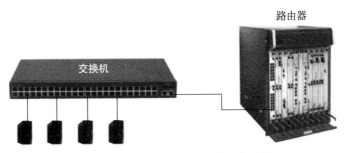

图 1-4　单平面网络在物理世界的映射

世界是复杂的，网络也是复杂的，Neutron 也在慢慢成长，变成了今天的模样——支持多平面租户私有网络，如图 1-5 所示。

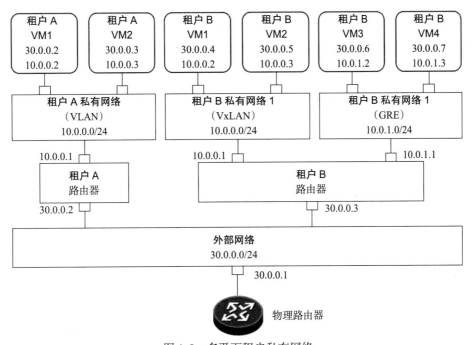

图 1-5　多平面租户私有网络

图 1-5 所表达的网络特征，总结如表 1-3 所示。

表 1-3　多平面租户私有网络的特征

特征	说　明
多平面	图 1-5 中同时有 VLAN、VXLAN、GRE 三种类型的网络
租户私有	租户 A 独占一个网络，租户 B 独占两个网络；租户 A 独占一个路由器，租户 B 独占一个路由器
地址重叠	租户 A 的 VM1、VM2 与租户 B 的 VM1、VM2，两者地址重叠
SNAT/DNAT	租户 A、B 的虚拟机访问外部网络时，支持 SNAT/DNAT
其他	表 1-2 所列的服务都可以支持，只是图 1-5 中没有表现出来而已

可以看到，Neutron 从当初的低端交换机已经发展成为支持各种协议，融合交换机、路由器为一体的，支持多租户隔离的综合解决方案。

有一点需要澄清一下，图 1-5 中的网络（比如租户 A 的私有网络）具体指的是什么？图 1-4 用了一个交换机做比方，虽然很痛快地说明了当初 Nova-Network 时代功能的不足，但是容易让人产生误解，以为 Neutron 当前的网络也不过是一个交换机而已，只是高端一点罢了。其实不然，无论是当初的 Nova-Network 时代，还是当今的 Neutron 时代，网络从具体实现来说，都不仅仅是一个交换机，而是一群交换机。

从模型角度来说，网络指的是 Neutron 的资源模型，是一个逻辑概念。从实现来说，网络指的是一群交换机，如图 1-6 所示。

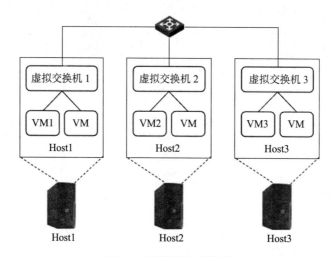

图 1-6　网络的实现模型

图 1-6 中，VM1、VM2、VM3 分属 3 个 Host，组成一个网络。从实现角度来说，这个网络指的就是 3 个 Host 中的 3 个虚拟交换机。

> 说明　实际上，虚拟机交换机比图 1-6 还要复杂，这里仅仅是一个简单示意。具体请参见第 3 章的描述。

Neutron 基于 OpenStack 的应用，网络的实现一般都是 Host 内的虚拟交换机。在 SDN 场景下，网络的实现很多选用厂商的硬件交换机（和路由器）。

1.2.2　基于 SDN 的应用

一千个人的心中，就有一千个 SDN。本文所说的 SDN，指的是传统老牌设备厂商推出的 SDN 方案，如图 1-7 所示：

图 1-7 所描述的应用场景，可以说是 SDN 浪潮大背景下的运营商与传统老牌设备商心照不宣各取所需的"创新"方案。运营商一直以来都被各个设备厂商提供的形态各异、纷繁复杂的管理接口所深深"伤害"，一直期望能有一个统一的接口。随着 OpenStack 的发展，Neutron 接口成为不少运营商的一个选择。当然，在 SDN 浪潮之下，仅仅选择 Neutron 接口是不够的，必须得沾上 SDN 的仙气。于是图 1-7 中的 SDN 控制器的存在就成为一种必然。这正好也中了设备商的下怀。1.2.1 节提到，基于 OpenStack 的 Neutron 应用，其选择的基本是 Host 内的虚拟交换机、路由器，这是传统老牌设备商所不能接受的——如果都选择了虚拟设备，那自家生产的交换机、路由器卖给谁去？于是设备商就与运营商一拍即合，推出了自家的"SDN 控制器+硬件设备（交换机、路由器）"综合解决方案，并将 SDN 控制器

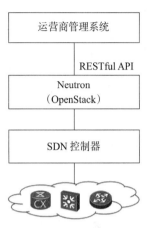

图 1-7 基于 SDN 的应用场景

挂接在 Neutron 的下面，对外以 Neutron 的统一接口和 SDN 的面貌出现，其实醉翁之意不在酒，在乎销售自己的硬件设备也。

客观地说，设备商以这样的方案推销自己的硬件设备，除了在商言商无可指责以外，从技术角度而言，其实也是一个比较正确的选择，毕竟当前的虚拟交换机、路由器，其性能还是不能跟硬件设备相比，在很多场景下还是有点力不从心。

下面我们就以开源组织 OPEN-O 的一个用例为例来直观感受一下，如图 1-8 所示。

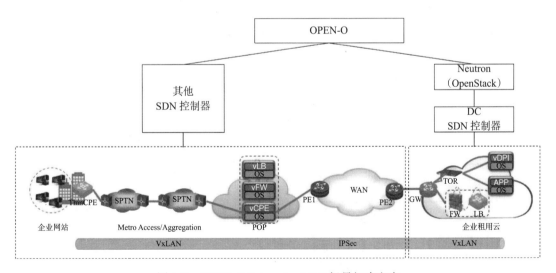

图 1-8 OPEN-O Enterprise 2 DC 场景解决方案

图 1-8 描述的是一个 Enterprise 2 DC 的场景，图左边的组网及"其他 SDN 控制器"与本文主题无关，我们先忽略。图右边是一个 DC（数据中心），OPEN-O 向下看到的是 Neutron

接口，而 DC SDN 控制器挂接在 Neutron 之下，对 DC 中的硬件设备（GW、TOR）进行配置管理。

> **说明** OPEN-O 已经与 AT&T 的 openECOMP 合并为一个新的开源组织 ONAP。

业界基于 SDN 的 Neutron 的应用案例还有很多，限于篇幅原因，这里就不一一列举。不过所有的案例、所有的解决方案，它们都有一个共同的特点：所有的 SDN 控制器都是挂接在 Neutron 之下的。这不仅因为业界期望 Neutron 能够成为统一的北向接口，也是源于 Neutron 的可扩展能力。

1.3 Neutron 的扩展能力

在 Neutron 基于 SDN 的应用场景中，所有的 SDN 控制器都挂接在 Neutron 之下，这是源于 Neutron 良好的扩展能力。Neutron 的可扩展架构如图 1-9 所示[⊖]。

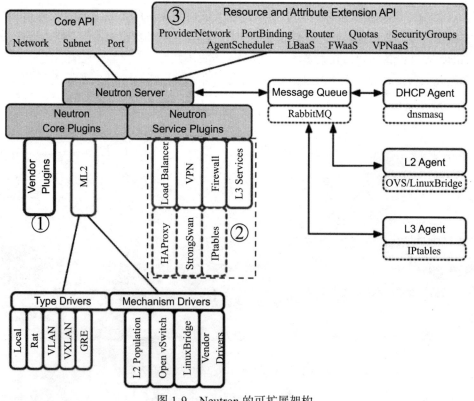

图 1-9 Neutron 的可扩展架构

⊖ 参考 http://www.chenshake.com/openstack-superficial-understanding-of-neutron-network。

Neutron 的架构，后面的章节会继续深入描述，这里可以不在意架构的细节，而只需关注架构的可扩展性。图 1-9 中圆圈所标注的①、②、③三个位置，正是 Neutron 的可扩展点，具体说明如表 1-4 所示：

表 1-4 Neutron 的可扩展点

扩展点	说　　明
①	可扩展点①是 Vendor Plugins（供应商/设备商插件），这是对 Core API（Network、Subnet、Port 三个核心资源的业务 API）的扩展。原生的 Neutron，实现 Core API 的载体是 ML2 插件。设备商不会去扩展 Core API，因为 Core API 正是运营商所追求的统一接口。但是原生的 ML2 一般来说管理的是虚拟交换机，如果需要管理设备商自己的交换机，则需要设备商自己扩展。Neutron 正是在①的位置，允许设备商扩展自己的插件并对接自己的 SDN 控制器
②	扩展点②与可扩展点①的性质是一样的，不过它所针对的是其他业务 API（Neutron 称之为 ExtensionAPI，位于图 1-9 中的③的位置）。如果设备商觉得 Neutron 原生的 Service Plugins 不合适，它可以扩展自己的插件（然后对接自己的 SDN 控制器）
③	扩展点③可以说将 Neutron 的可扩展性放大到极致，也体现了 Neutron 的一种开放性。所谓挂一漏万、百密一疏，Neutron 也不能保证它所定义的业务 API，就能 100% 满足业界的需要，所以 Neutron 也允许其他组织（包括运营商、设备商）对它的业务 API 进行扩展。当然，扩展了业务 API 以后，还需在业务插件（扩展点②）那里扩展插件

通过以上描述，可以看到 Neutron 的可扩展能力非常强大，不仅可以扩展具体的实现插件，也可以扩展业务 API。

当然，必须要强调的是，可扩展能力是 Neutron 的优点，但是绝不是它的全部。也就是说，**厂商可以根据自己的需要对 Neutron 进行扩展，但是如果不扩展的话，Neutron 仍然可以提供完整的解决方案**。从 API 到插件（图 1-9 中还包括 Agent），再到具体的网元（虚拟网元），Neutron 都可以完整地提供。有的厂家和开源组织，错误地理解了 Neutron 的可扩展性，以为只要提供一个可扩展的框架，其他厂商就会蜂拥而至，还美其名曰"生态建设"，这是一种非常要命的思维逻辑。

1.4 本章小结

Neutron 的使命是"实现服务和相关库以提供按需、可伸缩和技术无关的网络抽象"。经过几年的发展，Neutron 支持的特性已经比较丰富，Neutron 的架构也有着非常鲜明的特征。

1）为云租户提供一个 API 来构建丰富的网络拓扑，并在云中配置先进的网络策略。比如：创建多层 Web 应用程序拓扑。

2）使用各种创新插件（无论是开源还是闭源），以引入先进的网络能力。比如：使用 L2-in-L3 隧道以突破 VLAN（数量）限制，提供端到端的 QoS 保障，使用监控协议（如 NetFlow）。

3）让任何人都可以构建先进的网络服务（无论是开源还是闭源），插进 OpenStack 租户网络。比如：LB-aaS、VPN-aaS、firewall-aaS、data-center-interconnect-aaS。

4）支持 API 扩展。

完整的解决方案能力和强大的可扩展能力是 Neutron 的两大特征。在云的原生应用场景中，Neutron 作为 OpenStack 的一个核心部件，能够独立地、完整地提供 NaaS（Network as a Service）服务。在 SDN 应用场景中，Neutron 凭借其抽象的业务 API，成为运营商统一 API 的一个重要选项，并且凭着其强大的可扩展能力，可以很方便地集成设备商的 SDN Controller。Neutron 已经成为 SDN 场景下一个非常重要的解决方案。

Neutron 随着 OpenStack 已经发展七年。一梦，七年。梦醒，刚好遇见！

第 2 章 Chapter 3

Linux 虚拟网络基础

Neutron 在构建网络服务时，利用了很多 Linux 虚拟网络功能（Linux 内核中的虚拟网络设备以及其他网络功能）。为了对 Neutron 有一个全面的理解，掌握一些 Linux 虚拟网络知识是必要的。本章将从使用方法入手，对与 Neutron 密切相关的 Linux 虚拟网络功能进行简单介绍。

2.1 tap

Linux 在谈到 tap 时，经常会与 tun 并列谈论。两者都是操作系统内核中的虚拟网络设备。tap 位于二层，tun 位于三层。需要说明的是，这里所说的设备（Device）是 Linux 的概念，不是我们平时生活中所说的设备。比如，生活中，我们常常把一台物理路由器称为一台设备，如图 2-1 所示。

而 Linux 所说的设备，其背后指的是一个类似于数据结构、内核模块或设备驱动这样的含义。像 tun/tap 这样的设备，它的数据结构如下⊖：

图 2-1　一台路由器设备

```
struct tun_struct {
    char name[8];                       // 设备名
    unsigned long flags;                // 区分 tun 和 tap 设备
    struct fasync_struct *fasync;       // 文件异步通知结构
    wait_queue_head_t read_wait;        // 等待队列
```

⊖ 参考 http://blog.chinaunix.net/uid-7220314-id-208711.html。

```
        struct net_device dev;              //Linux 抽象网络设备结构
        struct sk_buff_head txq;             //网络缓冲区队列
            struct net_device_stats stats;   //网卡状态信息结构
};
```

我们看到，甚至连数据结构，tap 与 tun 的定义都是同一个，两者仅仅是通过一个 Flag 来区分。不过从背后所承载的功能而言，两者还是有比较大的区别：tap 位于网络 OSI 模型的二层（数据链路层），tun 位于网络的三层。本节暂时只介绍 tap，tun 会在后面的章节专门介绍。

tap 从功能定位上来讲，位于数据链路层，数据链路层的主要协议有：

1）点对点协议（Point-to-Point Protocol）；

2）以太网（Ethernet）；

3）高级数据链路协议（High-Level Data Link Protocol）；

4）帧中继（Frame Relay）；

5）异步传输模式（Asynchronous Transfer Mode）。

但是 tap 只是与其中一种协议以太网（Ethernet）协议对应。所以，tap 有时也称为"虚拟以太设备"。

要想使用 Linux 命令行操作一个 tap，首先 Linux 得有 tun 模块（Linux 使用 tun 模块实现了 tun/tap），检查方法如下：

```
# 如果敲击 Linux 命令行 modinfo tun, 有如下输出, 则说明具有 tun 模块
modinfo tun
filename:      /lib/modules/4.5.5-300.fc24.x86_64/kernel/drivers/net/tun.ko.xz
alias:         devname:net/tun
alias:         char-major-10-200
......
```

当 Linux 版本具有 tun 模块时，还得看看其是否已经加载，检查方法如下：

```
lsmod | grep tun
tun    28672    2
```

如果已经加载，则会出现上述的"tun***"那一行。如果没有加载，则使用如下命令进行加载：

```
modprobe tun
```

当我们确认 Linux 加载了 tun 模块以后，我们还需要确认 Linux 是否有操作 tun/tap 的命令行工具 tunctl。在 Linux 中输入以下命令：

```
tunctl help
```

输入这个命令后，如果 Linux 有输出，则说明 OK，否则我们执行如下命令行以安装 tunctl：

```
yum install tunctl
```

具备了 tun 和 tunctl 以后，我们就可以创建一个 tap 设备了，命令行也很简单，如下：

```
tunctl -t tap_test
Set 'tap_test' persistent and owned by uid 0
```

我们可以通过如下命令来查看刚刚创建的 tap（名字是 tap_test）：

```
ip link list
...
13: tap_test: <BROADCAST,MULTICAST> mtu 1500 qdisc noop state DOWN mode DEFAULT
    group default qlen 1000
link/ether 2e:72:30:19:4e:bb brd ff:ff:ff:ff:ff:ff
```

我们也可以通过如下命令来查看：

```
ifconfig -a
...
tap_test: flags=4098<BROADCAST,MULTICAST>  mtu 1500
ether 2e:72:30:19:4e:bb  txqueuelen 1000  (Ethernet)
...
```

通过上面的命令行输出，我们看到，这个 tap_test 还没有绑定 IP 地址。执行如下命令，给其绑定 IP 地址：

```
# 使用 ip addr 命令绑定 IP 地址命令
ip addr add local 192.168.100.1/24 dev tap_test
# 或者使用 ifconfig 命令绑定 IP 地址命令
ifconfig tap_test 192.168.100.1/24
```

使用 ifconfig -a 命令再查看一下：

```
ifconfig -a
......
tap_test: flags=4099<UP,BROADCAST,MULTICAST>  mtu 1500
         inet 192.168.100.1  netmask 255.255.255.0  broadcast 0.0.0.0
         ......
```

配置完 IP 以后，一个 tap 设备就创建完毕了。我们会在后面的章节中通过测试用例，继续讲述 tap 的用法。

2.2 namespace

namespace 是 Linux 虚拟网络的一个重要概念。传统的 Linux 的许多资源是全局的，比如进程 ID 资源。而 namespace 的目的首先就是将这些资源做资源隔离。Linux 可以在一个 Host 内创建许多 namespace，于是那些原本是 Linux 全局的资源，就变成了 namespace 范围内的"全局"资源，而且不同 namespace 的资源互相不可见、彼此透明。

Linux 具体将哪些全局资源做了隔离呢？看 Linux 相应的代码最直接、最直观：

```
// nsproxy.h
struct nsproxy {
        atomic_t count;
        struct uts_namespace *uts_ns;
        struct ipc_namespace *ipc_ns;
        struct mnt_namespace *mnt_ns;
        struct pid_namespace *pid_ns;
        struct user_namespace *user_ns;
        struct net *net_ns;
};
```

以上 6 个资源，就是 Linux namespace 所隔离的资源，其基本含义如表 2-1 所示。

表 2-1 Linux namespace 隔离的资源

资源	含 义
uts_ns	UTS 为 Unix Timesharing System 的简称，包含内存名称、版本、底层体系结构等信息
ipc_ns	所有与进程间通信（IPC）有关的信息
mnt_ns	当前装载的文件系统
pid_ns	有关进程 ID 的信息
user_ns	资源配额的信息
net_ns	网络信息

从资源隔离的角度，Linux namespace 的示意图如图 2-2 所示。

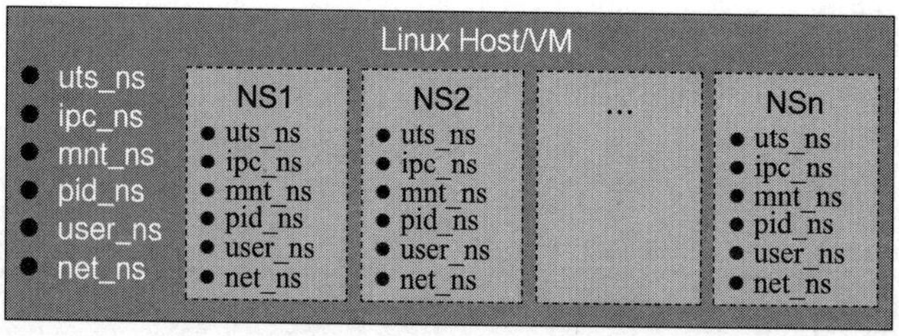

图 2-2 Linux namespace 示意图

图 2-2 表明，每个 namespace 里面将原本是全局资源的进行了隔离，彼此互相不可见。同时在 Linux 的 Host 或者 VM 中，当然也会有一套相关的资源。

单纯从网络的视角来看，一个 namespace 提供了一份独立的网络协议栈（网络设备接口、IPv4、IPv6、IP 路由、防火墙规则、sockets 等）。一个设备（Linux Device）只能位于一个 namespace 中，不同 namespace 中的设备可以利用 veth pair 进行桥接（veth pair 会在 2.3 节进行介绍）。

Linux 操作 namespace 的命令是 ip netns。这个命令行的帮助如下：

```
ip netns help
Usage: ip netns list
```

```
ip netns add NAME
ip netns set NAME NETNSID
ip [-all] netns delete [NAME]
ip netns identify [PID]
ip netns pids NAME
ip [-all] netns exec [NAME] cmd ...
ip netns monitor
ip netns list-id
```

我们首先创建一个 namespace：

```
# 首先查看一下当前的 namespace 列表
ip netns list
# 因为当前没有 namespace，所以上面的命令行没有任何返回
# 创建一个 namespace，名字是 ns_test
ip netns add ns_test
# 再查看一下当前的 namespace 列表，发现有一个 namespace: ns_test
ip netns list
ns_test   # 这个是 ip netns list 的返回值
```

当我们创建一个 namespace 以后，我们可以把原来创建的虚拟设备 tap_test 迁移到这个 namespace 里去，命令行如下：

```
ip link set tap_test netns ns_test
```

这个时候，我们在原来的 host/vm 里面再执行 ip link list 命令，就会发现这个设备 tap_test 消失了（因为搬迁到 namespace ns_test 里去了）。

那么，我们如何查看或者操作 namespace 里面的设备呢？其命令行格式为：

```
ip [-all] netns exec [NAME] cmd ...         // cmd 为想要操作的命令行
```

比如我们要管理 ns_test 里面的设备，执行命令如下：

（1）在 ns_test 里执行 ip link list

```
ip netns exec ns_test ip link list
1: lo: <LOOPBACK> mtu 65536 qdisc noop state DOWN mode DEFAULT group default qlen 1
    link/loopback 00:00:00:00:00:00 brd 00:00:00:00:00:00
3: tap_test: <BROADCAST,MULTICAST> mtu 1500 qdisc noop state DOWN mode DEFAULT group
    default qlen 1000
    link/ether aa:bb:84:9f:a5:0c brd ff:ff:ff:ff:ff:ff
```

（2）在 ns_test 里执行 ifconfig -a

```
ip netns exec ns_test ifconfig -a
lo: flags=8<LOOPBACK>  mtu 65536
    ......
tap_test: flags=4098<BROADCAST,MULTICAST>  mtu 1500
    ether aa:bb:84:9f:a5:0c  txqueuelen 1000  (Ethernet)
    ......
```

（3）绑定 IP 地址

```
ip netns exec ns_test ifconfig tap_test 192.168.50.1/24 up
```

（4）查看 IP 地址

```
ip netns exec ns_test ifconfig -a
lo: flags=8<LOOPBACK>  mtu 65536
        loop  txqueuelen 1  (Local Loopback)
        ......

tap_test: flags=4099<UP,BROADCAST,MULTICAST>  mtu 1500
        inet 192.168.50.1  netmask 255.255.255.0  broadcast 192.168.50.255
        ether aa:bb:84:9f:a5:0c  txqueuelen 1000  (Ethernet)
        ......
```

namespace 先介绍到这里，在后面的相关测试用例中，我们还会继续介绍。

2.3 veth pair

veth pair 不是一个设备，而是一对设备，以连接两个虚拟以太端口。操作 veth pair，需要跟 namespace 一起配合，不然就没有意义。我们设计一个测试用例，如图 2-3 所示。

两个 namespace ns1/ns2 中各有一个 tap 组成 veth pair，两者的 IP 地址如图 2-4 所示，两个 IP 进行互 ping 测试。下面我们就一步一步实现这个用例。

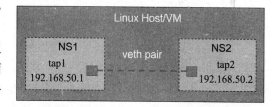

图 2-3　一个简单的 veth pair 测试用例

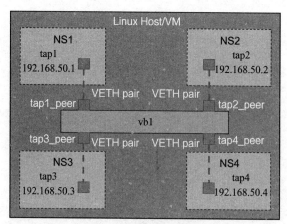

图 2-4　一个综合测试用例

```
# 创建 veth pair
ip link add tap1 type veth peer name tap2
```

```
# 创建 namespace: ns1、ns2
ip netns add ns1
ip netns add ns2
# 把两个 tap 分别迁移到对应的 namespace 中
ip link set tap1 netns ns1
ip link set tap2 netns ns2
# 分别给两个 tap 绑定 IP 地址
ip netns exec ns1 ip addr add local 192.168.50.1/24 dev tap1
ip netns exec ns2 ip addr add local 192.168.50.2/24 dev tap2
# 将两个 tap 设置为 up
ip netns exec ns1 ifconfig tap1 up
ip netns exec ns2 ifconfig tap2 up
# ping
ip netns exec ns2 ping 192.168.50.1
PING 192.168.50.1 (192.168.50.1) 56(84) bytes of data.
64 bytes from 192.168.50.1: icmp_seq=1 ttl=64 time=0.066 ms
……

ip netns exec ns1 ping 192.168.50.2
PING 192.168.50.2 (192.168.50.2) 56(84) bytes of data.
64 bytes from 192.168.50.2: icmp_seq=1 ttl=64 time=0.021 ms
……
```

通过上面的测试用例，我们了解了通过 veth pair 连接两个 namespace 的方法。但是，如果是 3 个 namespace 之间需要互通呢？或者多个 namespace 之间需要互通呢？ veth pair 只有一对 tap，无法胜任，怎么办？这就需要用到 Bridge/Switch。

2.4 Bridge

在 Linux 的语境里，Bridge（网桥）与 Switch（交换机）是一个概念，所以本文也不对两者进行区分。

Linux 实现 Bridge 功能的是 brctl 模块。在命令行里敲一下 brctl，如果能显示相关内容，则表示有此模块，否则还需要安装。安装命令是：

```
yum install bridge-utils
```

执行命令 brctl，显示的是 brctl 的帮助，如下：

```
brctl
Usage: brctl [commands]
commands:
    addbr           <bridge>                add bridge
    delbr           <bridge>                delete bridge
    addif           <bridge> <device>       add interface to bridge
    delif           <bridge> <device>       delete interface from bridge
    hairpin         <bridge> <port> {on|off}    turn hairpin on/off
```

```
setageing        <bridge> <time>            set ageing time
setbridgeprio    <bridge> <prio>            set bridge priority
setfd            <bridge> <time>            set bridge forward delay
sethello         <bridge> <time>            set hello time
setmaxage        <bridge> <time>            set max message age
setpathcost      <bridge> <port> <cost>     set path cost
setportprio      <bridge> <port> <prio>     set port priority
show             [ <bridge> ]               show a list of bridges
showmacs         <bridge>                   show a list of mac addrs
showstp          <bridge>                   show bridge stp info
stp              <bridge> {on|off}          turn stp on/off
```

Bridge 本身的概念，本文不再啰唆。下面笔者通过一个综合测试用例来讲述 Bridge 的基本用法，同时也涵盖前面所述的几个概念：tap、namesapce、veth pair，如图 2-4 所示。

图 2-4 中，有 4 个 namespace，每个 namespace 都有一个 tap 与交换机上一个 tap 口组成 veth pair。这样 4 个 namespace 就通过 veth pair 及 Bridge 互联起来。

实现这个用例的命令行如下：

```
# 1）创建 veth pair
ip link add tap1 type veth peer name tap1_peer
ip link add tap2 type veth peer name tap2_peer
ip link add tap3 type veth peer name tap3_peer
ip link add tap4 type veth peer name tap4_peer
# 2）创建 namespace
ip netns add ns1
ip netns add ns2
ip netns add ns3
ip netns add ns4
# 3）把 tap 迁移到相应 namespace 中
ip link set tap1 netns ns1
ip link set tap2 netns ns2
ip link set tap3 netns ns3
ip link set tap4 netns ns4
# 4）创建 Bridge
brctl addbr br1
# 5）把相应 tap 添加到 Bridge 中
brctl addif br1 tap1_peer
brctl addif br1 tap2_peer
brctl addif br1 tap3_peer
brctl addif br1 tap4_peer
# 6）配置相应 tap 的 IP 地址
ip netns exec ns1 ip addr add local 192.168.50.1/24 dev tap1
ip netns exec ns2 ip addr add local 192.168.50.2/24 dev tap2
ip netns exec ns3 ip addr add local 192.168.50.3/24 dev tap3
ip netns exec ns4 ip addr add local 192.168.50.4/24 dev tap4
# 7）将 Bridge 及所有 tap 状态设置为 up
ip link set br1 up
ip link set tap1_peer up
ip link set tap2_peer up
```

```
ip link set tap3_peer up
ip link set tap4_peer up
ip netns exec ns1 ip link set tap1 up
ip netns exec ns2 ip link set tap2 up
ip netns exec ns3 ip link set tap3 up
ip netns exec ns4 ip link set tap4 up
# 8）现在就可以互相 ping 通了
ip netns exec ns1 ping 192.168.50.2
......
ip netns exec ns4 ping 192.168.50.1
```

2.5 Router

Linux 创建 Router 并没有像创建虚拟 Bridge 那样，有一个直接的命令 brctl，而且它间接的命令也没有，不能创建虚拟路由器……因为它就是路由器（Router）！

不过 Linux 默认没有打开路由转发功能。可以用这个命令验证一下：

```
less /proc/sys/net/ipv4/ip_forward
```

这个命令就是查看一下这个文件（/proc/sys/net/ipv4/ip_forward）的内容。该内容是一个数字。如果是"0"，则表示没有打开路由功能。把"0"修改为"1"，就是打开了 Linux 的路由转发功能：

```
echo "1" > /proc/sys/net/ipv4/ip_forward
```

这种打开方法，在机器重启以后就会失效了。一劳永逸的方法是修改配置文件 "/etc/sysctl.conf"，将 net.ipv4.ip_forward = 0 修改为 1，保存后退出即可。

下面我们仍然通过一个测试用例来直观感受一下 Router 的功能。测试用例组网图如图 2-5 所示。

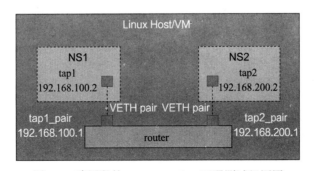

图 2-5　跨网段的 namespace/tap 互通测试组网图

在这个图 2-5 中，NS1/tap1 与 NS2/tap2 不在同一个网段中，中间需要经一个路由器进行转发才能互通。图中的 Router 是一个示意，其实就是 Linux 开通了路由转发功能。

当我们添加了 tap 并给其绑定 IP 地址时，Linux 会自动生成直连路由，如图 2-6 所示。

图 2-6 Linux 自动生成的路由表

下面我们根据测试用例组网图,创建设备。命令如下:

```
# 创建 veth pair
ip link add tap1 type veth peer name tap1_peer
ip link add tap2 type veth peer name tap2_peer
# 创建 namespace
ip netns add ns1
ip netns add ns2
# 将 tap 迁移到 namespace
ip link set tap1 netns ns1
ip link set tap2 netns ns2
# 配置 tap IP 地址
ip addr add local 192.168.100.1/24 dev tap1_peer
ip addr add local 192.168.200.1/24 dev tap2_peer
ip netns exec ns1 ip addr add local 192.168.100.2/24 dev tap1
ip netns exec ns2 ip addr add local 192.168.200.2/24 dev tap2
# 将 tap 设置为 up
ip link set tap1_peer up
ip link set tap2_peer up
ip netns exec ns1 ip link set tap1 up
ip netns exec ns2 ip link set tap2 up
```

现在我们来做个测试,ping 一下:

```
ip netns exec ns1 ping 192.168.200.2
connect: Network is unreachable
```

ping 不通,网络不可达。我们查看一下 ns1 的路由表:

```
ip netns exec ns1 route -nee
```

图 2-7 是 ns1 的路由表截图,从图中可以看到,ns1 并没有到达 192.168.200.0/24 的路由表项,我们需要手工添加。命令行如下:

图 2-7 ns1 的路由表

```
# ns1、ns2 都添加静态路由,分别到达对方的网段
ip netns exec ns1 route add -net 192.168.200.0 netmask 255.255.255.0 gw 192.
    168.100.1
ip netns exec ns2 route add -net 192.168.100.0 netmask 255.255.255.0 gw 192.
    168.200.1
```

这个时候，我们再来查看 ns1 的路由信息，ns1 已经具有到达 192.168.200.0/24 的路由表项，如图 2-8 所示。

```
ip netns exec ns1 route -nee
```

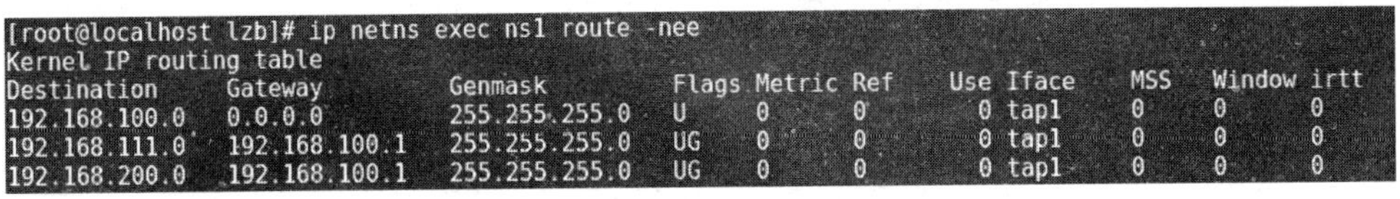

```
[root@localhost lzb]# ip netns exec ns1 route -nee
Kernel IP routing table
Destination     Gateway         Genmask         Flags Metric Ref    Use Iface             MSS   Window irtt
192.168.100.0   0.0.0.0         255.255.255.0   U     0      0        0 tap1              0     0      0
192.168.111.0   192.168.100.1   255.255.255.0   UG    0      0        0 tap1              0     0      0
192.168.200.0   192.168.100.1   255.255.255.0   UG    0      0        0 tap1              0     0      0
```

图 2-8 增加静态路由后的 ns1 的路由表

再重新 ping 一下，通了：

```
ip netns exec ns1 ping 192.168.200.2
PING 192.168.200.2 (192.168.200.2) 56(84) bytes of data.
64 bytes from 192.168.200.2: icmp_seq=1 ttl=63 time=0.040 ms
......
ip netns exec ns2 ping 192.168.100.2
PING 192.168.100.2 (192.168.100.2) 56(84) bytes of data.
64 bytes from 192.168.100.2: icmp_seq=1 ttl=63 time=0.030 ms
......
```

2.6 tun

tun 是一个网络层（IP）的点对点设备，它启用了 IP 层隧道功能。Linux 原生支持的三层隧道，可以通过命令行 ip tunnel help 查看：

```
ip tunnel help
Usage: ip tunnel { add | change | del | show | prl | 6rd } [ NAME ]
         [ mode { ipip | gre | sit | isatap | vti } ] [ remote ADDR ] [ local ADDR ]
         [ [i|o]seq ] [ [i|o]key KEY ] [ [i|o]csum ]
         [ prl-default ADDR ] [ prl-nodefault ADDR ] [ prl-delete ADDR ]
         [ 6rd-prefix ADDR ] [ 6rd-relay_prefix ADDR ] [ 6rd-reset ]
         [ ttl TTL ] [ tos TOS ] [ [no]pmtudisc ] [ dev PHYS_DEV ]

Where: NAME := STRING
       ADDR := { IP_ADDRESS | any }
       TOS  := { STRING | 00..ff | inherit | inherit/STRING | inherit/00..ff }
       TTL  := { 1..255 | inherit }
       KEY  := { DOTTED_QUAD | NUMBER }
```

可以看到，Linux 一共原生支持 5 种三层隧道（tunnel），如表 2-2 所示。

表 2-2 Linux 原生支持的三层隧道

隧道	简 述
ipip	IP in IP，在 IPv4 报文的基础上再封装一个 IPv4 报文头，属于 IPv4 in IPv4

（续）

隧道	简述
gre	通用路由封装（Generic Routing Encapsulation），定义了在任意一种网络层协议上封装任意一个其他网络层协议的协议，属于 IPv4/IPv6 over IPv4
sit	这个跟 ipip 类似，只不过是用一个 IPv4 的报文头封装 IPv6 的报文，属于 IPv6 over IPv4
isatap	站内自动隧道寻址协议，一般用于 IPv4 网络中的 IPv6/IPv4 节点间的通信
vti	全称是 Virtual Tunnel Interface，为 IPsec 隧道提供了一个可路由的接口类型

下面我们就用一个具体的测试用例来讲述 tun。测试用例组网如图 2-9 所示。

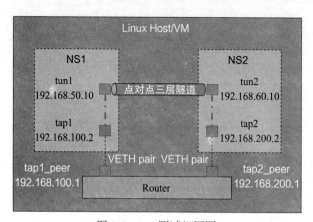

图 2-9　tun 测试组网图

图 2-9 中的 tun1、tun2，如果我们先忽略的话，剩下的就是我们在 2.5 节中讲述过的内容。

测试用例的第一步，就是使图中的 tap1 与 tap2 配置能通，这里我们不再重复。

当 tap1 和 tap2 配通以后，如果我们不把图 2-10 中的 tun1 和 tun2 暂时当做 tun 设备，而是当做两个"死"设备（比如当做是两个不做任何配置的网卡），那么这个时候 tun1 和 tun2 就像两个孤岛，不仅互相不通，而且跟 tap1、tap2 也没有关系。我们可以用一个更形象的图来示意，如图 2-10 所示。

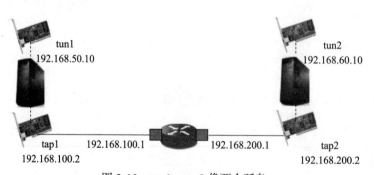

图 2-10　tun1、tun2 像两个孤岛

这个时候，我们就需要对 tun1、tun2 做相关配置，以使这两个两个孤岛能够互相通信。我们以 ipip tunnel 为例进行配置。

首先我们要加载 ipip 模块，Linux 默认是没有加载这个模块的。通过命令行 lsmod | grep ip 进行查看，查看结果如图 2-11 所示。

图 2-11　Linux 默认没有加载 ipip 模块

我们可以通过命令 modprobe ipip 来加载 ipip 模块。执行完此命令以后再查看，就能看到 ipip 模块被加载进入 Linux，如图 2-12 所示。

图 2-12　Linux 加载 ipip 模块

加载了 ipip 模块以后，我们就可以创建 tun，并且给 tun 绑定一个 ipip 隧道（tunnel），命令行如下：

```
# 1）在 ns1 上创建 tun1 和 ipip tunnel
ip netns exec ns1 ip tunnel add tun1 mode ipip remote 192.168.200.2 local 192.
    168.100.2 ttl 255
ip netns exec ns1 ip link set tun1 up
ip netns exec ns1 ip addr add 192.168.50.10 peer 192.168.60.10 dev tun1
# 2）在 ns2 上创建 tun2 和 ipip tunnel
ip netns exec ns2 ip tunnel add tun2 mode ipip remote 192.168.100.2 local 192.
    168.200.2 ttl 255
ip netns exec ns2 ip link set tun2 up
ip netns exec ns2 ip addr add 192.168.60.10 peer 192.168.50.10 dev tun2
```

这个命令行需要做一个解释，如表 2-3 所示。

表 2-3　命令行 ip tunnel add 的解释

命令行	解　　释
ip netns exec ns1 ip tunnel add tun1 mode ipip remote 192.168.200.2 local 192.168.100.2 ttl 255	① ip netns exec ns1：在 ns1 上操作 ② ip tunnel add tun1 mode ipip：创建一个 tun 类型的设备 tun1，并且隧道模式是 ipip ③ remote 192.168.200.2 local 192.168.100.2：这个隧道的外层 IP 地址是：远端 192.168.200.2，近端（本地）192.168.100.2，就是两个 namespace 中的两个对应 tap ④ ttl 255：就是 ttl = 255
ip netns exec ns1 ip link set tun1 up	启动 tun1
ip netns exec ns1 ip addr add 192.168.50.10 peer 192.168.60.10 dev tun1	ip addr add 192.168.50.10 peer 192.168.60.10 dev tun1：设备 tun1 是一个点对点的设备，它自己的 IP 是 192.168.50.10，它的对端 IP 是 192.168.60.10。这两个 IP 地址就是 ipip 隧道的内层 IP

说明　把上面的命令行脚本中的 ipip 换成 gre，其余不变，就创建了一个 gre 隧道的 tun 设备对。

当做完上述配置，两个 tun 就可以互通了，如图 2-13 所示。

```
[root@localhost lzb]# ip netns exec ns1 ping 192.168.60.10
PING 192.168.60.10 (192.168.60.10) 56(84) bytes of data.
64 bytes from 192.168.60.10: icmp_seq=1 ttl=64 time=0.086 ms
64 bytes from 192.168.60.10: icmp_seq=2 ttl=64 time=0.054 ms
64 bytes from 192.168.60.10: icmp_seq=3 ttl=64 time=0.071 ms
^C
--- 192.168.60.10 ping statistics ---
3 packets transmitted, 3 received, 0% packet loss, time 2000ms
rtt min/avg/max/mdev = 0.054/0.070/0.086/0.014 ms
[root@localhost lzb]#
[root@localhost lzb]# ip netns exec ns2 ping 192.168.50.10
PING 192.168.50.10 (192.168.50.10) 56(84) bytes of data.
64 bytes from 192.168.50.10: icmp_seq=1 ttl=64 time=0.039 ms
64 bytes from 192.168.50.10: icmp_seq=2 ttl=64 time=0.052 ms
^C
--- 192.168.50.10 ping statistics ---
2 packets transmitted, 2 received, 0% packet loss, time 1000ms
```

图 2-13　两个 tun 互相 ping

因为我们说 tun 是一个设备，那么我们可以通过 ifconfig 这个命令，来看看这个设备的信息：

```
ip netns exec ns1 ifconfig -a
......
tun1: flags=209<UP,POINTOPOINT,RUNNING,NOARP>  mtu 1480
        inet 192.168.50.10  netmask 255.255.255.255  destination 192.168.60.10
        tunnel   txqueuelen 1  (IPIP Tunnel)
        ......
```

可以看到，tun1 是一个 ipip tunnel 的一个端点，IP 是 192.168.50.10，其对端 IP 是 192.168.60.10。

我们再看看路由表，如图 2-14 所示。

```
[root@localhost lzb]# ip netns exec ns1 route -nee
Kernel IP routing table
Destination     Gateway         Genmask         Flags Metric Ref    Use Iface    MSS   Window irtt
192.168.60.10   0.0.0.0         255.255.255.255 UH    0      0        0 tun1     0     0      0
192.168.100.0   0.0.0.0         255.255.255.0   U     0      0        0 tap1     0     0      0
192.168.111.0   192.168.100.1   255.255.255.0   UG    0      0        0 tap1     0     0      0
192.168.200.0   192.168.100.1   255.255.255.0   UG    0      0        0 tap1     0     0      0
```

图 2-14　增加了 tun 设备的 ns1 的路由表

框中的内容告诉我们，到达目的地 192.168.60.10 的路由的一个直连路由直接从 tun1 出去即可。

2.7　iptables

iptables 与前文介绍的 tap/tun 等不同，它并不是一个网络设备。不过它们又有相同点：都是 Linux 的软件。通过 iptables 可以实现防火墙、NAT 等功能，不过这句话也对，也不对。

说它对，我们确实是通过 iptables 相关的命令行，实现了防火墙、NAT 的功能；说它不对，是因为 iptables 其实只是一个运行在用户空间的命令行工具，真正实现这些功能的是运行在内核空间的 netfilter 模块。它们之间的关系如图 2-15 所示[○]。

我们不必太在意这个图是什么意思，那样有点偏离主题，只需有个直观的感觉即可。本节所要描述的内容位于图中 "iptables 命令" 方框。

iptables 内置了三张表：filter、nat 和 mangle。filter 和 nat 顾名思义，是为了实现防火墙和 NAT 功能而服务的。mangle，翻译成汉语是 "乱砍；损坏；用轧布机砑光" 等意思，它在这里指的是 "主要应用在修改数据包内容上，用来做流量整形"。

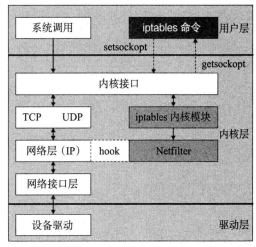

图 2-15　iptables 与 netfilter 的关系图

> 说明　iptables 还内置了另外 2 张表 raw 和 security，这里不详细介绍了。

iptables 内置的既是三张表，也是三条链（chain），或者换个角度说，iptables 内置的是三种策略（policy），而这些策略，是由不同规则（rule）串接而成。什么叫规则呢？我们以防火墙为例，讲述一条规则：

```
iptables -A INPUT -i eth0 -p icmp -j ACCEPT
```

这条规则表达的意思是：**允许所有从 eth0 端口进入且协议是 ICMP 的报文可以接受（可以进入下一个流程）的**。

这就是一条规则，至于 iptables 的命令行格式（语法）只是一个表象，它的本质是对进入的 IP 报文进行说明，如：符合什么样的条件（比如本条命令的条件是 "允许所有从 eth0 端口进入且协议是 ICPM 的报文"）、做什么样的处理（比如本条命令的处理是 "接受"，可以进入下一个流程）。

iptables 可以定义很多策略 / 规则，从图 2-16 中我们知道，这些规则最终会传递到内核 netfilter 模块，netfilter 模块会根据这些规则做相应的处理。netfilter 的处理方式是：从报文进入本机（linux host 或 vm）的那一刻起，到报文离开本机的那一刻止，中间这段时间（或者是发自本机的报文，从报文准备发送的那一刻，到报文离开本机的那一刻止，中间这段时间），netfilter 会在某些时刻点插入处理模块，这些处理模块根据相应的策略 / 规则对报文进行处理。

至于 nat、filter、mangle 三张表也可以这么理解：仅仅是为了达到不同的目的（功能）而实现的三个模块而已。

○　参考 http://blog.chinaunix.net/uid-23069658-id-3160506.html。

netfilter 插入的这些时刻点如图 2-16 所示。

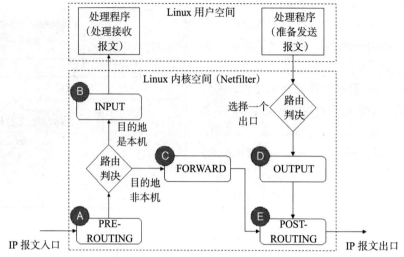

图 2-16　Netfilter 处理报文的时刻点

在这些时刻点中，上文提到三张表（模块）并不是所有的时刻都可以处理。在同一个时刻点，也可以有多个模块进行处理，那么这些模块就有一个处理顺序，谁先处理，谁后处理。这么说有点绕，具体请参见图 2-17。

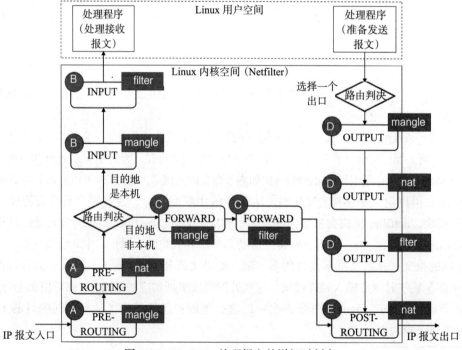

图 2-17　Netfilter 处理报文的详细时刻点

图中的几个关键时刻点，含义如下：

1）PREROUTING：报文进入网络接口尚未进入路由之前的时刻；

2）INPUT：路由判断是本机接收的报文，准备从内核空间进入到用户空间的时刻；

3）FORWARD：路由判断不是本机接收的报文，需要路由转发，路由转发的那个时刻；

4）OUTPUT：本机报文需要发出去，经过路由判断选择好端口以后，准备发送的那一刻；

5）POSTROUTING：FORWARD/OUTPUT 已经完成，报文即将出网络接口的那一刻。

三张表，所能对应的时刻点，如表 2-4 所示。

表 2-4 三张表所能处理的时刻点

表名	时刻点
mangle	PREROUTING, INPUT, FORWARD, OUTPUT
nat	PREROUTING, OUTPUT, POSTROUTING
filter	INPUT, FORWARD, OUTPUT

这三张表（三个模块）在这些时刻点，到底是做什么处理呢？下面我们逐个讲述。

2.7.1 NAT

1. NAT 的基本概念

在讲述 nat 这张表做何处理之前，我们首先介绍一下 NAT 的基本概念。

NAT（Network Address Translation，网络地址转换），顾名思义，就是从一个 IP 地址转换为另一个 IP 地址。当然，这里面的根本原因还是 IP 地址不够用的问题（解决 IP 地址枯竭的方法一个是 IPv6，另一个就是 NAT）。所以，NAT，大家基本做的还是公网地址与私网地址的互相转换。如果一定要在公网地址之间互相转换，或者私网地址之间互相转换，技术上是支持的，只是这样的场景非常非常少。

NAT，从实现技术角度来说，分为：静态 NAT、动态 NAT 和端口多路复用三种方案。

（1）静态 NAT（Static NAT）

静态 NAT（Static NAT），有两个特征（如图 2-18 所示）。

①私网 IP 地址与公网 IP 地址的转换规则是静态指定的，比如 10.10.10.1 与 50.0.0.1 互相转换，这个是静态指定好的。

②私网 IP 地址与公网 IP 地址是 1∶1，即一个私网 IP 地址对应 1 个公网 IP 地址。

图 2-18 静态 NAT

（2）动态 NAT

一般情况是公网 IP 比私网 IP 地址少的时候，用到动态 NAT 方案。如果公网 IP 地址比私网 IP 地址还多（或者相等），则用静态 NAT 就可以了，没必要这么麻烦。

动态 NAT，就是一批私网 IP 与公网 IP 地址之间不是固定的转换关系，而是在 IP 报文处理过程中由 NAT 模块进行动态匹配。虽然，公网 IP 比私网 IP 地址少，但是，同时在线的私网

IP 需求小于等于公网 IP 数量，不然某些私网 IP 将得不到正确的转换，从而导致网络通信失败。

动态 NAT，有三个特征（如图 2-19 所示）。

① 私网与公网 IP 地址之间不是固定匹配转换的，而是变化的；

② 两者之间的转换规则不是静态指定的，而是动态匹配的；

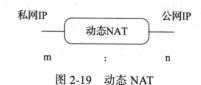

图 2-19　动态 NAT

③ 私网 IP 地址与公网 IP 地址之间是 m : n，一般 m < n。

（3）端口多路复用 /PAT

如果私网 IP 地址有多个，而公网 IP 地址只有一个，那么，静态 NAT 显然是不行了，动态 NAT 也基本不行（只有一个公网 IP，不够用）。此时，就需要用到端口多路复用。多个私网 IP 映射到同一个公网 IP，不同的私网 IP 利用端口号进行区分，这里的端口号指的是 TCP/UDP 端口号。所以端口复用又叫 PAT（Port Address Translation）。

端口多路复用（PAT）的特征是（如图 2-20 所示）。

① 私网 IP : 公网 IP = m : 1；

② 以公网 IP + 端口号来区分私网 IP。

（4）SNAT/DNAT

前面说的是静态 NAT（Static NAT）、动态 NAT。很遗憾，不能简称 SNAT、DNAT，因为 SNAT/DNAT 有另外的含义，是另外的缩写。

图 2-20　端口多路复用

要区分 SNAT（Source Network Address Translation，源地址转换）与 DNAT（Destination Network Address Translation，目的地址转换）这两个功能可以简单地由连接发起者是谁来区分。

① 内部地址要访问公网上的服务时（如 Web 访问），内部地址会主动发起连接，由路由器或者防火墙上的网关对内部地址做个地址转换，将内部地址的私有 IP 转换为公网的公有 IP，网关的这个地址转换称为 SNAT，主要用于内部共享 IP 访问外部。

② 当内部需要提供对外服务时（如对外发布 Web 网站），外部地址发起主动连接，由路由器或者防火墙上的网关接收这个连接，然后将连接转换到内部，此过程是由带有公网 IP 的网关替代内部服务来接收外部的连接，然后在内部做地址转换，此转换称为 DNAT，主要用于内部服务对外发布。

2. Netfilter 中的 NAT Chain

说 chain 有点太学究，大白话就是时刻点。通过前文介绍我们知道，NAT 一共在三个时刻点对 IP 报文做了处理。下面我们一个一个描述。

（1）NAT-PREROUTING（DNAT）

NAT-PREROUTING（DNAT）的处理时刻点，如图 2-21 所示。

IP 报文流的顺序是图中的 "1-2-3-4-5"，在图 2-21 中 A 处，即 PREROUTING 时刻点进行 NAT 处理。IP 报文的目的地址是 IP1(公网 IP)，这个 IP1 就是 Linux 内核空间对外（公网）

呈现的 IP 地址（说明这样的 IP 地址可以有多个）。当报文到达 PREROUTING 这个时刻点时，NAT 模块会做处理。如果需要（即提前做了相关 NAT 配置），NAT 模块会将目的 IP 从 IP1 转换成 IP2（这个是提前配置好的），这也就是所谓的 DNAT。

（2）NAT-POSTROUTING（SNAT）

NAT-POSTROUTING（SNAT）的处理时刻点，如图 2-22 所示。

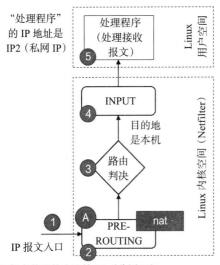

图 2-21　NAT-PREROUTING（DNAT）

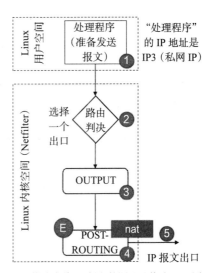

图 2-22　NAT-POSTROUTING（SNAT）

IP 报文流的顺序是图中的"1-2-3-4-5"，在图中"E"处，即 POSTROUTING 时刻点进行 NAT 处理。IP 报文的源地址是 IP3（私网 IP），这个报文最后经过 POSTROUTING 这个时刻点时，如果需要（即提前做了相关 NAT 配置），NAT 模块会做处理。NAT 模块会将源 IP 从 IP3 转换成 IP1（这个是提前配置好的），这也就是所谓的 SNAT。这个 IP1 就是 Linux 内核空间对外（公网）呈现的 IP 地址（说明，这样的 IP 地址可以有多个）。

（3）NAT-OUTPUT（DNAT）

NAT-OUTPUT（DNAT）的处理时刻点，如图 2-23 所示。

图 2-23 给人一种"迷惑/诡异"的感觉，这个 IP 报文是谁发出来的？如果我们把 Linux 内核空间（Netfilter）往"外"设想一下，把它想象成一个网元，比如防火墙（防火墙里可以有 NAT 功能），这个防火墙自己对外发送一个报文。这个报文在 D 处，即 OUTPUT 时刻点，会

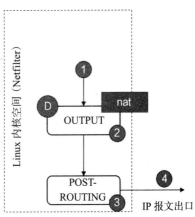

图 2-23　NAT-OUTPUT（DNAT）

做一个 DNAT。这样这个报文不需要在"3"处，即 POSTROUTING 时刻点再做 NAT，因为内核空间的 IP 源地址已经是公网 IP，而目的地址已经在"2"处，即 D 处 /OUTPUT 时刻点已经做了 DNAT。

（4）小结

Linux 内核空间 Netfilter 模块的 NAT 处理，一共有三个 Chain（处理时刻点），如表 2-5 所示。

表 2-5 Linux 内核空间 Netfilter 模块的 NAT 处理

流	流描述	Chain	NAT 类型	NAT 说明
流 1	流从外部到达 Linux 用户空间（私网 IP）	PREROUTING	DNAT	将目的 IP 从公网 IP（Linux 内核空间对应的 IP）转换到私网 IP（Linux 用户空间对应的 IP）
流 2	流从 Linux 用户空间（私网 IP）到达外部	POSTROUTING	SNAT	将源 IP 从私网 IP（Linux 用户空间对应的 IP）转换到公网 IP（Linux 内核空间对应的 IP）
流 3	流从 Linux 内核空间（公网 IP）到达外部	OUTPUT	DNAT	

2.7.2 Firewall

iptables 中的 Firewall（防火墙）概念，属于网络防火墙的概念，如图 2-24 所示。

图中的"某些"规则决定了其是否属于"网络"防火墙。iptables 中的防火墙的这些规则就是基于 TCP/IP 协议栈的规则，所以我们称之为网络防火墙。这些规则有：

1）in-interface（入网络接口名），数据包从哪个网络接口进入；

2）out-interface（出网络接口名），数据包从哪个网络接口输出；

3）protocol（协议类型），数据包的协议，如 TCP、UDP 和 ICMP 等；

图 2-24 防火墙基本概念

4）source（源地址（或子网）），数据包的源 IP 地址（或子网）；

5）destination（目标地址（或子网）），数据包的目标 IP 地址（或子网）；

6）sport（源端口号），数据包的源端口号；

7）dport（目的端口号），数据包的目的端口号。

符合这些规则的，可以设置为通过（ACCEPT），反之，则不通过（DROP）。或者，符合这些规则的，设置为不通过（DROP）；反之，则通过（ACCEPT）。

比如，我们在前面介绍的一个例子：

```
iptables -A INPUT -i eth0 -p icmp -j ACCEPT
```

这个就表示：所有从 eth0 端口进入且协议是 ICMP 的报文可以通过（ACCEPT）。如果仅有此一条规则，那么潜台词就是：其余的报文，都不允许通过（DROP）。

Netfilter 中的 Firewall，会在三个时刻点，进行处理，如图 2-25 所示。

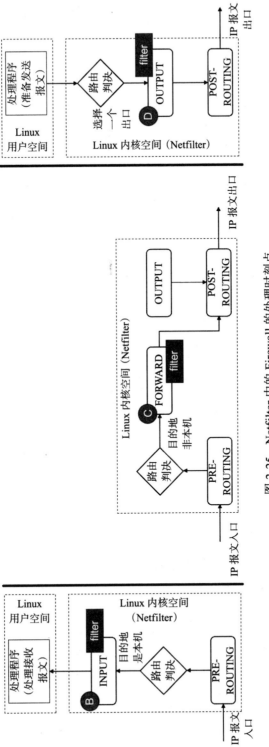

图 2-25　Netfilter 中的 Firewall 的处理时刻点

图 2-25 中三部分代表三种流，每种流的处理时刻点图中已经标明，这里不再详叙。

2.7.3 mangle

mangle 表主要用于修改数据包的 ToS（Type of Service，服务类型）、TTL（Time to Live，生存周期）以及为数据包设置 Mark 标记，以实现 QoS(Quality of Service，服务质量) 调整以及策略路由等应用。

netfilter 模块中的 mangle 处理的时刻点如图 2-26 所示。

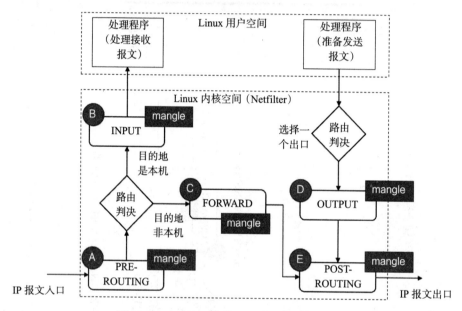

图 2-26　Netfilter 中的 Mangle 的处理时刻点

2.8　本章小结

tap、tun、veth pair 在 Linux 中都被称为设备，但是在与日常概念的类比中，常常被称作接口。Neutron 利用这些"接口"进行 Bridge 之间的连接、Bridge 与 VM(虚拟机) 的连接、Bridge 与 Router 之间的连接。三者与物理网卡之间的对比关系，如图 2-27 所示。

反而是 Router、Bridge 这些在 Linux 中没有被称为设备的网络功能，反而在日常概念中常常被称为设备。Bridge 提供二层转发功能，Router 提供三层转发功能。Router 还常常借助 iptable 提供 SNAT/DNAT 功能。Bridge 也常常借助 iptable 提供 Firewall 功能。

在 Neutron 中，隔离是一个非常重要的特性，利用 namespace 做隔离也是 Neutron 的一个非常重要的手段。

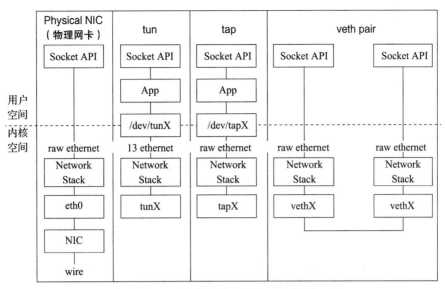

图 2-27　物理与虚拟设备对比关系

Chapter 3 第 3 章

Neutron 的网络实现模型

Neutron 的模型有两种。一种是相对比较抽象的网络资源模型，比如我们耳熟能详的 "Network、Subnet、Port" 等，可以参考 https://developer.openstack.org/api-ref/networking/v2/，有个直观的认识。

另一种模型是这种抽象资源模型背后的实现模型。无论一个模型多抽象还是多具体，其归根到底总归要有一个实现它的载体。比如 OPEN-O 开源组织对外提供的 CloudVPN 的 RESTful API，就是通过一系列的网元和一定的组网来承载，如图 3-1 所示。

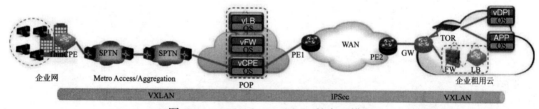

图 3-1　OPEN-O CloudVPN 的实现模型

承载 Neutron 抽象的网络资源模型的方案，我们称之为 Neutron 的网络实现模型。应该明确的是，Neutron 仅仅是一个管理系统（或者说是一个控制系统），它本身并不能实现任何网络功能。实现网络功能的是各种网元。所以本章的重点不在 Neutron 的自身，而在于 Neutron 所能管理的各种网元以及它们的组网。

3.1　Neutron 的三类节点

Neutron 在实际部署时有三类节点，如图 3-2 所示。

图 3-2 Neutron 的三类节点

关于这三类节点，我们在后面还会详细描述，或者说，整个这一章，都是围绕这三类节点进行展开讲述。本节，我们先有个简单的、直观的认识即可。

计算节点（Compute Node）最直观，计算是 OpenStack 的三大组件（计算、存储和网络）之一。而所谓"计算"，大白话就是虚拟机（VM）。所以，在图 3-2 中，计算节点里画了一堆虚拟机。一个计算节点就是一个 Host。

其实计算节点里还有 Bridge，当然这个 Bridge，不是我们把一个物理的 Bridge 硬塞到一个 Host 里面去，而是虚拟的 Bridge。不同 Host 的 VM 之间的二层通信，通过计算节点的 Bridge 就可以完成。

但是，如果 VM 想要访问 Internet 就得通过 Router 先到达数据中心的网关（通过网关再出去），这个 Router 也是 Linux 虚拟出来的（准确地说，Linux 本身就具备 Router 功能），它所在的位置就是网络节点（Network Node）。网络节点里还部署着 DHCP 等各种网络服务。一个计算节点就是一个 Host。而一个网络节点意味着一个 Host 或者多个 Host，我们可以把 Router 及各种网络服务部署在一个 Host/VM 中（这时候仅有一个网络节点），也可以部署在多个 Host 中（多个网络节点）。

Neutron 在这里扮演两种角色，一个角色是在各个计算节点、网络节点中运行着各种各样的 Agent（如果你不了解，可以忘掉这个概念，我们会在以后的章节讲述），另一个角色就是各种各样的 Neutron 服务，正如上图中所指出的那样，这些服务运行在控制节点（Control Node）中。与网络节点一样，一个控制节点意味着一个 Host/VM，这些 Neutron 服务可以部署在一个 Host/VM 中，也可以部署在多个 Host/VM 中。

以上就是对 Neutron 三类节点的简单解释，下面我们会逐步展开介绍。

3.2 计算节点的实现模型

本书的主题是 Neutron，所以本节的内容"计算节点的实现模型"指的是计算节点的网络实现模型。

一个基于 OpenStack 的云系统会有很多计算节点，一个计算节点就是一个 Host。计算节点里充满了 VM，这些计算节点也是 OpenStack 存在的基础。但是 VM 不能像一个个孤岛一样存在,VM 之间必须能通信,而且是能跨 Host 通信。简单地说,通信分为二层通信和三层通信。二层通信需要 Bridge,三层通信需要 Router。Router 位于网络节点,将放到下一节讲述。本节主要是讲述二层通信(或者叫二层网络)。

> 说明 在 OpenStack/Neutron 的语境里,网桥(Bridge)与交换机是一个含义。

在讲述计算节点的实现模型之前,我们首先设想这样一个场景:两个主机(Host)位于一个机架(Rack)内,这两个主机分别虚拟出 N 个 VM。从每个 Host 内调出若干个 VM,组成一个二层网络(可以先想象为一个 VLAN)。这样一个场景需要的物理设备有:机架、主机、TOR 交换机(Top of Rack,就是位于机架顶端的交换机)。图 3-3 是一个数据中心的场景,我们可以直观感受一下那一排排机架。

在这个场景中,我们忽略 Neutron 的控制节点,也不考虑场景中的虚拟机需要与外部网络(比如 Internet)通信(即也忽略网络节点),就只考虑计算节点之间的 VM 的二层通信。基于这样的忽略,所得出的计算节点的"抽象"模型如下图 3-4。

图 3-3　数据中心一排排机架

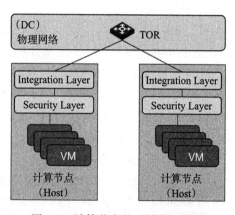

图 3-4　计算节点的"抽象"模型

之所以把"抽象"二字打个引号,是因为图 3-4 并没有绝对地抽象,其中物理网络那部分就没有抽象,还是引用了一个实际的设备 TOR。

图 3-4 中的 TOR 的外围的方框(DC)物理网络是 Neutron 里面一个非常重要而且非常烦人的概念,不过这里我们只是画在那里,暂时搁置它。这个概念留待第 4 章再解释。这里我们只需这样理解:从模型上讲,有这么一个名词;从概念上讲,先理解为一个 TOR 交换机(这么理解不会对下面的模型讲述造成困扰)。

图 3-4 中有两个计算节点,每个 Node 都是一个 Host。这个很好理解,毕竟 OpenStack 就是为云而服务的,而所谓云,在一个 Host 内虚拟出若干个 VM 是云的基础。所以,我们在图中也看到,每一个计算节点里面有若干个 VM。

图中，Security Layer，大白话就是实现 Firewall（防火墙）功能。Integration Layer 是实现综合网络功能（交换/路由）的一层。

> **说明** 其实，防火墙也是网络功能的一部分，这里只是特意将防火墙功能专门列出来而已，并不是说防火墙功能就不是网络功能的一部分。以下涉及名词"网络功能"时，有时候是包括防火墙功能的，这一点请留意。

从实现载体来说，（DC）物理网络一般由厂商的各种物理设备组成，Security Layer 和 Integration Layer 一般由各种虚拟网元组成。不过这不是最主要的，最主要的是（DC）Physical Network 不在 Neutron 的管理范围内。在计算节点的抽象模型中，Neutron 所能管理的仅仅是 Security Layer、Integration Layer 这两层的网元。这两层网元实现了多种类型的二层网络。

Neutron 当前支持的二层网络类型有 Local、Flat、VLAN、GRE、VXLAN、Geneve 6 种，每种类型的网络实现模型都有所不同。本节将选取其中比较典型的 VLAN、VXLAN、GRE 三种类型网络进行讲述。

3.2.1 VLAN 实现模型

Neutron 的 VLAN 实现模型，如图 3-5 所示。

图 3-5 表达的是两个 Host 内的 4 个 VM，分别属于两个 VLAN：VM1-1 与 VM2-1 属于 VLAN 100，VM1-2 与 VM2-2 属于 VLAN 200。br-ethx、br-int、qbr-xxx、qbr-yyy 都是 Bridge，只不过实现方式不同。前两者选择的是 OVS（Open vSwitch），后两者选择的是 Linux Bridge。

这些 Bridge 构建了两个 VLAN（VLAN ID 分别为 100、200）。不同的 Bridge 之间、Bridge 与 VM 之间通过不同的接口进行对接。

下面将围绕这些内容，做一个介绍。

1. VM 与 VLAN ID

图 3-5 中 4 个 VM 组成两个 VLAN，VLAN ID 分别为 100 和 200。这两个 VLANID 有一定的说法，即有内外之别。我们先讲解内外之别是什么，后面再讲述为什么需要这个内外之别。我们首先看图 3-6。

图 3-6 是对前面的实现模型的一个更加简化的模型：忽略掉那些各种各样的 Bridge，

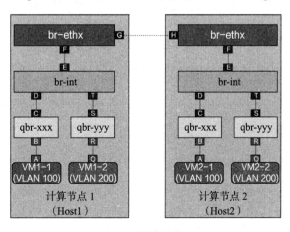

图 3-5 计算节点的 VLAN 实现模型

各种各样的 tap，veth pair 等接口。简单理解，一个 Host 内有一个 Bridge，Bridge 连接着虚拟机。但是图 3-6 中 4 个虚拟机的 VLAN ID 分别变成了 10、20、30、40，与图 3-5 中的 100、200 完全不是一个概念。这就涉及内外视角所看到的 VLAN ID 的不同。

外部视角是用户视角，它不关心内部实现细节，它只需知道创建了两个 VLAN 网络，VLAN ID 分别为 100、200，每个 VLAN 里有两个 VM，如图 3-7 所示。

内部视角是在 Host 内部，如图 3-6 所示，4 个 VM 的 VLAN ID 完全不是什么 100、200，而是 10、20、30、40。

内外视角的区别，如表 3-1 所示。

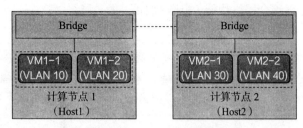

图 3-6 简化的实现模型

图 3-7 用户视角的两个 VLAN

表 3-1 VLAN ID 的内外之别

VM	用户视角 VLAN ID（外部 VLAN）	Host 视角 VLAN ID（内部 VLAN）
VM1-1	100	10
VM2-1	100	30
VM1-2	200	20
VM2-2	200	40

为什么会有这样的内外之别，我们放在下一个小节来讲述。这里我们需要知道两点：

1）存在这样的内外之别。

2）这个内外之别需要做 VLAN ID 转换，而转换的功能，就是由 Host 内相应的 Bridge 来实现（这个我们下面就会讲述）。

> **说明** Neutron 的用户分为两种：一种是租户，一种是管理员。租户创建的网络称为租户网络，管理员创建的网络称为运营商网络，详见第 4 章。不过本章不做区分，统统称为用户网络。

2. qbr 及 br-int

图 3-5 中的 qbr-xxx、qbr-yyy 一般简称 qbr。qbr 这个缩写比较有意思，它是 Quantum Bridge 的缩写，而 OpenStack 网络组件的前一个商标名就是 Quantum，只不过由于版权的原因，才改为 Neutron。从这个称呼我们也能看到 Neutron 里面 Quantum 的影子。

图 3-5 中的 br-int，表达的是 Integration Bridge（综合网桥）的含义。至于它到底"综合"了哪些内容，我们这里先不纠结，我们就当它是一个普通的 Bridge。

qbr 与 br-int 都是 Bridge。qbr 的实现载体是 Linux Bridge，br-int 的实现载体是 OVS（Open vSwitch）。需要强调的是，并不是绝对地说 qbr 一定就是 Linux Bridge，br-int 一定就是 OVS，也可以用其他的实现方式来替换它们。只不过这样的实现方式是当前 OpenStack 解决方案的比较经典的方式而已。

qbr 与 br-int 之间，通过 veth pair 连接，VM 与 qbr 之间，通过 tap 连接。其实 VM 与 qbr 之间只有 1 个 tap，也就是说是 1 个 tap 分别挂接在 VM 和 qbr 之上。图 3-5 在 VM 和 qbr 之上各画了 1 个 tap 只是一种"艺术"的加工，以便于阅读和理解。

这里面有个问题：为什么需要两层 Bridge？VM 先接 qbr（Linux Bridge），再接 br-int（OVS），为什么不是 VM 直接接入 br-int？原因有两点：

1）如果只有一个 qbr，由于 qbr 仅仅是一个 Linux Bridge，它的功能不能满足实际场景的需求（具体哪些场景，我们在后面涉及时会点到）。

2）如果只有一个 br-int，由于 br-int 实际是一个 OVS，而 OVS 比较任性，它到现在竟然还不支持基于 iptables 规则的安全组功能，而 OpenStack 偏偏是要基于 iptables 规则来实现安全组功能。

所以 OpenStack 引入 qbr 其目的主要就是利用 iptables 来实现 security group 功能（qbr 有时候也被称为安全网桥），而引入 br-int，才是真正为了实现一个综合网桥的功能。

3. br-ethx

br-ethx 也是一个 Bridge，也是一个 OVS，它的含义是：Bridge-Ethernet-External。顾名思义，br-ethx 负责与"外"部通信，这里的"外"部指的是 Host 外部，但是却又要属于一个 Network（这个 Network 指的是 Neutron 的概念）的内部，对于本小节而言指的是 VLAN 内部。这非常关键，后面我们还会涉及"外"部其他的概念。

br-ethx 与 br-int 之间的接口是 veth pair。

值得注意的是，br-ethx 上的接口（图 3-5 中的 G 端口）是一个真正的 Host 的网卡接口（NIC Interface，Interface in Network Interface Card）。网卡接口是网卡物理口上的一个 Interface。

 引入 qbr 只是一个历史原因，现在的实际部署中可以没有。OVS 的 Stateful openflow 规则已经可以支持安全功能。

4. 内外 VLAN ID 的转换

前文提到了内外视角的 VLAN ID，这里仍然暂时不讲述为什么要有内外 VLAN ID 的概念（下文会讲述），而是直接讲述内外 VLAN ID 的转换过程。

（1）出报文 VLAN ID 转换过程

VLAN 类型网络，出报文的内外 VLAN ID 转换过程如图 3-8 所示。

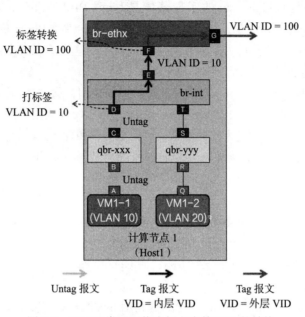

图 3-8　VLAN 类型网络出报文内外 VID 的转换

图 3-8 提到了 VID，这是一种抽象的称呼，它的含义随着网络类型的不同而不同：对于 VLAN 网络而言，VID 指的就是 VLAN ID；对于 VXLAN 网络而言，VID 指的就是 VNI；对于 GRE 网络，VID 指的就是 GRE Key。

图 3-8 中，我们以 VM1-1 为例，讲述内外 VID 的转换过程。报文从 VM1-1 发出，从 br-ethx 离开 Host，这一路的 VID 转换如下：

①报文从 VM1-1 的 A 端口发出，是 Untag 报文；

②报文从 B 端口进入 qbr-xxx，再从 C 端口离开 qbr-xxx，也是 Untag 报文（A、B 端口其实是同一个 tap 设备，以下不再重复这个说明）；

③报文从 D 端口进入 br-int，在 D 端口，报文被打上标签，VLAN ID = 10；

④报文从 E 端口离开 br-int，此时报文 VID = 10；

⑤报文从 F 端口进入 br-ethx，在 F 端口，报文的标签被转变为 VLAN ID = 100；

⑥报文从 G 端口离开 Host，VLAN ID = 100。

可以看到，报文在 br-int 的 D 端口被打上内部 VLAN 标签，变成了 Tag 报文，在 br-ethx 的 F 端口做了内外 VID 的转化。图 3-8 中，在 VM1-1 上标识了 VLAN 10，其实表达的是它在 Host 内的 br-int 上所对应的接口 VLAN ID = 10，并不是说从 VM1-1 发出的报文的 VLAN ID = 10。

（2）入报文 VLAN ID 转换过程

VLAN 类型网络，入报文的内外 VLAN ID 转换过程，如图 3-9 所示。

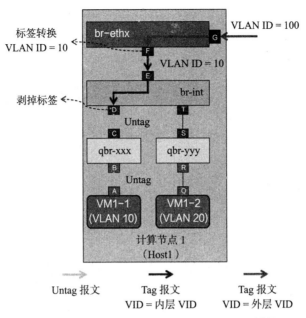

图 3-9　VLAN 类型网络入报文内外 VID 的转换

图 3-9 中，我们以 VM1-1 为例，讲述内外 VID 的转换过程。报文从 Host 进入，从 qbr-xxx 进入 VM1-1，这一路的 VID 转换如下：

①报文从 Host 进入到 br-ethx，是 Tag 报文，VID = 100；
②报文从 br-ethx 离开，在离开的端口 F，报文 VID 转变为 10；
③报文从 E 端口进入 br-int，此时报文 VID = 10；
④报文进入 br-int 后，从 D 端口被转发出去，在离开 D 时，被剥去 Tag，变成 Untag 报文；
⑤报文从 C 端口进入 qbr-xxx，然后从 B 端口离开，再从 A 端口进入 VM1-1，这一路都是 Untag 报文。

可以看到，报文在 br-ethx 的 F 端口做了内外 VID 的转化，在 br-int 的 D 端口被剥去 VLAN 标签，变成了 Untag 报文。

3.2.2　VXLAN 实现模型

VXLAN 的实现模型与 VLAN 的实现模型非常相像，如图 3-10 所示。

从表面上来看，VXLAN 与 VLAN 的实现模型相比，仅仅有一个差别：VLAN 中对应的是 br-ethx，而 VXLAN 中对应的是 br-tun。（br-tun 是一个混合单词的缩写：Bridge-Tunnel。此时这个 Tunnel 是 VXLANTunnel。）

其实，br-ethx 是一个 OVS，br-tun 也是一个 OVS。所以说，两者的差别不是实现组件的差别，而是组件所执行的功能的差别。br-ethx 所执行的功能是一个普通二层交换机的功能，br-tun 所执行的是 VXLAN 中 VTEP（VXLAN Tunneling End Point，VXLAN 隧道终结点）的功能。图 3-10 为两个 br-tun 所对应的接口 IP 分别标识为 10.0.100.88 和 10.0.100.77，这两个 IP 就是 VXLAN 的隧道终结点 IP。

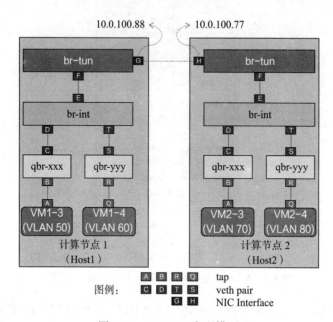

图 3-10　VXLAN 实现模型

> **说明**　由于文章主题和篇幅的原因，没法对 VXLAN 做深入的讲述。感兴趣的读者可以关注微信公众号"标哥说天下"，那里面有比较详细的 VXLAN 的介绍文章。

VXLAN 与 VLAN 一样也存在内外 VID 的转换。通过 VXLAN，就可以明白 Neutron 为什么要做内外 VID 的转换，如图 3-11 所示。

图 3-11 中，把 br-tun 一分为二，设想为两部分：上层是 VTEP，对 VXLAN 隧道进行了终结；下层是一个普通的 VLAN Bridge。所以，对于 Host 来说，它有两重网络，如图 3-11 所示，虚线以上是 VXLAN 网络，虚线以下是 VLAN 网络。如此一来，VXLAN 内外 VID 的转换则变成了不得不做的工作，因为它不仅仅是表面上看起的那样，仅仅是 VID 数值的转变，而且背后还蕴含着网络类型的转变。

但是问题是，VLAN 类型的网络并不存

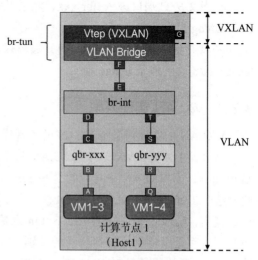

图 3-11　Host 的两重网络

在 VXLAN 这样的问题。当 Host 遇到 VLAN 时，它并不会变成两重网络，可为什么也要做内外 VID 的转换呢？这主要是为了避免内部 VLAN ID 的冲突。通过 3.2.1 节的描述可以知道，内部 VLAN ID 是体现在 br-int 上的，而 1 个 Host 内装有 1 个 br-int，也就是说 VLAN 和 VXLAN 是共用一个 br-int。假设 VLAN 网络不做内外 VID 的转换，则很可能引发 br-int 上的内部 VLAN ID 冲突，如表 3-2 所示。

表 3-2　VLAN ID 的内外之别

网络类型	用户视角 VID（外部 VID）	Host 视角 VID（内部 VLAN ID）	备注
VLAN	100（VLAN ID）	100（VLAN ID）	假设 VLAN 不做内外 VID 转换
VXLAN	1000（VNI）	100（VLAN ID）	内部 VLAN ID 冲突

VXLAN 做内外 VID 转换时，并不知道 VLAN 的外部 VID 是什么，所以它就根据自己的算法将内部 VID 转换为 100，结果很不幸中枪，与 VLAN 网络的外部 VID 相等。因为 VLAN 的内部 VID 没有做转换，仍然是等于外部 VID，所以两者的内部 VID 在 br-int 上产生了冲突。正是这个原因，所以 VLAN 类型的网络，也要做内外 VID 的转换，而且是所有网络类型都需要做内外 VID 的转换。这样的话 Neutron 就能统一掌控，从而避免内部 VID 的冲突。

VXLAN 的内外 VID 的转换过程与 VLAN 的内外 VID 转换过程非常相像，不过在关键步骤上却又有很大的不同。下面就详细描述一下这个转换过程。

1. 出报文的 VID 转换过程

VXLAN 类型网络出报文的内外 VID 转换过程，如图 3-12 所示。

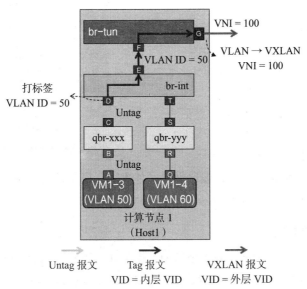

图 3-12　VXLAN 类型网络出报文内外 VID 的转换

图 3-12 中，我们以 VM1-3 为例，讲述内外 VID 的转换过程。报文从 VM1-3 发出，从 br-tun 离开 Host，这一路的 VID 转换如下：

① 报文从 VM1-3 的 A 端口发出，是 Untag 报文；
② 报文从 B 端口进入 qbr-xxx，再从 C 端口离开 qbr-xxx，也是 Untag 报文；
③ 报文从 D 端口进入 br-int，在 D 端口，报文被打上标签，VLAN ID = 50；
④ 报文从 E 端口离开 br-int，此时报文 VID = 50；
⑤ 报文从 F 端口进入 br-tun，此时报文 VID = 50；
⑥ 报文从 G 端口离开 Host，在 G 端口，报文被从 VLAN 封装为 VXLAN，并且 VNI = 100。

可以看到，报文在 br-int 的 D 端口被打上内部 VLAN 标签，变成了 Tag 报文，在 br-tun 的 G 端口做了两件事情：报文格式从 VLAN 封装为 VXLAN，VNI 赋值为 100。

2. 入报文的 VID 转换过程

VXLAN 类型网络入报文的内外 VID 转换过程，如图 3-13 所示。

图 3-9 中，我们以 VM1-3 为例，讲述内外 VID 的转换过程。报文从 Host 进入，从 qbr-xxx 进入 VM1-3，这一路的 VID 转换如下：

① 报文来到 Host 进到 br-tun，是 VXLAN 报文，VNI = 100；
② 报文在 br-tun 的 G 端口，被转换为 VLAN 报文，VLAN ID = 50；
③ 报文从 br-tun 离开，一直到进入 br-int，都是 VLAN 报文，VLAN ID = 50；
④ 报文从 br-int D 端口离开 br-int，报文被剥去 Tag，变成 Untag 报文；
⑤ 报文从 C 端口进入 qbr-xxx，然后再从 B 端口离开，再从 A 端口进入 VM1-3，这一路都是 Untag 报文。

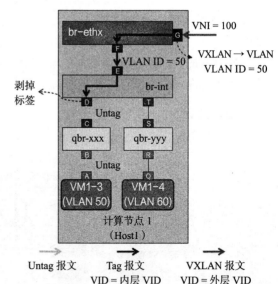

图 3-13　VXLAN 类型网络入报文内外 VID 的转换

可以看到，报文在 br-tun 的 G 端口做了两件事情：报文格式从 VXLAN 拆封为 VLAN，VLAN ID 赋值为 50，在 br-int 的 D 端口被剥去 VLAN 标签，变成了 Untag 报文。

3.2.3　GRE 实现模型

GRE 的实现模型与 VXLAN 的实现模型一模一样，如图 3-14 所示。

所不同的是，VXLAN 的 br-tun 构建的是 VXLAN Tunnel，而 GRE 的 br-tun 构建的是 GRE Tunnel。

第 3 章 Neutron 的网络实现模型 ❖ 45

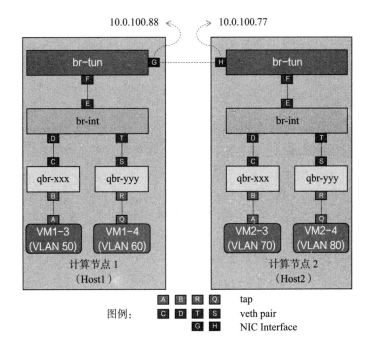

图 3-14 GRE 实现模型

GRE 网络，虽然不像 VLAN、VXLAN 网络那样对于租户有一个可见的网络 ID（VLAN ID/VNI），但是它内部的实现仍然是有一个 Tunnel ID，这样就一样存在这样的转换：内部 VLAN ID 与 Tunnel ID 之间的转换。这个转换与 3.2.2 节介绍的内外 VID 转换的基本原理是一样的，这里就不啰唆了。

3.2.4 计算节点的实现模型小结

通过前面的介绍，我们可以总结出计算节点的实现模型，如图 3-15 所示。

如果我们考虑网络层面的话，计算节点一共分为两层：用户网络层、本地网络层。

（1）用户网络层

用户网络层（User Network），指的是 OpenStack 的用户创建的网络，也就是前文一直说的外部网络，这个外部网络是相对于 Host 内部网络而言的。用户网络层对应的 Bridge 是 br-ethx（对应 Flat、VLAN 等非隧道型二层网络）或者 br-tun（对应 VXLAN、GRE 等隧道型二层网络），其实现载体一般来说是 OVS。用户网络层的功

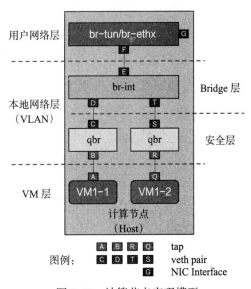

图 3-15 计算节点实现模型

能是将用户网络与本地网络（Host 内部的本地网络）进行相互转换，比如我们前面介绍的：内外 VID 转换，VXLAN 封装与解封装，等等。为"用户网络层"是对本地网络层的一个屏蔽，即不管用户网络采用什么技术（比如 VXLAN，GRE 等），本地网络永远感知的仅仅是一个技术：VLAN。

（2）本地网络层

本地网络指的是 Host 内部的本地网络。由于用户网络层（Local Network）对这一层的屏蔽，本地网络层只需要感知一种技术：VLAN。本地网络层再分为两层。根据前文介绍，qbr 的实现载体是 Linux Bridge，它仅仅是负责安全，所以称之为安全层。br-int 的实现载体一般是 OVS，它负责内部交换，所以称之为 Bridge 层。

Bridge 层是对 VM 层的一个屏蔽。从 VM 发出的 Untag 报文，被 Bridge 层转换为 Tag 报文转发到 br-ethx/br-tun；从 br-ethx/br-tun 转发到 br-int 的 Tag 报文，被 br-int 剥去 Tag，变成 Untag 报文，然后再转发给 VM。

> **说明** VM 也有可能会收发带有 Tag 的报文，关于这一点，请参阅 4.3 节。

最后强调一下，位于同一个 Host 的本地网络中的不同 VM 之间的通信，它们经过本地网络层（即经过 br-int）即可完成，不需要再往外走到用户网络层，如图 3-16 所示：

图 3-16 中，VM1-1 与 VM1-3 在同一个 Host 内，同时也属于同一个本地网络，它们之间的通信只需经过 br-int 转发即可。

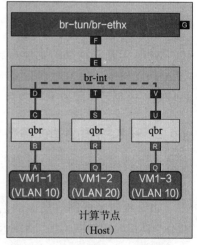

图 3-16 同一 Host 内的同一租户网络的 VM 之间的通信

3.3 网络节点的实现模型

计算节点的实现模型构建了各种类型的二层网络。属于同一个二层网络的 VM 可以愉快地进行二层通信。可是忽然有一天，一个 VM 想访问它所在的二层网络之外的世界怎么办呢？如图 3-17 所示。

图 3-17 中，一个虚拟机 VM1-1 期望访问 www.onap.org，我们看到，它必须要能到达数据中心（DC）的网关（Gateway，GW）才能访问 www.onap.org。那么，VM1-1 如何才能到达 GW 呢？如图 3-18 所示。

这里面涉及了网络节点，我们暂时不看网络节点里面的内容，先当做一个 Host，当做一个黑盒看待，同样，计算节点我们也当做一个黑盒看待。

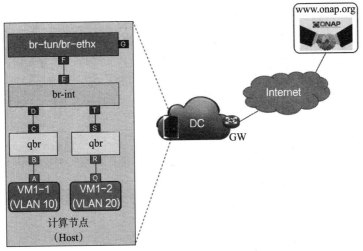

图 3-17　一个 VM 访问 Internet

Neutron 是这样假设这个组网模型的。

1）所有计算节点（里面的 VM），要访问 Internet，必须先经过网络节点，网络节点作为第一层网关。

2）网络节点会连接到 DC 物理网络中的一个设备（或者是交换机，或者是路由器），通过这个设备再到达 DC 的网关。我们把这个设备称为第二层网关。当然，网络节点也可以直接对接 DC 网关，这时候，就没有第二层网关。

3）DC 网关再连接到 Internet 上。

不过呢，上述第 2 点和第 3 点，对于 Neutron 来说其实是"浮云"。因为对于 Neutron 来说，图 3-18 中的 GW2、DC External Network 和 GW3 都不在它的管理范围，那是 DC 运营商提前规划好的网络。所以，这些对于 Neutron 而言统统都称为 External Network，或者 Public Network（Neutron 创建的用户网络称为"私有网络"）。

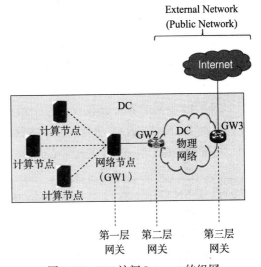

图 3-18　VM 访问 Internet 的组网

Neutron 所关注的是第 1 点，它在网络节点中部署了路由器。当然，此路由器是一个虚拟路由器，利用的是 Linux 内核功能。

> 说明　图 3-18 中的 GW2，Neutron 称之为外部网关。Neutron 为网络节点中的路由器构建了一个资源模型 Router，Router 中有一个字段 external_gateway_info（外部网关信息），表达的也是外部网关的信息。详见 4.6 节。

Neutron 除了在网络节点部署 Router 以外，还部署了 DHCP Server 等服务。Neutron 的网络节点的实现模型，如图 3-19 所示。

从网络视角看，网络节点分为 4 层：用户网络层、本地网络层、网络服务层、外部网络层。前两层与计算节点几乎相同，不再啰唆。这里介绍一下后两层。

（1）网络服务层

网络服务层为计算节点的 VM 提供网络服务，典型服务有 DHCP Service 和 Router Service。

图 3-19 中画的是 DHCP，严格来说，应该称为 DHCP Service。关于 DHCP 的概念，由于文章主题和篇幅的原因，这里只能简述几点。

① Neutron 的 DHCP Service，采用的是 dnsmasq 进程（轻量级服务进程，可以提供 dns、dhcp、tftp 等服务）。

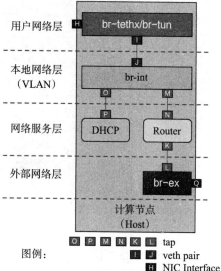

图 3-19　网络节点实现模型

② 一个网络一个 DHCP Service。

③ 由于存在多个 DHCP Service（多个 dnsmasq 进程），Neutron 采用的是 namespace 方法做隔离，即一个 DHCP Service 运行在一个 namespace 中。

图 3-19 中画的 Router 仅仅是一个示意，它的本质是 Linux 内核模块。Router 做路由转发，还提供 SNAT/DNAT 功能。为了达到隔离的目的，每一个 Router 运行在一个 namespace 中。更准确地说，Neutron 创建了 namespace，并且在 namespace 中开启路由转发功能。

> 说明　① SNAT：Source Network Address Translation，源地址路由转换；DNAT：Destination Network Address Translation，目的地址路由转换。
> ② OpenStack Juno 版本引入了 DVR 特性，DVR 部署在计算节点上。计算节点访问 Internet，不必经过网络节点，直接从计算节点的 DVR 就可以访问。

（2）外部服务层

图 3-19 中，外部服务层只包括 br-ex，严格来说，还应该包括 Router，毕竟 Router 才是与外部网络联通的主体，而 br-ex 不过是将 Router 对接到网络节点的物理网口而已，如图 3-20 所示。

从某种意义上说，br-ex 相当于一个 Hub。当然，这只是一个比喻而已，br-ex 是一个地地道道的 Bridge，一般也是选用 OVS。

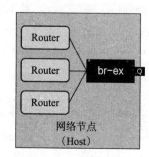

图 3-20　br-ex 起到的是 Hub 的作用

3.4 控制节点的实现模型

计算节点与网络节点承担着 OpenStack 中网络构建的任务，实现网络功能的是两个节点中的各个 Bridge、DHCP Service、Router 等虚拟网元。控制节点并没有实现具体的网络功能，它只是对各种虚拟网元做管理配合的工作。控制节点部署着 OpenStack 的各种进程，对于 Neutron 来说，它的进程名是 neutron-server，如图 3-21 所示。

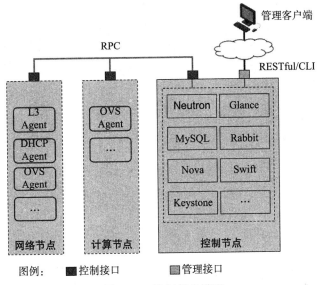

图 3-21　控制节点模型

图 3-21 中，不仅画出了控制节点，还画出了计算节点和网络节点，是想表明 Neutron 的所谓控制功能不仅仅是体现在一个控制节点，在计算节点和网络节点中还有各种各样的 Agent。控制节点中的 Neutron 进程只是 Neutron 控制系统的一部分。

控制节点的 Neutron 进程通过 RESTful 或者 CLI（Command Line Interface，命令行）接口接收外部请求，通过 RPC 与 Agent 进行交互。Neutron 进程与各个 Agent 进程共同完成控制任务（也许称为管理任务可能更合适一些）。

从 Neutron 的代码角度来说，计算节点和网络节点中的虚拟网元只是在 Neutron 的管理范围内，并不在 Neutron 的代码范围内。后面的第 5～8 章，会对控制节点（含 Agent）做深入的剖析，本节就不再啰嗦。

3.5 本章小结

从部署的角度来说，Neutron 分为三类节点：控制节点、网络节点、计算节点。网络节点和计算节点为 VM 构建了具体的网络，控制节点则对这些网络进行管理。Neutron 的实现模型如图 3-22 所示。

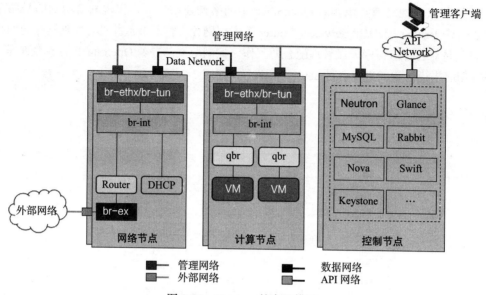

图 3-22　Neutron 的实现模型

图 3-22 中没有画出控制节点、计算节点内部各组件之间的接口（tap、veth pair 等），仅仅是画出了各节点的物理接口。

控制节点的 Neutron 进程与网络节点、计算节点的各个 Agent 进程（图 3-22 没有画出来）互相配合，对内完成对网络节点、控制节点中虚拟网元的配置管理，对外提供 RESTful 等服务接口。Neutron 进程与 Agent 进程之间的通信协议是 RPC。

计算节点中的各个 Bridge 构建了 Neutron 中的 Local、Flat、VLAN、GRE、VXLAN、Geneve 6 种二层网络。

br-ethx 与 br-tun 对外构建用户网络，对内则为 br-int 屏蔽用户网络的各种差异，将不同类型的用户网络统统转换为 VLAN 网络。br-int 在 Host 内部为各个 VM 构建了一个本地网络。qbr 为 br-int（也是为各个 VM）提供辅助的安全功能。

网络节点为 Neutron 提供了其他网络服务，比如 DHCP Service 等。网络节点中的 Router，则提供了三层服务，除了提供普通的路由转发功能以外，还提供了 SNAT/DNAT 等功能。

Neutron 的三类节点互相配合，共同完成了 Neutron 对外宣称的使命：NaaS（Network as a Service，网络即服务）！

本章写作过程中参考了以下资料，读者也可作为拓展阅读内容。
- https://yeasy.gitbooks.io/openstack_understand_neutron/content/gre_mode/

第 4 章

Neutron 的资源模型

OpenStack 的官网：https://developer.openstack.org/api-ref/networking/v2/index.html，对其公开的 RESTful API 做了相关说明。这些 RESTful API 的背后就是 Neutron 的资源模型。

Neutron 把它管理的对象统统称为资源，表面上看起来这些资源的名称与传统电信领域的命名（比如 Network、Subnet 等）完全一致，但是由于管理的范围（Neutron 的管理范围主要还是在 DC 内）和管理对象的特点（Neutron 主要管理 Host 内部的虚拟网元）等原因，Neutron 的资源模型在传统电信的理论基础上又有其特点，这些特点有时候还比较令人困惑。

本章将选取 Neutron 的典型资源 Network、Subnet、Port、Router 等进行介绍。在具体介绍之前，首先需要介绍 Neutron 针对这些资源所做的租户隔离机制。

4.1 Neutron 资源的租户隔离

Neutron 是一个支持多租户的系统，所以租户隔离是 Neutron 必须要支持的特性。在 Neutron 的资源模型中，有一个字段：tenant_id。这个字段的目的就是为了资源的租户隔离。

说到租户（Tenant），稍微有点尴尬，因为从 Newton 版本开始，tenant_id 存在的意义只是为了后向兼容，变成了一个历史的印记而已。它与模型中另外一个字段 project_id 的解释都是：The ID of the project。不过无论是 tenant_id 也好，还是 project_id 也好，它（们）除了起到传统的 ID 的作用以外，还有一个更深层次的含义：租户隔离！

租户隔离，顾名思义，是为了隔离。不过笔者以为，其更深层的目的是为了共享！

下面我们一点一点分析这 4 个字：租户隔离！

①租户不是指人,租户就是客户,而这里的客户指的是企业。
②虽然不能把租户理解为"人",但是下文为了行文方便,有时候还是把租户当做人来看待。
③租户隔离,其实是"多租户隔离"(单租户,也不存在隔离的必要),下文为了行文方便,"多租户隔离",简称"租户隔离"。

4.1.1 Neutron 语境下租户隔离的含义

租户隔离,在不同的语境下,有不同的含义。在 Neutron 语境下,从租户的视角,或者从需求的视角来讲,租户隔离有三种含义:管理面的隔离、数据面的隔离、故障面的隔离。

管理面的隔离,指的是"管理权限"的隔离,如图 4-1 所示。

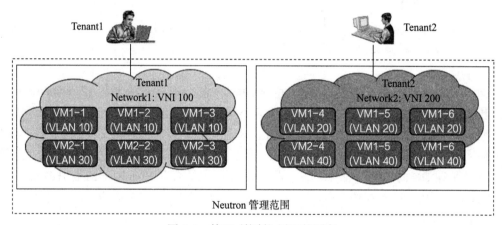

图 4-1 管理(控制)层面的隔离

图 4-1 中两个网络都是 Neutron 的管理范围,但是 Network1 属于 Tenant1,Network2 属于 Tenant2,这也就意味着:Tenant1 无法管理(增删改查)Tenant2 的网络(Network2)。Tenant2 亦然!

换句话说,一个 Tenant 只知道它自己的网络,对于其他网络毫无感觉。

Neutron 的管理面指的就是"控制节点"。虽然 Neutron 自己称呼那个节点为"控制节点",但本质上控制节点还是做了很多很多"管理层面"的工作。

数据面的隔离,指的是数据转发的隔离。不同租户的网络之间,一般来说是不能互通的。从管理权限角度,一个租户感知不到另外一个租户的网络。不仅无法感知,而且还可以"重复"。比如,租户 1 可以拥有一个私有网段 10.0.1.0/24,租户 2 同样可以拥有这个私有网段。从这个角度来说,数据面的隔离,恰恰是为了复用。

故障隔离,简单地说,一个租户网络出问题了,不能影响另一个租户的网络!这句话太简单了,以至于"不太正确"!

一个租户网络的路由器本身出问题了（注意，我说的是"路由器本身"），比如它的路由表凌乱了，不应该影响其他租户的网络，这是正确的。

或者，我们知道，Neutron 的 Router 是位于网络节点的（不考虑 DVR），如果这个网络节点死机了，这个时候我们就不能讲：一个租户网络的路由器出问题了（注意，我这里没有说"路由器本身"），不应该影响其他租户的网络。要知道，网络节点出问题了，那就是全都出问题了。

我们再看计算节点，我们知道，一个计算节点只有一个 br-int，但是可以有多个 VM，如果这些 VM 可以分属多个租户，那么这个计算节点的 br-int 出问题了，也谈不上故障隔离。

我们也许可以这么说，一个租户独占一个网络节点（虽然目前还没有这样的解决方案，我们就假设有这样的解决方案），不同租户的 VM 不能位于同一个 Host（因为 Host 内的 br-int 是共享的），这样是不是就做到租户的故障隔离了呢？

或者，我们可以这样继续追问，如果机架出问题了呢？那么是不是不同租户必须要分布于不同的机架？那如果数据中心出问题了呢？是不是不同租户需要分布于不同的数据中心？

这样的追问不仅没完没了，或由于经济学的原因，或由于科学技术原因（比如不在同一个地球），那么租户隔离中的"故障隔离"到底该怎么理解？我们暂时忘记这个问题，先看下一节，然后再给出这个理解。

4.1.2　Neutron 在租户隔离中的无限责任和有限责任

其实，我们在 4.1.1 节中已经有体会：Neutron（其实任何一个系统都一样）在租户隔离这个层面，不会也无法承担全方位的无限责任，比如故障隔离，就不能承担无限责任！

我先直接说观点（或者说结论），然后再论述：

Neutron 在管理面的隔离、数据面的隔离这两个层面，必须承担无限责任，而在故障层面的隔离这个层面，只能承担有限责任。所谓无限责任，就是必须全面保证，如果没有达到隔离目标，必须要修改错误；所谓有限责任，就是只能在某些层面保证故障是隔离的，而不能全面保证到底是哪些层面，笔者下面会讲述。

OpenStack（包含 Neutron）是为云而服务的。那么云服务的物理资源是什么：数据中心地产（含房屋、空调、水电等）、物理网络（数据中心里面的物理路由器、交换机、防火墙等）、机架、主机，等等。

这些物理资源中，数据中心、物理网络是必须要共享的，不然云服务商要破产（土豪除外）。机架、主机也不是说可以绝对地由哪个租户独占，有时候也是需要共享。所有这些物理资源，云服务商都不承诺"租户隔离"（租户独占）！

这个时候，我们可以给出"故障隔离"的更细化的理解：管理面的故障、数据面的故障，必须要做到租户隔离；而物理资源层面，做不到故障隔离！

4.1.3 Neutron 的租户隔离实现方案

Neutron 针对数据面、管理面、故障面，分别设计了不同的隔离方案，下面逐个讲述。

1. 数据面的租户隔离方案

Neutron 在计算节点和网络节点都涉及数据转发，所以这两个节点也都涉及数据转发的租户隔离。

计算节点实现模型如图 4-2 所示。

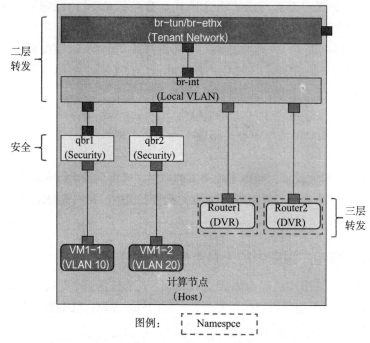

图 4-2　计算节点实现模型

> **说明**　第 3 章中，也介绍了计算节点的实现模型，这里是以另外一种稍有不同的方式展现（只是展现形式稍有区别，模型本身是一样的。

图 4-2 中，VM1-1、VM1-2 分属两个 Tenant，当然，也就分属两个 Tenant Network。我们看到，涉及租户网络隔离的组件有：br-ethx/tun（1 个）、br-int（1 个）、qbr（多个）、router/dvr（多个）。

br-ethx/tun、br-int 分别只有一个实例，这个是属于：用"多租户共享"的方案，来实现多租户隔离。比如 br-int、br-ethx 通过 VLAN 来隔离各个租户网络数据流量，br-tun 通过相应的 tunnel 来隔离各个租户网络的流量。

qbr 跟 VM 一一对应，这个属于：用"单租户独占"的方案，来实现"多租户隔离"。

qbr 由于绑定了安全组,它在原生的数据面租户隔离技术的基础上又叠加一层"安全层"来保证租户隔离。原生的数据面转发(br-ethx/tun、br-int)负责"正常行为"的租户隔离,而安全技术(qbr)负责"异常行为"(非法访问)的租户隔离。

Router/DVR 跟租户相对应,而且每个 Router/DVR 运行在一个 namespace 中,这个属于:用"单租户独占"(用 namespace 隔离)的方案,来实现多租户隔离的目的。Router/DVR 除了可以保证租户间网络不会互相访问以外,还解决了逻辑资源(IP 地址)冲突的问题。

网络节点的实现模型,如图 4-3 所示。

网络节点中,br-ethx/tun、br-int、br-ex 分别只有一个实例,这是属于"多租户共享"的方案,实现了多租户隔离的目的。

Router 跟租户对应,而且每个 Router 运行在一个 namespace 中,这属于"单租户独占"的方案,实现了多租户隔离的目的。Router/DVR 除了保证租户间网络不会互相访问以外,还解决了逻辑资源(IP 地址)冲突的问题。

2. 管理面的租户隔离方案

管理面,对于 Neutron 而言,指的是控制节点。OpenStack(Neutron)控制节点的实现模型,如图 4-4 所示。

对于管理面而言,租户隔离一般涉及几个层面:硬件/操作系统层面、应用程序层面、数据库层面。Neutron 在这几个层面的隔离方案,如表 4-1 所示。

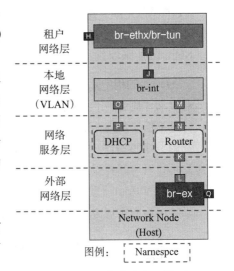

图 4-3 网络节点实现模型

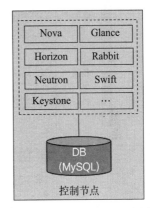

图 4-4 OpenStack(Neutron)控制节点的实现模型

表 4-1 Neutron 管理面的租户隔离方案

分类	租户隔离方案	备注
硬件/操作系统层面	无	管理面(控制节点)部署在一个 Host,多个租户共享一个 Host、一个操作系统
应用程序层面	无	管理面(控制节点)上的各个服务,都是多租户共享
数据库层面	比较弱	下文会详细描述

通过表 4-1,我们看到,Neutron 仅仅在数据库层面做了一些租户隔离。数据库层面的租户隔离方案一般有如下几种。

1）独立数据库。
2）共享数据库，独立表（不同的租户，不同的表，而且不同租户之间的表，也没有关联）。
3）共享数据库，共享表，通过表中字段（比如 tenant_id 来区分不同的租户）。
Neutron 所采取就是第 3 种，所以说，它在数据库层面的租户隔离方案是比较弱的。

3. 故障面的租户隔离方案

通过前面的介绍，我们知道，Neutron 在数据面、管理面的租户隔离方案可以分为两大类：资源单租户独占（比如 Router 部件）和资源多租户共享（比如 br-int）。

资源共享型方案，没有任何故障层面的租户隔离能力，一旦一个部件发生故障，所有与其关联的租户都要受到影响。资源独占型方案，具有一定的故障层面的租户隔离能力，比如一个租户的 Router 发生故障了，不会影响到其他租户。

以数据面的实现方案为例，故障面的租户隔离度与资源共享度的关系，如图 4-5 所示。

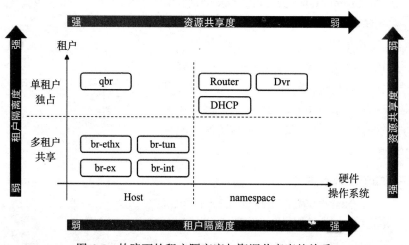

图 4-5 故障面的租户隔离度与资源共享度的关系

但是，资源独占是有限度的。前文我们分析过，一个租户可以独占一个 Router，但是有可能与其他租户共享主机，更有可能共享机架，更不用说更大粒度的资源（比如数据中心这个粒度的资源）。

只要存在资源共享，就不可能做到真正的故障租户隔离。所以，Neutron 在故障面的目标就不是租户隔离，而是容错——尽量保证不受故障影响。不仅 Neutron 如此，整个 OpenStack 也是如此。比如对于管理面，Neutron 就采取高可用等方案，以达到容错目的。

4.1.4 租户隔离小结

隔离是为了共享！

作为一个云平台，为不同的租户同时提供云服务。所以，提供租户隔离的能力，对于 OpenStack 而言是必然的。Neutron 作为 OpenStack 的一个部件，当然也得具备这个能力。

Neutron 在管理面和数据面都提供了租户隔离的能力，它所采取的方案包括"资源单租户独占方案"和"资源多租户共享方案"。

但是，资源独占的粒度是有限的，也仅仅是在 Router 这样的层面才能做到租户资源独占，稍微大一点的粒度，比如主机，都不能保证资源独占。这不是技术问题，这是云服务的商业本质。

用"资源共享"的方式来实现租户隔离，在正常情况下是没有问题的，现在这方面的方案与技术都已经比较成熟（比如 Bridge）。但是，如果发生故障，资源共享的方式要想做到故障层面的租户隔离，这是不可能的。正所谓，一荣俱荣，一损俱损。此时，Neutron（OpenStack）所采取的对策不是考虑如何实现故障隔离，而是采取容错方案，以期将故障的影响减少到最低。

4.2 Network

Network 是 Neutron 的一个二层网络的资源模型，它支持的网络类型有：Local、Flat、VLAN、VXLAN、GRE、Geneve 等。其中 Local 仅仅是一个主机内的网络类型，只会用于测试，不会用于生产环境。VXLAN、GRE、Geneve 属于隧道型网络，Flat 和 VLAN 属于非隧道型网络。

Network 的资源模型，如表 4-2 所示[○]。

表 4-2 Network 资源模型

名称	类型	描述
admin_state_up	boolean	Network 的管理状态，如果为 true，则表示 up，如果为 false，则表示 down
availability_zone_hints	array	创建这个 Network 的时候，指定该 Network 的 DHCP 服务可以部署的 AZ（Availability Zone）列表
availability_zones	array	指明 Network 的 DHCP 实际部署在哪些 AZ 中
created_at	string	Network 的创建时间，格式是 UTC ISO8601
id	string	网络的 ID。注意，这个 ID 与 VLAN ID 中的 ID 不是一个意思，这个是 Neutron 中标识一个 Network 的字符串
mtu	integer	最大传输单元，是指一种通信协议的某一层所能通过的最大数据包的大小（以字节为单位）。对于 IPv4 而言，其最小值是 64；对于 IPv6 而言，其最小值是 1280
name	string	网络的名称，为了方便的阅读和理解
port_security_enabled	boolean	网络的端口安全状态，一个布尔值，true 表示 enabled，false 表示 disabled。Port 模型，也有同样一个字段。当创建一个 Port 时，这个字段的值，就是作为 Port 资源该字段的默认值
project_id	string	项目 ID
provider:network_type	string	物理网络类型，比如 flat、vlan、vxlan、gre。具体哪些值有效，取决于网络背后的实现机制。关于 provider 开头的这三个字段，下文还有详细描述

○ 参考 https://developer.openstack.org/api-ref/networking/v2/index.html。

（续）

名称	类型	描述
provider:physical_network	string	物理网络。下文有详细解释
provider:segmentation_id	integer	物理网络进行分片（segment）后的 segmentation id。具体含义取决于 provider:network_type。比如：如果 network_type 是 vlan，那么 segmentation id 就代表 vlan id；如果 network_type 是 gre，那么 segmentation id 就代表 gre key
qos_policy_id	string	Network 关联的 QoS Policy 的 ID
router:external	boolean	标识这个 Network 是否是关联到路由器上的外部网络，在 4.6 节还会涉及这个字段
segments	array	一组运营商分片网络
shared	boolean	标识 Network 是否可以被所有租户共享。默认情况下，只有管理员才可以修改这个值
status	string	Network 的状态，可能的值有：ACTIVE、DOWN、BUILD、ERROR
subnets	array	Network 关联的子网列表
tenant_id	string	项目 ID
updated_at	string	Network 的修改时间，格式是 UTC ISO8601
vlan_transparent	boolean	标识 Network 的 VLAN 透传模式，是一个布尔值。true 表示 VLAN 透传，false 表示不透传
description	string	Network 的描述信息，方便阅读和理解

从某种意义上说，Network 是 Neutron 模型中的一个"根"。Subnet 需要隶属于它，Port 也要隶属于它。Network 中的字段 subnets，它的数据类型是一个数组，表示一个 Network 可以包含多个 Subnet。同时，Subnet 也有一个字段，network_id（string 类型），指向它所属的 Network。Port 模型中也有一个字段 network_id（string 类型），指向它所属的 Network。

Neutron 模型中的绝大多数字段都比较好理解，相对来说比较令人困惑的概念和字段有：运营商网络（Provider Network）、物理网络（对应 provider:physical_network）、segments 和 vlan_transparent。本节将介绍前两个概念，后两个概念会放到后面的章节中介绍。

4.2.1 运营商网络和租户网络

由租户创建并且管理的网络，Neutron 称之为租户网络。但是 OpenStack 不是万能的，Neutron 也不是万能的。还有很多网络不在 Neutron 的管理范围内（Neutron 称之为外部网络）。有时候，Neutron 还需要创建一个网络来映射这个外部网络，这个网络，也称为运营商网络（Provider Network）。

运营商网络与租户网络，从模型的角度来讲，都是 Neutron 的资源模型 Network。两者的区别如下：

1）管理的权限与角色不同。简单地说，租户创建的网络，就是租户网络，而运营商管理员（Administrator）创建的网络，就是运营商网络。

2）创建网络时，传入的参数不同。创建运营商网络时，需要传入 provider:network_type、provider:physical_network、provider:segmentation_id 三个参数，而创建租户网络时，没有办法传入这三个参数，它们是由 OpenStack 在管理员配置的范围内自动分配的。

> **说明** provider:physical_network 参数比较特殊，不是必须要传入，下文会详细解释。

什么情形下需要运营商网络呢？下面我们分析一下运营商网络的使用场景。

1. 运营商网络的使用场景

OpenStack 是一个云平台，这句话反过来理解，如果遇到非云的服务，OpenStack（以及 Neutron）是无能为力的，或者说那不是它的管理范围。运营商网络使用示例如图 4-6 所示。

图中右边圆圈，表示一个企业内的一个部门的 VLAN 网络，它的 VLAN ID = 100。重要的是，这个网络内的计算机并不是虚拟机，也就是说，它们并不在 OpenStack（包括 Neutron）的管理范围内。此时，如果这个部门需要增加一批虚拟机，而且这些虚拟机也必须要加入 VLAN ID = 100 的这个 VLAN 中，那么就需要运营商网络登场了。

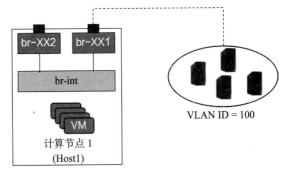

图 4-6 运营商网络使用示例

我们知道，在 OpenStack 的模型中，虚拟机总要属于一个网络（严格地说，是虚拟机的端口要属于一个网络）。所以，在上述场景中，那些虚拟机如果要加入 VLAN ID = 100 的那个网络，首先需要在 Neutron 中创建一个 Network。

但是，这个 Network 的网络类型必须要与原来的网络（虚拟机要加入的网络）能够对应起来，也就说：网络类型必须是 VLAN，而且 VLAN ID 必须是 100，这样那些虚拟机才能与原来网络中的计算机互通，才能满足要求。

我们把上述的例子，抽象一下，就可以得出运营商网络的一般化的使用场景，如图 4-7 所示。

Neutron 创建了一个网络，如果这个网络只是为了要映射（匹配）另外一个网络，而且这个被映射的网络不在 Neutron 的管理范围内，这样的场景就是运营商网络的一般化使用场景。Neutron 创建的这个网络，也称为运营商网络。

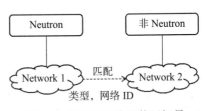

图 4-7 运营商网络的使用场景

说明 这里所说的匹配，指的是网络类型和网络 ID 必须相同。网络 ID 的含义取决于网络类型。比如：如果网络类型是 VLAN，那么网络 ID 就代表 VLAN ID；如果网络类型是 GRE，那么网络 ID 就代表 GRE Key。

从某种意义上讲，运营商网络可以认为是运营商的某个物理网络在 OpenStack（Neutron）上的延伸，这个物理网络的生命周期管理（创建、修改、销毁）不能作为单纯的服务提供给租户，只是由管理员作为基础设施的一部分来管理。这也是运营商网络之所以称为运营商网络的原因。

运营商网络与租户网络相比，不仅使用场景不同，两者在 Neutron 中的创建方法也不同。

2. 运营商网络与租户网络的创建方法

运营商网络与租户网络相比，除了网络管理的角色权限不同以外，两者创建网络时所传入的参数也不尽相同。

运营商网络因为需要与另外一个网络相匹配，所以必须输入两个参数：provider:network_type（用以匹配另一个网络的网络类型）、provider:segmentation_id（用以匹配另一个网络的网络 Segmentation ID，或者说网络 ID）。还有一个参数 provider:physical_network 比较特殊一点，我们稍后再说，这里暂时先忽略。

租户网络与运营商网络相比，在创建时，是不能也没有必要输入这三个参数。但是，从 Network Model 中我们知道：除了"provider:network_type"，再也没有字段能表达网络类型；除了"provider:segmentation_id"，再也没有字段可以表达网络 ID。也就是说，租户创建网络时，根本不能决定它的网络类型和网络 ID。从管理的角度，运营商应该不希望而且也不能将这些细节（网络类型和网络 ID）交与租户来管理；从商业和易用性的角度考虑，这是一种理念：租户只需关心服务，不必关心实现细节，这就是 Neutron 提供的网络即服务的精髓。

既然租户在创建租户网络时并不需要关心具体的参数细节，那么必须得由 Neutron 来补充这些细节以便完成租户网络的实现。Neutron 是通过什么途径补充这些细节的呢？答案是是配置文件！管理员通过配置文件告诉 Neutron 相关信息。这些信息配置在文件 etc/neutron/plugins/ml2/ml2_conf.ini 中，举例如下：

```
# [etc/neutron/plugins/ml2/ml2_conf.ini]
tenant_network_types = vxlan
[ml2_type_vxlan]
vni_ranges = 1:1000
```

这个配置信息告诉 Neutron：租户网络的网络类型是 VXLAN，而相应的 VNI 是由 Neutron 根据一定的规则自动分配，不过 VNI 的取值要落在范围 1 ～ 1000。（具体什么规则，我们暂时先忽略，在后面的章节会涉及这部分内容）。

到此为止，运营商网络和租户网络似乎都能够顺利创建和有效管理。但是，前文说的 provider:physical_network 这个参数比较特殊，它的使用方法是什么呢？

4.2.2 物理网络

Neutron 的模型定义中，关于物理网络（provider:physical_network），有三个地方都有所涉及，如表 4-3 [⊖]所示（笔者特意附上英文，保证其原汁原味）。

表 4-3 关于物理网络的三处描述

名称	类型	描述
provider:network_type	string	The type of physical network that this network is mapped to.
provider:physical_network	string	The physical network where this network is implemented.
provider:segmentation_id	integer	The ID of the isolated segment on the physical network.

应该说，这三处描述仍然不能很好地表达这个物理网络的准确含义。物理网络具体意味着什么呢？

1. 物理网络的实际意义

首先，根据运营商网络的使用场景以及表 4-3 中的三个描述，我们可以得出物理网络的一种理解，如图 4-8 所示。

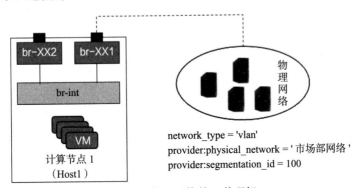

图 4-8 物理网络的一种理解

图 4-8 中，物理网络就是运营商网络需要匹配的那个网络。综合表 4-3 那三个描述，这样的理解似乎没有什么问题。但是，Neutron 在创建运营商网络时，特别提到：VLAN 和 Flat 类型的网络，需要参数 provider:physical_network，而 VXLAN 类型的网络则不需要这个参数。

这非常令人困惑！从图 4-8 中我们看到，那个所谓的物理网络（名称是"市场部网络"），不过是帮助"人"阅读和理解的，对于实际的网络连接来说，并没有实质的作用。只要 VM 发送的报文，从 br-××1 出去以后，打上 VLAN ID = 100 的标签，到达那个物理网络以后，

⊖ 参考 https://blueprints.launchpad.net/neutron/+spec/vlan-aware-vms。

VM 与物理网络中的计算机就能互通。这与传入 provider:physical_network 参数与否有什么关系呢?

这需要从 Neutron 的实现模型说起，如图 4-9 所示。

我们知道，对于非隧道型网络（VLAN 或 Flat），br-int 外接的网桥一般称为 br-ethx。br-ethx 有几个特点。

1）一般来说，一个 br-ethx 与一个物理网口（Host 的物理网口）相对接。

2）br-ethx 是提前创建好的，在 Neutron 启动之前就已经创建好了，而且与物理网口的对接也已经建立好了（物理网口挂接在 br-ethx 上）。

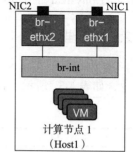

图 4-9 br-ethx 与 NIC 的关系

我们把图 4-8 再重新画一遍，补充一些细节，如图 4-10 所示。

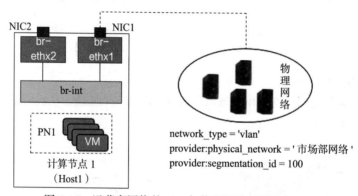

图 4-10 运营商网络的 VM 与物理网络的计算机互通

图 4-10 中的 VM 属于一个运营商网络（记为 PN1）。虽然这个运营商网络，我们已经正确创建了它的网路类型（VLAN）和网络 ID（100），但是，VM 发出的报文，必须要经过物理网口 NIC1 才能到达物理网络中的计算机。我们该如何告诉 Neutron，VM 发出的报文经过 br-int 以后，必须要转发到 br-ehtx1，然后经过 NIC1 出去，才能达到正确的目的地呢?

这个时候，字段 provider:physical_network 就派上用场了。用户创建网络时，传入这个字段（比如"市场部网络"），Neutron 就能做出正确的转发。至于 Neutron 如何做到，我们放到下一小节再讲述，这里我们只需记住：物理网络意味着 br-ethx(背后是主机的网卡）的选择。

所以，对于非隧道型网络而言，物理网络有两层含义，如图 4-11 所示。

这两层含义是：

1）对于运营商网络，物理网络就是这个运营商网络所要匹配的外部网络的名称；

2）无论是运营商网络还是租户网络，物理网络都意味着 br-ethx 的选择（背后是主机网卡的选择）。

那么以此推导，对于隧道型网络（GRE、VXLAN 等）是不是也需要 br-tun 的选择呢（背后是主机物理网卡的选择）?

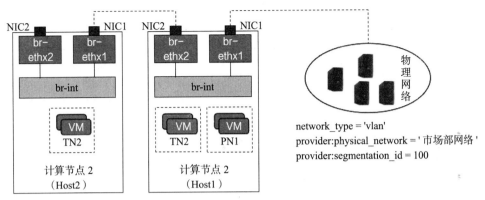

图 4-11 对于非隧道型网络，物理网络的两层含义

> **说明** 对于隧道型网络，我们一般称 br-int 外接的网桥为 br-tun。

Neutron 不需要选择网卡。这要从隧道型网络的报文说起，如图 4-12 所示。

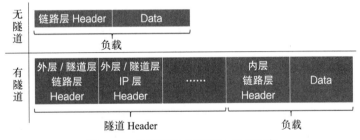

图 4-12 无隧道和有隧道的报文示意

从图中我们看到，隧道型网络离开主机的报文，外面是有一层隧道 Header 的，这个隧道 Header 包括隧道的源 IP 和目的 IP。只要有了目的 IP，主机的 IP 协议栈就会找到合适的网卡将报文发送出去。也就是说，Neutron 只需要能够做到使 br-tun 正确地封装报文的隧道 Header 即可，不必操心报文从哪个网卡出去。

由此，我们对物理网络的实际意义，做一个总结，如表 4-4 所示。

表 4-4 物理网络的实际意义

网络类型	实际含义	说　　明
非隧道型网络	①对于运营商网络，物理网络（provider:physical_network）就是这个运营商网络所要匹配的外部网络的名称 ②无论是对于运营商网络还是租户网络，物理网络都意味着 br-ethx 的选择（背后是主机网卡的选择）	第 1 个含义，只是方便人的阅读和理解，只对人有意义； 第 2 个含义，是 Neutron 所需要的，对 Neutron 有意义，所以创建运营商网络时，需要直接传入这个参数，创建租户网络时，需要间接传入这个参数

（续）

网络类型	实际含义	说　明
隧道型网络	对于运营商网络，物理网络（provider:physical_network）就是这个运营商网络所要匹配的外部网络的名称	只对人有意义，对 Neutron 没有意义，所以在创建运营商网络时，不需要传入这个参数

物理网络对于非隧道型网络创建时选择哪个 br-ethx（背后是主机的物理网卡）有着直接的意义。Neutron 是如何利用物理网络来选择 br-ethx 的呢？

2. Neutron 选择 br-ethx 的方案

前文我们说过，在 Neutron 启动之前，需要提前将 br-ethx 创建好，并且要将相应的物理网口也对接在 br-ethx 上。这些都属于规划设计的工作，同时需要规划设计的还包括 br-ethx 与物理网络之间的对应关系，并写在 Neutron 的配置文件中以告知 Neutron。我们假设 br-ethx 的实现方法是 OVS（Open vSwitch），那么这个配置文件就是 etc/neutron/plugins/ml2/openvswitch_agent.ini。其内容举例如下：

```
# [etc/neutron/plugins/ml2/openvswitch_agent.ini]
bridge_mappings = physnet1:br-ethx1, physnet2:br-ethx2
```

这个内容表明，要想连接 physnet1，就得先连接 br-ethx1。要想连接 physnet2，就得先连接 br-ethx2。

有了这些提前做好的规划设计，当 Neutron 启动以后，管理员创建运营商网络时会传入字段 provider:physical_network。Neutron 接到这个字段，再与配置文件一映照，就知道选择哪个 br-ethx 了。比如传入 physnet1，Neutron 就知道选择 br-ethx1。

但是，创建租户网络时并不能传入这个字段。怎么办？这就需要另外一个配置文件 etc/neutron/plugins/ml2/ml2_conf.ini。我们假设网络类型是 VLAN，配置文件的内容举例如下：

```
# [etc/neutron/plugins/ml2/ml2_conf.ini]
[ml2_type_vlan]
network_vlan_ranges = physnet1:1000:2999,physnet2:3000:4000
```

这个配置信息表明有两个物理网络，其中 physnet1 的 VLAN 范围是 1000～2999，physnet2 的 VLAN 范围是 3000～4000。前文说过，创建租户网络时并没有传入网络 ID，Neutron 需要通过配置信息来决定网络的 ID 应该是什么。对于 VLAN 而言，配置信息就是类似上面所举例的内容。根据这个配置信息，Neutron 再根据它的策略（我们暂时先不关心这个策略，后面的章节会描述）决定网络 ID 的同时，同样获取到了物理网络的名称。Neutron 就是通过这种间接的方法得到物理网络的名称，进而决定选择哪个 br-ethx。

4.2.3　Network 小结

Network 是 Neutron 的二层网络资源模型。通过这个模型，Neutron 对外提供二层网络的服务接口，租户可以通过这个服务创建并管理自己的网络，这种网络也称为租户网络。与租户网络相对应，Neutron 基于 Network 资源模型还提出了另外一个概念：运营商网络。

运营商网络是对运营商的物理网络的一种虚拟扩展，从形式上说，它与租户网络有两个区别：管理网络的角色权限、创建网络时所传递的参数。从管理范围的角度来说，运营商网络是为了对 Neutron 所无法管理的网络的一种映射。从场景来说，运营商网络是为了对接 Neutron 所无法管理的网络。

运营商网络中的参数 provider:physical_network 有两层含义。

1）对于所有类型的网络而言，它为方便人的阅读和理解。

2）对于非隧道型网络而言，它还决定选择哪一个 br-ethx（背后是主机的物理网卡）。

对于非隧道型网络，主机内的 br-ethx 必须提前创建好，并且 br-ethx 与哪个网口对接，也必须得提前规划和配置好。这些工作做完以后，还需要在 Neutron 的配置文件中配置好物理网络与 br-ethx 的对应关系。当用户创建网络时，Neutron 会根据用户直接或间接传入的物理网络名称来选择合适的 br-ethx，从而达到灵活选择 br-ethx（背后是主机的物理网卡）的目的。

隧道型网络（GRE、VXLAN 等）不需要选择 Host 背后的网卡，只要有了目的 IP，主机的 IP 协议栈就会找到合适的网卡将报文发送出去。

4.3 Trunk Networking

Trunk Networking 是 OpenStack Newton 版本所增加的特性，目的是为了支持 VLAN aware VM。什么叫 VLAN aware VM，4.3.2 节会讲述，不过它强烈暗示这个特性与 VLAN 相关。那么，我们就先做个预备知识介绍：介绍一下 VLAN 中与 Trunk Network 相关的概念。

> **说明** Trunk 这个单词，不太好翻译。连百度百科都说：Trunk 在网络术语中一般译为"主干线、中继线、长途线"，然而大家一般不用译意，直接使用英文。

4.3.1 Bridge 的 VLAN 接口模式

VLAN 的知识点有很多，我们这里只介绍与 Neutron Trunk Networking 相关的部分，即：Bridge 的 VLAN 接口模式。

> **注意** 在 OpenStack/Neutron 的语境里，网桥与交换机是一个含义。

一个 Bridge 可以抽象为两大部分：交换模块（基于 VLAN ID 做报文交换）和接口，如图 4-13 所示。

本节的内容，就是介绍接口在报文的进与出时，Bridge 接口关于 VLAN ID 的处理方式。处理方式有三种模式：Access、Trunk、Hybrid。这三种模式都是在报文进入或者离开接口时，针对报文的 VLAN ID 的处理策略。

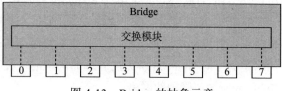

图 4-13　Bridge 的抽象示意

1. 三种 VLAN 接口模式

为了讲述方便，先介绍几个名词：
- Tag 报文：指的是报文中有 VLAN ID，简称 Tag。
- Untag 报文：指的是报文中没有 VLAN ID，简称 Untag。
- VID：就是 VLAN ID。
- PVID：基于 VID 的端口，PVID 与报文无关（Tag、Untag 与报文相关），是 Bridge 端口的一种属性，简单说，就是端口的默认 VLAN ID。
- Default VID：端口默认 VLAN ID，也可以称为 PVID。Bridge 端口的默认 VLAN ID，默认取值为"1"，当然，也可以修改为其他默认值。
- VLAN Native：这个是 Cisco 创造的名词。就是默认 VID，即 PVID。

下面就开始正式介绍 Bridge 的三种接口模式：Access、Trunk、Hybrid。

（1）Access 接口模式

报文进入和离开 Bridge 的 Access 模式接口的情形，如图 4-14 所示。

图 4-14 体现了 Access 接口模式的两个原则。

1）报文入接口原则。

① Tag 报文：直接丢弃（哪怕这个报文的 VID 等于这个端口的 Default VID）。

② Untag 报文：打上 Default VID Tag，送入交换模块（进行 VLAN 交换）。

2）报文出接口原则。

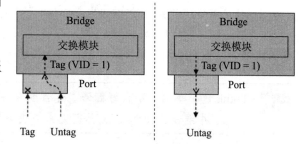

图 4-14　Access 接口模式

从交换模块转发到端口的带有 Tag 标签的报文（肯定会带有 Tag 标签，而且这个 VID 等于 Default VID），先去除 Tag，再从接口出去。

（2）Trunk 接口模式

报文进入和离开 Bridge 的 Trunk 模式接口的情形，如图 4-15 所示。

Trunk 模式，首先要配置允许进入接口的 VLAN ID 列表（范围），比如配置：10、11、20、30～50，表示允许这些 VLAN ID 可以进入的端口，其他的则不允许进入。图 4-15 体现了 Trunk 接口模式的两个原则。

第 4 章　Neutron 的资源模型　◆　67

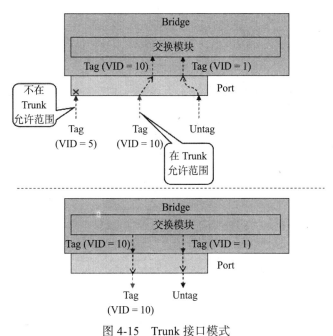

图 4-15　Trunk 接口模式

1）报文入接口原则。

① Tag 报文，VLAN ID 不在 Trunk 允许范围内：直接丢弃（哪怕这个报文的 VID 等于这个端口的 Default VID）。

② Tag 报文，VLAN ID 在 Trunk 允许范围内：送入进入交换模块，并且 VLAN ID 保持不变。

③ Untag 报文：打上 Default VID Tag，送入交换模块。

2）报文出接口原则。

①从交换模块转发到端口的带有 Tag 标签的报文，如果 VLAN ID 等于 Default VID，先去除 Tag，再从接口出去。

②从交换模块转发到端口的带有 Tag 标签的报文，如果 VLAN ID 不等于 Default VID，则不去除 Tag，VLAN ID 保持不变，再从接口出去。

（3）Hybrid 接口模式

Hybrid 模式，在 Trunk 模式的基础上又多了一部分内容。Trunk 模式，在报文出接口时，如果 VLAN ID 等于 Default VID，那么 VLAN Tag 会去除。而 Hybrid 模式，允许配置哪些 VLAN ID 的报文，在出接口时，需要去除 VLAN Tag，比如配置 VLAND 在 40 ～ 50 这个范围内的报文，当其出接口时，VLAN Tag 要去除。如图 4-16 所示。

图 4-16 体现了 Hybrid 接口模式的两个原则。

1）报文入接口原则（与 Trunk 模式相同）。

① Tag 报文，VLAN ID 不在 Trunk 允许范围内：直接丢弃（哪怕这个报文的 VID 等于这个端口的 Default VID）。

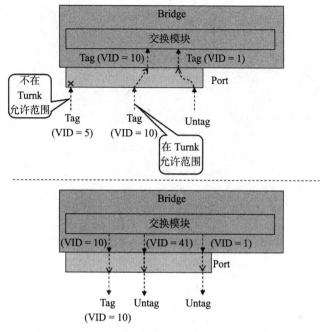

图 4-16 Hybrid 接口模式

② Tag 报文，VLAN ID 在 Trunk 允许范围内：送入进入交换模块，并且 VLAN ID 保持不变。

③ Untag 报文：打上 Default VID Tag，送入交换模块。

2）报文出接口原则。

① 从交换模块转发到端口的带有 Tag 标签的报文，如果 VLAN ID 等于 Default VID，先去除 Tag，再从接口出去。

② 从交换模块转发到端口的带有 Tag 标签的报文，如果 VLAN ID 在去除标签 VID 范围内，先去除 Tag，再从接口出去。

③ 从交换模块转发到端口的带有 Tag 标签的报文，如果 VLAN ID 不在去除标签 VID 范围内，也不等于 Default VID，则不去除 Tag，VLAN ID 保持不变，再从接口出去。

2. VLAN 接口模式的应用举例

Access 接口模式的典型使用场景是：Bridge 对接 Host 或者 VM。Trunk 及 Hybrid 接口模式的典型使用场景是：Bridge 之间的对接（级联）。Hybrid 模式比 Trunk 模式更加灵活。两种典型场景，如图 4-17 所示。

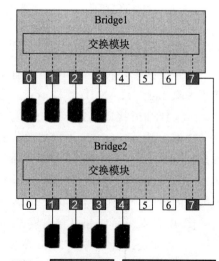

图 4-17 VLAN 接口模式的典型使用场景

Neutron 计算节点中的几个 Bridge，它们的 VLAN 接口模式与这种典型使用场景也非常吻合，如图 4-18 所示。

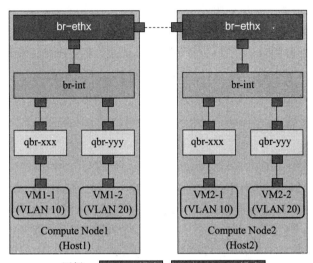

图 4-18　计算节点 Bridge VLAN 接口模式

图 4-18 中，VM 发出的报文是 Untag 报文。qbr 实际上起到的是安全作用，并不是真正承担 Bridge 作用，而且与 VM 是 1:1，它的接口 VLAN 模式是 Access。

抛开安全不谈，我们可以把 qbr 当做一根线。这个时候我们看到：br-int 下接 VM，上接 br-ethx。所以，br-int 与 qbr/VM 对接的接口，其接口 VLAN 模式是 Access，而 br-int 与 br-ethx，属于 Bridge 之间互联（级联），所以它们之间的接口都是 Trunk 模式。

> 说明　下文如无特别说明，不再提及 Hybrid 模式。默认的情况下，一般是 Trunk 模式。

两个计算节点之间的 br-ethx 互联也是属于 Bridge 之间的互联（级联），所以它们之间的接口也是属于 Trunk 模式。

4.3.2　VLAN aware VM 与 Trunk Networking

一般情况下，VM 发送和接收的报文都是不带 VLAN Tag 的，不过有时候，VM 也期望能够发送和接收带有 VLAN Tag 的报文，比如下述场景。

1）一些应用需要连接到许多（上百个）Neutron 网络。使用"单个或者少量的 VIF（虚拟接口）"+ VLAN 组合解决方案，则比使用上百个 VIF(每个 VLAN 一个 VIF)，则更加务实。

2）一个 VM 可能运行许多容器。每个容器可能有需要连接到不同的子网络中的要求。为每个容器分配一个 VLAN ID（或其他封装）比要求每个容器配置一个 vNIC（虚拟网卡）

更有效和可伸缩。

3）有一些遗留应用期望使用不同的 VLAN 连接到不同的网络。Neutron 应该提供一种模型，将这些工作交由遗留应用，使其与底层网络的实现解耦。

VM 能够发送和接收带有 VLAN Tag 的报文，这种情形称作 VLAN aware VM。

本节的主题是 Trunk Networking，在 Neutron 没有引入 Trunk Networking 这个概念之前，VLAN aware VM 对于 Neutron 来说到底意味着什么呢？

1. VLAN aware VM 引发的问题

一个可以 VLAN aware 的 VM，意味着它可以接入多个 Network（VLAN），如图 4-19 所示。

在 Neutron 模型中并没有 VM 的概念，而是以 Port 指代。我们还没有介绍 Port 这个模型，不过这里先简单理解：Port 是 VM 的虚拟网口（virtual Network Interface Card，vNIC）。在没有引入 Trunk Networking 特性之前，Neutron 的模型设计中有这样的约束：一个 Port 只能属于一个 Network。假设一个 VM 只有一个 Port，如果想让 VM 具备 VLANaware 特性，就意味着这个 Port 必须要属于多个 Network，这与 Neutron 的约束是矛盾的，如图 4-20 所示。

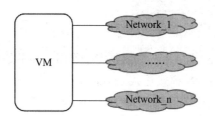

图 4-19　VLAN aware VM 可以接入多个 Network（VLAN）

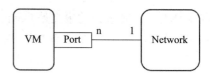

图 4-20　VM、Port、Network 之间的关系

那么，这个问题怎么解决呢？我们先介绍几种不太合适的解决方案。既然不合适，为什么还要介绍呢？讲述这些不太合适的解决方案不是目的，目的是通过讲述这些方案能够比较好理解 Neutron 关于 TrunkNetworking 的设计。

方案 1：一个 VM 多个 Port

一个 VM 具有多个 Port（vNIC，虚拟网口），这个很正常。而且这个方案还不打破 Neutron 原来的模型和实现方案，如图 4-21 所示。

这个方案几乎完美。但是如果考虑到这样的需求：一个 VM 需要对接到几百个 Network，那么一个 VM 就需要几百个 Port，也就是说需要几百个虚拟网卡，这是不现实的。

方案 2：一个 Port 对应多个 Network

既然需要对应那么多 Network，那么我们可以修改一下模型，就让一个 Port 对应多个 Network，而且将 VM 的虚拟网口（Port）设置为"Trunk"模式。这里"Trunk"我打了引号，借用了 Bridge VLAN 接口 Trunk 模式，其含义也是一样的，这里就不多做解释了。如图 4-22 所示。

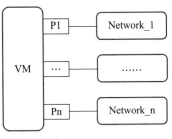

图 4-21　一个 VM，多个 Port

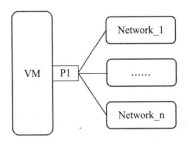

图 4-22　一个 Port 对应多个 Network

这个方案表面上看没有问题，但是还是要考虑具体的实现模型。如果实现模型不改变，还是有一点问题，如图 4-23 所示。

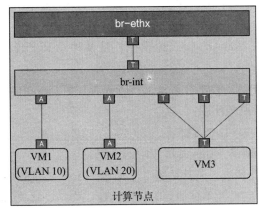

图 4-23　一个 Port 对应多个 Network 的实现模型

> **说明**　为了易于讲述和理解，图 4-23 省略了 qbr。

计算节点的实现模型中涉及内外 VLAN 的转换。我们假设这个计算节点中，一开始只有 VM1、VM2 两个虚拟机。这两个虚拟机的内外 VLAN ID，如表 4-5 所示。

表 4-5　VM1/VM2 的内外 VLAN ID

VM	租户视角 VLAN ID（外部 VLAN）	Host 视角 VLAN ID（内部 VLAN）
VM1	100	10
VM2	200	20

如果我们不考虑 VLAN aware VM 特性，这一切都是正常的。内部 VLAN 只会在 Host 内局部有效，br-int 会保证这些内部 VLAN ID 不冲突。

此时，如果一个租户创建一个虚拟机 VM3，他要求这个 VM 是 VLAN aware 的，并且这个 aware 的 VLAN ID 是：10、11。这样 VLAN ID = 10 就与 VM1 的内部 VLAN ID 冲突了，而且这个冲突还非常严重：

1）冲突无法避免：租户并不知道计算节点的内部实现，并不知道他选择的 VLAN ID 冲突了。而且就算知道了，也可能没有办法，他就是需要这个 VLAN ID，你说怎么办？

2）冲突难以解决：租户的 VLAN ID 不能更改，只能修改 VM1 的内部 VLAN 了，这个修改好像不太可取。

方案 3：VLAN 透传

OpenStack 在 Kilo 版本，为 Network 模型增加了一个字段：vlan_transparent，它是一个布尔类型（bool），如果为 True，表示这个 Network 支持 VLAN 透传。

要想支持 VLAN 透传，不是说在模型中增加一个字段标识 VLAN 必须透传，就真的能做到 VLAN 透传了。Neutron 增加了这个字段，然后又提供了什么样的解决方案呢？然后……就没有然后了，Neutron 什么也没做。从某种意义上说，Neutron 这是属于放弃治疗！⊖

Neutron 自己放弃治疗，却要求其他部件（或者厂家）支持 VLAN 透传特性。要支持 VLAN 透传，必须要解决两个问题：

1）Host 内部如何解决 VLAN 透传。

2）Host 之间的物理网络，如何解决 VLAN 透传。

这两个问题都不太好解决，尤其是第 2 个问题，Host 之间的物理网络很可能根本就不是 Neutron 的管理范围，它已经不是如何解决的问题，而是连解决问题的机会都没有。

出于各种各样的原因，OVS（Open vSwitch）就不支持 VLAN 透传特性（对应到 Network 模型中的 vlan_transparent 字段）。OpenStack 对 OVS 有很强的依赖性，OVS 如果不支持 VLAN 透传特性，那意味着 Neutron 试图用 VLAN 透传的方案解决 VLAN aware VM 的问题基本宣告失败。

2. Neutron 的方案：Trunk Networking

前文介绍了几种不太合适的解决方案，那么 Neutron 最终如何解决 VLAN aware VM 这个问题的呢？它选择的方案是：Trunk Networking（于 OpenStack Newton 版本引进）。实现 Trunk Networking 的方法有很多种，不过 OpenStack 社区经过多方考虑选择了其中一种（也许最合适，但是不代表最优）。这里我们就直接讲述 OpenStack 社区最终选择的方案。

根据前文介绍，Trunk Networking 方案需要解决的问题有：

1）VM aware 的 VLAN ID，在 Host 内部不能冲突；

2）VM aware 的 VLAN ID，不需要在 Host 之间的物理网络透传（不能要求物理网络透传该 VLAN ID，因为物理网络很可能不在 Neutron 的管理范围内）；

⊖ 参考 http://www.sdnlab.com/19761.html? from = timeline。

3）不要打破原来的 Network、Port 的模型，否则会引发 Neutron 代码天翻地覆的修改。

下面我们从这个问题入手，介绍 Neutron 的 Trunk Networking 方案。

（1）Trunk Networking 的实现模型

前文介绍的方案 2，无法解决 VM aware 的 VLAN ID 与 Host 内部的 VLAN ID 冲突的问题。为了解决冲突，Neutron 引入了一个 Trunk Bridge。Trunk Bridge 仍然是一个普通的 Bridge，只不过接口模式有所不同，如图 4-24 所示。

图 4-24 中，VM1、VM2 是普通的 VM，它们不需要 VLAN aware，所以它们的组网模式没有改变，直接挂接在 br-int 上。VM3 具备 VLAN aware 特性，Neutron 在 VM3 与 br-int 之间增加了一层 Bridge：br-trunk。br-trunk 的特殊之处在于，它的接口都是 Trunk/Hybrid 模式。

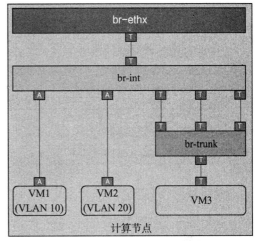

图 4-24 Neutron 的 Trunk Networking 实现模型（设想版）

> 说明
> 1）为了易于讲述和理解，图 4-24 省略了 qbr。
> 2）br-trunk 的接口模式是错误的，实际上是 Access 模式。不过这里先这么理解，下文随着讲解的深入，会修正这个模型。

Neutron 利用 br-trunk 做 VLAN ID 的转换，就可以解决上述的 VLAN ID 冲突的问题。如表 4-6 所示。

表 4-6　VM1/VM2/VM3 内外 VLAN ID 的转换

序号	VM	租户视角 VLAN ID（外部 VLAN or aware VLAN）	Host 视角 VLAN ID（内部 VLAN）
1	VM1	100（外部 VLAN ID）	10
2	VM2	200（外部 VLAN ID）	20
3	VM3	300（外部 VLAN ID）	30
4	VM3	10（VM3 aware VLAN ID）	1010
5	VM3	11（VM3 aware VLAN ID）	1011

表 4-7 中的 5 个内外 VLAN ID 的转换都在 Neutron 的掌控范围内，所以它的算法可以保证内部 VLAN ID 不冲突。比如表 4-7 中第 4 行，VM3 的 aware VLAN ID = 10 被 br-trunk 转换为了内部 VLAN ID = 1010，这样就避免了内部 VLAN ID 的冲突。

但是，表 4-7 中的第 3 行，VLAN ID = 300，它的说明是"外部 VLAN ID"，这又是什么意思呢？它与 VM1、VM2 的外部 VLAN ID 是一个含义吗？要回答这个问题，就涉及 Trunk Networking 的资源模型。

（2）Trunk Networking 的资源模型

前文说过，可以尝试把模型稍作修改：一个 Port 对应多个 Network。笔者以为，这样修改不是不可以，但是如果真的这样修改，可能会造成 OpenStack 代码的大变动，可能是一场灾难。

Neutron 最终采取的模型不是"一个 Port 对应多个 Network"，而是新增加了一个模型，名字叫做 trunk，这个模型里面最核心的就是两个字段：Parent Port 和 Sub Port List，如表 4-7 所示。

表 4-7 Trunk 资源模型（核心字段）

名称	类型	描述
port_id	string	父端口的 ID
sub_ports	array	Trunk 关联的子端口列表

这个模型的美妙在于不同的视角有不同的解读，而且还解决了各自的问题。

从 VM 的视角，它仍然相当于一个端口对接多个网络，因为它的端口可以发送带 VLAN ID 的报文，每个 VLAN ID 对应一个网络。这解决了 VM 的端口不能太多的问题（假设 VM 需要 aware 1000 个 VLAN ID，不能在 VM 上创建 1000 个端口（虚拟网口）），如图 4-25 所示。

注意，一个端口对接多个网络，这仅仅是 VM 的视角，并不是 Neutron 模型的视角。从 Neutron 模型的角度，Trunk 模型利用一个 Parent Port（对应字段是 port_id）和多个 Sub Port（对应字段是 sub_ports）与不同的 Network 相对应。Parent Port 与 Sub Port 对应的都是 Port 模型，它们与 Network 的关系仍是一个 Port 对应一个 Network，这一点并没有改变，如图 4-26 所示。

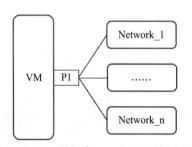

图 4-25 VM 的视角：一个 VM 端口对接多个网络

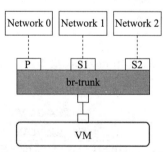

图 4-26 Trunk Networking 方案中 Port 与 Network 保持不变

图 4-26 中，P 表示 Parent Port，S1、S2 表示 Sub Port。Trunk Networking 方案中，通过新增 Trunk 模型，保证了 Network 模型与 Port 模型都没有改变，它们之间的关系也没有改变：1 个 Port 必须隶属于 1 个 Network，而且也只能隶属于 1 个 Network。

这样的方案对 OpenStack 原有代码冲击最小。我们甚至可以说：原有代码不需要改变，只需要新增代码。这正是我们架构设计中所追求的"特性（功能）的可扩展性"：新增特性（功能），不修改原来代码，而是新增代码！

不过，仍然有一个疑问，Trunk 模型为什么要设计 1 个 Parent Port 和一批 Sub Port 呢？为什么不直接设计一批 Port 呢？而且我们还没有回答上一个问题：表 4-7 中的第 3 行，

VLAN ID = 300，它的说明是"外部 VLAN ID"，这又是什么意思呢？这一切，都要从 Trunk Networking 的内外 VID 的转换说起。

（3）Trunk Networking 的内外 VID 的转换

在讲述 Trunk Networking 的内外 VID 的转换之前，我们首先基于 Trunk Networking 的资源模型把前面讲述的实现模型修正一下，如图 4-27 所示。

图 4-27 修正了 br-tunk 与 br-int 之间的接口和接口模式。接口分为两类：Parent Port 和 Sub Port，分别对应 Trunk 模型中的 Parent Port 和 Sub Port。这两类接口都是 Access 模式。这两类接口的模式，为什么从图 4-24 的 Trunk/Hybrid 模式修正为图 4-26 的 Access 模式呢？这仍然是由于 Neutron 不想打破它原来的 Neutron 实现模型。需要特别指明的是，1 个需要 aware VLAN 的 VM，对应 1 个 Trunk Bridge，两者是 1:1 的关系。

下面我们通过一个计算节点内外 VLAN ID 转换的示例（假设租户网络的类型是 VLAN Type）来具体讲述这个原因，同时也回答前文提出的两个问题，如图 4-28 所示。

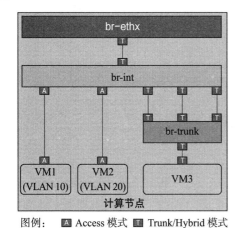

图 4-27 Trunk Networking 实现模型（修正版）

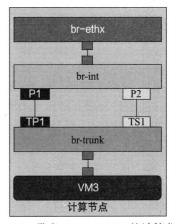

图 4-28 带有 Trunk Bridge 的计算节点

图 4-28 中，TP1 对应 Trunk Networking 中的 Parent Port，TS1 对应 Trunk Networking 中的 Sub Port。同时，我们假设 VM3 的内外 VLAN ID 转换规则如表 4-8 所示。

表 4-8 VM3 内外 VLAN ID 转换

序号	VM	VM aware VLAN ID	br-trunk 上的内部 VLAN ID	br-int 上内部 VLAN ID	租户网络 VLAN ID
1	VM3	不涉及（Untag）	不涉及（Untag）	30	300（Parent Port 对应的 Network 的 Segment ID）
2	VM3	10	不涉及（Untag）	1010	100（Sub Port 对应的 Network 的 Segment ID）

 说明　为了方便描述、易于理解，这里只列举了 1 个 Sub Port、1 个 aware VLAN ID。

不管带不带 Tag 的报文，Neutron 的设计需要追求一点：对于 br-int 来说，保持透明，保持不变。所以，br-trunk 与 br-int 之间的 VLAN 接口模式是 Access 模式。从 br-int 的视角来看，报文是从 VM 发出直接到达 br-int，还是中间经过了 br-trunk 的转换，它都不关心，也看不到。它只知道从它的不同端口进入了 Untag 报文，它需要给这些报文打上不同的 Tag（而且这些 Tag 还不能重复），然后送到 br-ethx（或者 br-tun）中去。

下面继续上面的例子，下面详细描述 Trunk Networking 方案的内外 VID 的转换。

1）普通报文从 VM 发出。

普通报文指的是不带 Tag 的报文，这个报文经过 br-trunk 的 Parent Port 进入 br-int，然后再从 br-ethx 离开 Host，如图 4-29 所示。

图 4-29 中，报文从 VM3 发出，从 br-ethx 离开 Host，这一路的 VID 转换如下：

①报文从 VM3 发出，是 Untag 报文；
②报文进入 br-trunk 后，仍然是 Untag 报文；
③报文从 br-trunk TP1（Parent Port）出去，到达 br-int 的 P1，仍然是 Untag 报文。
④报文在 br-int 的 P1 端口被打上标签，VID = 30，进入 br-int；
⑤报文从 br-int 出去，到达 br-ethx 的端口，仍然是 VID = 30；
⑥报文在 br-ethx 的端口被打上标签 VID = 300，进入 br-ethx；
⑦报文从 br-ethx 出去，VID = 300。

这个报文的转发以及沿途 VID 的转换与计算节点实现模型基本一致，除了报文行走路线上多经过了一个 Trunk Bridge（br-trunk）。

2）普通报文进入 VM。

进入 VM 的报文路线都是一样的，报文到达 Host，进入 br-ethx，然后经过 br-int、br-trunk，最后进入 VM。普通报文进入 VM，指的是报文进入 VM 的那一刻是不带 Tag 的，如图 4-30 所示。

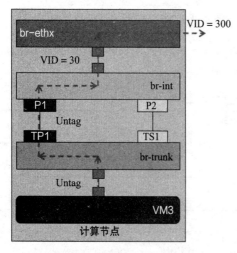 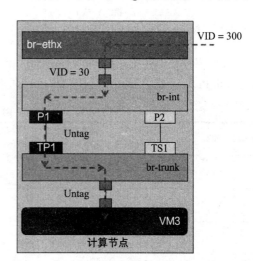

图 4-29　普通报文从 VM 发出　　　　　图 4-30　普通报文进入 VM

图 4-30 中，报文从 Host 进入，从 br-trunk 进入 VM3，这一路的 VID 转换如下：

①报文从 Host 进入到 br-ethx，是 Tag 报文，VID = 300；
②报文从 br-ethx 离开，在离开的端口，报文 VID 转变为 30；
③报文进入 br-int 后，从 P1 被转发出去，在离开 P1 时，被剥去 Tag，变成 Untag 报文；
④报文通过 TP1 端口进入 br-trunk，报文仍然是 Untag 报文；
⑤报文从 br-trunk 转发出去，进入 VM，仍然是 Untag 报文。

这个报文的转发以及沿途 VID 的转换与计算节点实现模型基本一致，除了报文行走路线上多经过了一个 Trunk Bridge（br-trunk）。

3）VLAN 报文从 VM 发出。

从 VM 发出的带有 VLAN Tag 的报文，其 VLAN ID 就是 VM aware 的 VLAN ID。这个报文经过 br-trunk 的 Sub Port 进入 br-int，然后再从 br-ethx 离开 Host，如图 4-31 所示。

图 4-31 中，报文从 VM3 发出，从 br-ethx 离开 Host，这一路的 VID 转换如下：
①报文从 VM3 发出，是 Tag 报文，VID = 10；
②报文进入 br-trunk 后，被剥去 Tag 标签，变成 Untag 报文；
③报文从 br-trunk TS1（Sub Port）出去，到达 br-int 的 P1，仍然是 Untag 报文；
④报文在 br-int 的 P1 端口被打上标签，VID = 1010，进入 br-int；
⑤报文从 br-int 出去，到达 br-ethx 的端口，仍然是 VID = 1010；
⑥报文在 br-ethx 的端口被打上标签 VID = 100，进入 br-ethx；
⑦报文从 br-ethx 出去，VID = 100。

这个报文的转发以及沿途 VID 的转换与计算节点实现模型相比，除了报文行走路线上多经过了一个 Trunk Bridge（br-trunk）以外，还多了一步：VM 发出的带有 Tag 的报文在 Trunk Bridge 上被剥去 Tag。这也是为了保证 br-int 不用修改，就可以支持 VLAN aware VM 的场景。

4）VLAN 报文进入 VM。

进入 VM 的报文路线都是一样的，报文到达 Host，进入 br-ethx，然后经过 br-int、br-trunk，最后进入 VM。VLAN 报文进入 VM，指的是报文进入 VM 的那一刻是带有 Tag 的，如图 4-32 所示。

图 4-32 中，报文从 Host 进入，从 br-trunk 进入 VM3，这一路的 VID 转换如下：
①报文从 Host 进入到 br-ethx，是 Tag 报文，VID = 100；
②报文从 br-ethx 离开，在离开的端口，报文 VID 转变为 1010；
③报文进入 br-int 后，从 P2 被转发出去，在离开 P1 时，被剥去 Tag，变成 Untag 报文；
④报文通过 TS2 端口进入 br-trunk，报文仍然是 Untag 报文；
⑤报文从 br-trunk 转发出去，在离开的端口，变为 Tag 报文，VID = 10；
⑥报文进入 VM，仍然是 Tag 报文，VID = 10。

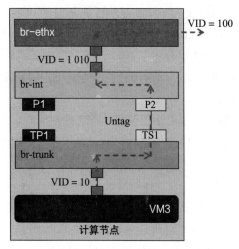
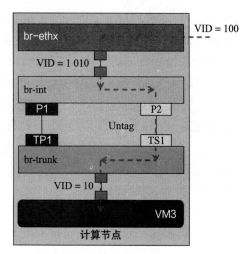

图 4-31　VLAN 报文从 VM 发出　　　　图 4-32　VLAN 报文进入 VM

这个报文的转发以及沿途 VID 的转换与计算节点实现模型相比，除了报文行走路线上多经过了一个 Trunk Bridge（br-trunk）以外，还多了一步：Untag 的报文在 Trunk Bridge 上被打上 Tag（就是 VM 需要 aware 的 VLAN）。这也是为了保证 br-int 不用修改，就可以支持 VLAN aware VM 的场景。

4.3.3　Trunk Networking 小结

只是通过新增而不是通过修改原来代码的方式以增加新特性（功能），对于任何一个软件系统来说，都不是一件简单的事情。Neutron 在 Newton 版本通过 Trunk Networking 方案以支持 VLAN aware VM 新特性，就做到了这一点。

Trunk Networking 方案没有修改原来的实现模型和资源模型，而是在原来的实现模型中引入了 Trunk Bridge。在原来的资源模型中引入了 Trunk 资源模型，对原来的代码并没有做任何修改（也许是修改了一点点吧，无伤大雅），就支持了 VLAN aware VM 新特性，做得非常漂亮。

我们用一个表格来总结 Trunk Networking 所面临的问题及其解决方案，如表 4-9 所示。

表 4-9　Trunk Networking 所面临的问题及其解决方案

问　　题	解决方案
1 个 VM 不能创建太多的端口，对于 VLAN aware VM 场景来说，可能要求 VM 创建成百上千个端口	① VM 只需一个接口就能解决问题，VM 的接口模式是 Trunk/Hybrid 模式 ② 1 个 VM 对接 1 个 Trunk Bridge 严格来说，这只是问题的转移，问题本身并没有消除。Trunk Bridge 上仍然需要创建成百上千的端口，但是在 Bridge 上创建成百上千的端口的难度，无疑比 VM 要小得多
VM aware 的 VLAN 在 br-int 上可能会引起冲突	引入 Trunk Bridge，通过 Trunk Bridge 屏蔽这个冲突

(续)

问题	解决方案
VM aware 的 VLAN，难以穿越 Neutron 的外部网络	①引入 Trunk Bridge，在报文离开 Host 的那一刻已经屏蔽了 VM aware 的 VLAN ②报文离开 Host 时，可以通过隧道类型的租户网络（比如 VXLAN）穿越 Neutron 的外部网络（本节所举的例子中，租户网络选择了 VLAN 类型，这只是为了易于讲述和理解）
支持 VLAN aware VM 特性，不能改变原来的实现	①资源模型中，引入 Trunk 模型，没有修改原来的模型 ②实现模型中，引入 Trunk Bridge，没有修改原来的实现模型

4.4 Subnet

Subnet（子网）在一般的概念中，有两个基本含义：

①这个子网的网段（CIDR）和 IP 版本；

②这个子网的路由信息（含默认路由）。

事实上，Subnet 模型也确实有两个字段 cidr 和 ip_version，分别表示一个子网的网段和 IP 版本。另外 Subnet 模型还有两个字段 gateway_ip 和 host_routes 表示一个子网的路由信息。

gateway_ip 是这个子网的默认网关 IP。host_routes 存储着这个 Subnet 的路由信息。它是一个数组，每个元组的形式是：[destination, nexthop]。destination 表达目的地的 CIDR，nexthop 表达下一跳（网关）的 IP 地址，举例如下：

```
"host_routes": [
    {
        "destination": "200.50.50.0/24",
        "nexthop": "200.10.10.1"
    },
    {
        "destination": "200.50.60.0/24",
        "nexthop": "200.10.20.1"
    }
]
```

Subnet 的资源模型，如表 4-10 所示。

表 4-10 Subnet 资源模型

名称	类型	描述
id	string	子网的 ID
tenant_id	string	项目 ID
project_id	string	项目 ID
created_at	string	子网的创建时间
name	string	子网的名称，为了方便人的阅读和理解
enable_dhcp	boolean	一个布尔值，标识这个子网是否启用 DHCP

（续）

名称	类型	描述
network_id	string	网络 ID，标识这个子网所属于的网络
dns_nameservers	array	这个子网所关联的 DNS 名称列表
allocation_pools	array	分配的 IP 地址池列表。每个地址池的格式是：[start IP, end IP]
host_routes	array	这个子网所关联的路由表，数据结构是一个数组，每个元组的形式是：[destination, nexthop]
ip_version	integer	标识 IP 版本，或者是 4，代表 IPv4，或者是 6，代表 IPv6
gateway_ip	string	这个子网网关 IP。如果此值为空（null），表明这个子网没有配置网关
cidr	string	这个子网的 CIDR（Classless Inter-Domain Routing，无类别域间路由）
updated_at	string	子网的修改时间
description	string	子网的描述信息，方便人的阅读和理解
ipv6_address_mode	string	IPv6 地址的自动配置模式，可选项有：slaac(Stateless address autoconfiguration，无状态地址自动配置)、dhcpv6-stateful（有状态的 dhcpv6）、dhcpv6-stateless（无状态的 dhcpv6）或者 null（标识无自动配置模式）
ipv6_ra_mode	string	IPv6 路由器通告指定网络服务对于一个子网来说是否应该传输 ICMPv6 包。有效值是 slaac（Stateless address autoconfiguration，无状态地址自动配置）、dhcpv6-stateful（有状态的 dhcpv6）、dhcpv6-stateless（无状态的 dhcpv6）或者 null（标识无自动配置模式）
revision_number	string	子网的修订数字。这个字段是做并发控制使用的。假设 A、B 两个用户同时都想修改一个子网。A 首先查询到这个子网的 revision_number 是 5，然后其将此值改为 6，并同时修改这个子网的其他字段；B 也是同样操作，它也查询到 revision_number 是 5（因为是并发操作），它也修改为 6。当 A 和 B 的请求到达 Neutron server 时，假设是 A 的请求先到，那么没有问题，但是当 B 请求再到达时，Neutron Server 根据 B 的 revision_number（6）判断，其与 A 的请求冲突了（A 也是 6），那么就会回应 B，它的请求有并发冲突
segment_id	string	子网关联的网络中的一个 segment。只有当 segment 扩展属性使能时，这个字段才有意义
service_types	string	这个子网关联的业务类型
subnetpool_id	string	这个子网关联的 subnetpool 的 ID

表面上看，Subnet 只是代表着纯逻辑资源，是一批 IP 地址的集合，但是实际上，每一个 IP 背后都代表着一个实体，最典型的就是 VM（虚拟机）。一说到虚拟机，马上就有几个现实的问题：

1）虚拟机的 IP 地址如何分配。

2）虚拟机的 DNS 是什么。

因此，Subnet 模型除了标识 CIDR、IP version 这样的纯逻辑资源以外，为了解决上述问题，它还蕴含了管理的功能。这些管理功能又称为 IP 的核心服务。

4.4.1 IP 核心网络服务

IP 核心网络服务（IP CoreNetwork Services），又称 DDI 服务，包括：DNS、DHCP、IPAM。

这三个服务是所有 IP 网络及应用系统得以顺利运行的基础。从字面上看，Subnet 模型与 DDI 直接相关的字段，如表 4-11 所示。

表 4-11 Subnet Model 中与 DDI 直接相关的字段

名称	类型	相关字段
enable_dhcp (Optional)	boolean	DHCP
allocation_pools (Optional)	array	DHCP
subnetpool_id (Optional)	string	IPAM
dns_nameservers (Optional)	array	DNS

从表 4-12 可以看到，dns_nameservers 是指定一批 DNS Server（地址），而 DHCP，却仅仅是一个 bool 变量 enable_dhcp，并没有指定 DCHP Server 地址。这是因为，当 enable_dhcp = True 时，Neutron 会自动创建一个 DCHP Server。这个我们以前在网络节点的实现模型中提到过，如图 4-33 所示。

DHCP 可以配置一个 IP 地址池（Subnet 的字段 allocation_pools），如果没有配置，DHCP 会以 cidr（同样是 Subnet 的字段）作为标准地址池，当然它会去除掉保留地址（默认是 gateway_ip）。

有了 DNS，有了 DHCP，这个还不够。实际的组网中，一般还有一个 IPAM（IP Address Management，IP 地址管理）系统。Subnet 这个 Model，与 IPAM 相关的字段是 subnetpool_id。

这里，我们看到，DHCP 的 allocation_pools，与 IPAM 的 subnetpool_id 实际上是重复的。不过 DHCP 与 IPAM 都是可选服务，租户在创建

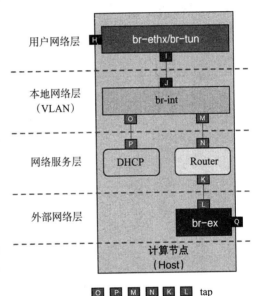

图 4-33 网络节点的实现模型

一个 Subnet 时，可以选择其中一个服务，也可以都不选择（VM 的 IP 地址，租户自己配置）。

当选择 IPAM 服务时，仅仅是一个 subnetpool_id（Subnet 资源池 ID）是不够的，它背后还必须真的有一个 Subnet 资源池支撑。

4.4.2 Subnet 资源池

Subnet 资源池（Subnet Pool）是 OpenStack Kilo 版本加入的特性，从模型角度讲，它是一个独立的模型，模型名是 subnetpool。Subnet 模型中的 subnetpool_id 字段关联的就是这个模型。

Subnet Pool 中的 Subnet 与 Neutron 的模型 Subnet 不是同一个概念，前者指的是单纯的子网网段，后者除了包含子网网段的信息以外，还包含其他内容（参见 4.4.1 节、4.4.2 节）。为了避免混淆，**在本节中，我们用子网网段表示 Subnet Pool 中的 Subnet，用 Subnet 表示 Neutron 的模型**。

子网网段资源池（本节中，以下简称资源池）目的是为了方便子网网段的管理。模型 Subnet 模型中有两个字段与子网网段相关，分别是 cidr 和 ip_version。简单地说，资源池就是定义一个大的网段（含 IP 版本），模型 Subnet 就是从中分配一个小的网段。当我们使用命令行（或者 RESTful API）创建一个 Subnet 时，如果传递一个参数 subnetpool_id，比如：

```
openstack subnet create --subnet-pool demo-subnetpool4 ……
```

Neutron 会从资源池中分配一段子网给这个待创建的 Subnet 实例。

子网网段资源池与子网网段管理功能直接相关的字段，如表 4-12 所示。

表 4-12　subnetpool 资源模型（部分）

名称	类型	描述
default_quota (Optional)	integer	分配定额，下文会描述
prefixes	array	分配给这个资源池的一批子网前缀，下文会描述
min_prefixlen (Optional)	integer	最小前缀长度，下文会描述
default_prefixlen (Optional)	integer	默认前缀长度，下文会描述
max_prefixlen (Optional)	integer	最大前缀长度，下文会描述

表 4-13 的内容分为两部分：子网网段信息、子网网段分配规则。

表示子网网段信息的字段是 prefixes，它是一个数组，其中每一个元素都是一个 IP 地址前缀，这些地址前缀可以是 IPv4，也可以是 IPv6，举例如下：

```
"prefixes": [
        "10.10.0.0/21",
        "192.168.0.0/16",
        "2001:db8:0:2::/64",
        "2001:db8::/63"
    ],
```

表 4-13 中其余的字段都与子网网段分配规则相关。当一个 Subnet 期望从资源池中分配一个网段时，可以通过命令行或者 RESTful API 发送一个请求。在发送请求时，可以传入参数 cidr 或者 prefixlen。这两个参数并没有体现在 Subnet Pool 模型中，而是体现在函数（或者命令行）调用的参数中。

cidr 目的非常直接：就是期望使用这个网段。不过这个参数一般不使用，因为使用资源池的目的就是希望它能做好 Subnet 的管理，现在还需要租户指定这个参数有点违背资源池的初衷。（当然，特殊情况下，这个参数还是需要的）。

prefixlen 指定了希望分配的子网的大小。这个比指定 cidr 好多了：我这个子网就要这么多 IP 地址，剩下的你资源池看着办。我们举一个例子说明这个字段：假设资源池的网段为：prefixes = ["10.10.0.0/16"]，用户传入的请求参数为：prefixlen = 24，这就意味着，从 10.10.0.0/16 这个网段（一共 65536 个 IP 地址）中选取 256 个 IP 地址。

如果请求参数中 prefixlen 也不指定，那么资源池就会采用 default_prefixlen 这个字段来给请求者分配子网网段。default_prefixlen 的默认值是 min_prefixlen。

并不是说用户传入的每个 prefixlen 值都是合法的，它必须满足资源池的约束条件。这个约束条件就是 min_prefixlen 和 max_prefixlen，也就是说，prefixlen（或者 cidr 中的前缀长度）必须在这个范围内：[min_prefixlen, max_prefixlen]。min_prefixlen 的默认值是 8（IPv4）或者 64（IPv6），max_prefixlen 的默认值是 32（IPv4）或者 128（IPv6）。

资源池还有一个约束条件，那就是 default_quota 这个字段。这个字段表明一个 Project 最多能申请的 IP 个数，它是一个整数值。对于 IPv4 而言，default_quota 表明的是 32 位掩码的子网网段的个数（所谓 32 位掩码的子网网段，其实就是一个 IP 地址）；对于 IPv6 而言，default_quota 表明的是 64 位掩码的子网网段的个数。default_quota 是一个可选字段，它的值也可以不设置，也没有默认值。

4.5 Port

如果说 Network 是 Neutron 模型中的"根"，那么 Port 则是 Neutron 模型中的"灵魂"，尤其是对于三层转发来说。因为无论 Neutron 的模型怎么设计，它的三层转发总归是绕不开 IP 地址，而承载 IP 地址的就是 Port。

Port 的资源模型，如表 4-13 所示。

表 4-13　Port 资源模型

名称	类型	描述
admin_state_up	boolean	Port 的管理状态，布尔类型。true 表示 up，false 表示 down
allowed_address_pairs	array	一个数组，每一个元组都是一个地址对，形如：{"ip_address": "<IP address or CIDR>", "mac_address": "<MACaddress>"}。一个关联此 Port 的服务器，可以从中选取一个地址对（IP 地址，MAC 地址）作为源地址发送报文
binding:host_id	string	这个 Port 所属的主机 ID
binding:profile	string	端口的 Profile
binding:vif_details	object	Port 上附加信息，当前有两个定义：port_filter、ovs_hybrid_plug。port_filter 是一个布尔值，它表明网络服务提供的端口过滤特性，比如安全组、anti MAC/IP spoofing。ovs_hybrid_plug 也是一个布尔值，是用来告知 API 调用者（比如 Nova）混合插件策略是否应该被使用
binding:vif_type	string	使用这个 Port 的装置类型。像 Nova 这样的 API 调用者可以使用它来确定将设备（例如虚拟服务器的接口）附加到端口的适当方式。当前的有效值有：ovs、bridge、macvtap、hw_veb、hostdev_physical、vhostuser、distributed 以及 other。同时，还有两个特殊的值：unbound 和 binding_failed。unbound 意味着这个 Port 还没有绑定到网络后端实现。binding_failed 意味着绑定到网络后端时发生错误

(续)

名称	类型	描述
binding:vnic_type	string	这个 Port 绑定的虚拟网卡类型。这个通常决定哪一个机制驱动可以被用作绑定这个端口。有效值有：normal、macvtap、direct、baremetal 和 direct-physical
created_at	string	Port 创建时间
data_plane_status	string	端口的数据面状态
description	string	方便人的阅读和理解的描述信息
device_id	string	使用这个 Port 的设备 ID，比如一个服务实例或者一个虚拟路由器
device_owner	string	使用这个 Port 的实体类型。比如：compute:nova (server instance)、network:dhcp (DHCP agent)、network:router_interface (router interface)
extra_dhcp_opts	array	一系列的附加 DHCP 选项
fixed_ips	array	端口的 IP 地址组，是一个数组类型，每一个元组的形式为：[ip_address, subnet_id]，其中 ip_address 就是从 subnet_id 所代表的 Subnet 中分配而来的
id	string	Port 的 ID
mac_address	string	Port 的 MAC 地址
name	string	Port 的名称，方便人的阅读和理解
network_id	string	Port 关联的网络 ID
port_security_enabled	boolean	Port 的安全状态，一个布尔值。true 表示 enabled，false 表示 disabled。如果为 enabled，则安全组规则以及 anti-spoofing 规则就会应用到这个端口流量中。如果是 disabled，则不会应用
project_id	string	项目 ID
security_groups	array	端口关联的安全组
status	string	端口状态，有效值有：ACTIVE、DOWN、BUILD、ERROR
tenant_id	string	项目 ID
updated_at	string	Port 的修改时间

Port 是一个逻辑模型，但是同时我们也可以理解为其代表一个虚拟网口。所以，一个虚拟机需要绑定 Port，一个路由器也需要绑定 Port。既然是一个虚拟网口，那么理所当然的，它就具备两个基本属性：IP 地址和 MAC 地址。

Port 模型中，表示 IP 地址的是一个数组（fixed_ips），表明这个 Port 可以有多个 IP 地址。在这个数组中，每一个元组由两个字段组成：ip_address、subnet_id。我们可以看一个例子：

```
"fixed_ips": [
    {
        "ip_address": "10.0.0.1",
        "subnet_id": "a0304c3a-4f08-4c43-88af-d796509c97d2"
    }
    {
        "ip_address": "10.1.0.1",
        "subnet_id": "b1f6ec3a-4f08-4c43-88af-d796509c97d2"
    }
],
```

为什么 Port 的 IP 地址还需要跟 subnet_id 关联呢？这是因为，在 Neutron 的模型中，IP 地址不能孤立地存在，它必须属于一个 Subnet，这也间接地意味着，Port 也必须关联一个 Subnet。这同时也意味着，Port 的 IP 地址不能随便取值，它必须在其关联的 Subnet 的地址范围内。

Port 不仅需要间接关联一个 Subnet，还必须直接属于一个 Network，这个是靠 Port 模型中的字段 network_id（string 类型）来表达。当一个 Port 隶属于一个 Network 的时候，如果这个 Network 有 N 个 Subnet，理论上说，这个 Port 也可以有 N 个 IP 地址，每个 IP 地址属于其中一个 Subnet。

Network、Subnet、Port 这三者之间的关系，如图 4-34 所示。

在图 4-34 中，Port 与 Subnet 之间的关系是 m:n，但是为了表达清楚特意画了两根线。这个图表明，一个 Network 可以有多个 Subnet，一个 Subnet 只能归属一个 Network。同时一个 Network 可以有多个 Port，而一个 Port 可以与其所在的 Network 中的所有 Subnet 相关联。当然，一个 Subnet 也可以有多个 Port。

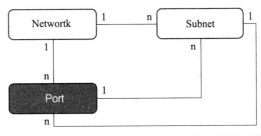

图 4-34　Network、Subnet、Port 三者之间的关系

一个 Port 可以有多个 IP 地址，但是一般情况下，一个 Port 只有一个 MAC 地址，这体现在 mac_address 这个字段的含义就是：port 的 MAC 地址。但是 Port Model 中还有一个字段：allowed_address_pairs。这个字段是一个数组，我们举个例子：

```
{
    "port": {
    ......
        "allowed_address_pairs": [
            {
                "ip_address": "10.0.0.1",
                "mac_address": "D0-57-7B-A0-FB-6C"
            }
            {
                "ip_address": "10.1.0.1",
                "mac_address": "D0-57-7B-A0-FB-69"
            }
        ],
    ......
    }
}
```

allowed_address_pairs 的使用场景有不少，其中一个比较典型的场景就是 Antispoofing（有时也写作 anti-spoofing）。Antispoofing 是一种识别和删除有错误源地址的数据包技术。

Spoofing 有 ARP Spoofing、DHCP Spoofing 等。我们简单介绍一下 ARP Spoofing，示

意图如图 4-35 所示。[①]

在图 4-35 中，攻击主机 A 仿冒网关向主机 B 发送了伪造的网关 ARP 报文，导致主机 B 的 ARP 表中记录了错误的网关地址映射关系，从而造成主机 B 原本通过网关发送到外网的所有数据报文都按照学习到的错误 ARP 表项发送到了攻击者控制的主机 A。

ARP 反欺骗也有很多解决方案，其中有一条比较简单直接的技术——**将 IP 地址与 MAC 地址进行 1∶1 绑定**：主机 B 首先学习到了正确网络的 IP 地址和 MAC 地址，并将其保存下来。如果主机 A 再仿冒网关时，主机 B 通过对比，就会发现 A 是仿冒的。

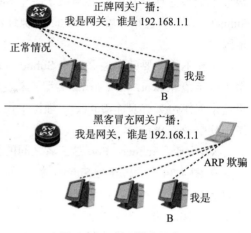

图 4-35 ARP 欺骗示意图

当然，以上只是一个简单示意性说明，实际上 ARP 欺骗与反欺骗比这个要复杂得多。通过这个简单示例，我们会发现，Port 模型中的"多个 IP 地址（fixed_ips），1 个 MAC 地址（mac_address）"这样的定义，在部署了 Antispoofing 解决方案中的网络中就会有问题。通过这个 Port 发送出的报文，就有可能被认为是非法报文。鉴于此，Port 新增了字段 allowed_address_pairs，目的就是为了满足相关网络对报文的要求。

Port 是如此重要，但是也不能凭空存在，它必须得绑定到一个实体上才有意义。Port 有两个字段与实体绑定相关。其中一个是 device_id，标识谁使用了这个 Port，比如一个 Router（路由器）。另一个字段是 device_owner，它标识使用这个 Port 的实体的类型。比如一个虚拟机绑定了这个端口，那么这个实体类型就是 compute:nova。

一个虚拟机具有一个或多个 IP 地址，这通过它绑定的 Port 来体现，但是如果一个虚拟机需要与其他网段的虚拟机进行通信，或者与外网进行通信，而且还需要 SNAT、DNAT，这时就需要用到路由器。

4.6 Router

如果说 Port 是 Neutron 模型的"灵魂"，那么 Router 就是 Neutron 模型的"发动机"，它承担着路由转发的功能。Router 的资源模型如表 4-14 所示。

表 4-14 Router 资源模型

名称	类型	描述
id	string	Router 的 ID
tenant_id	string	项目 ID

[①] 参考 http://security.pconline.com.cn/1212/30976572.html。

（续）

名称	类型	描述
project_id	string	项目 ID
name	string	Router 的名称，方便人的阅读和理解
description	string	Router 的描述信息，方便人的阅读和理解
admin_state_up	boolean	Router 的管理状态，布尔类型。true 表示 up，false 表示 down
status	string	Router 的状态
external_gateway_info	object	外部网关信息，由"network_id, enable_snat and external_fixed_ips"几个字段组成。如果此值为空（null），则表明没有外部网关
network_id	string	外部网关关联的外部网络 ID
enable_snat	boolean	一个布尔值，表明是否使能 SNAT，ture 表明使能，false 表明不使能
external_fixed_ips	array	这个 Router 的外部网关 IP 信息。它是一个数组，每个元组的形式是：[ip_address, subnet_id]
routes	array	外部路由信息，是一个数组。每一个元组的形式为：[destination, nexthop]
destination	string	目的地的 CIDR
nexthop	string	对应目的地址的下一跳
distributed	boolean	一个布尔值，标识是否是一个分布式路由器
ha	boolean	一个布尔值，标识是否是 HA 路由器
availability_zone_hints	array	创建这个 Router 的时候，指定的 AZ 列表
availability_zones	array	指明 neutron-l3-agent 实际运行在哪些 AZ 中

Router 可以简单地抽象为三部分：端口、路由表、路由协议处理单元，如图 4-36 所示。

图 4-36　路由器抽象

如果不看内部实现细节，单从外部的人们能感受到的内容来看，Router 最关键的两个概念就是端口和路由表。

Router 中使用 routes 字段表示路由表，这是一个数组，每个元组的类型是 [destination (string), nexthop (string)]，其中 destination 表示目的网段（CIDR），nexthop 表示下一跳的 IP。

Router 并没有使用某个字段来标识它的端口，而是提供了两个 API 以增加 / 删除接口：

```
# Add interface to router
/v2.0/routers/{router_id}/add_router_interface

# Remove interface from router
/v2.0/routers/{router_id}/remove_router_interface
```

虽然从功能上来说，Router 只要有了路由表以及对应的端口就可以进行路由转发。但是对于外部网络（Neutron 管理范围之外的网络）路由转发，尤其是公网，Router 还是用了一个特殊的字段来表示：external_gateway_info（外部网关信息）。

4.6.1 Router 的外部网关

Router 使用字段 external_gateway_info 表达外部网关信息，那么这个外部网关指的是什么呢？外部网关示意图如图 4-37 所示。

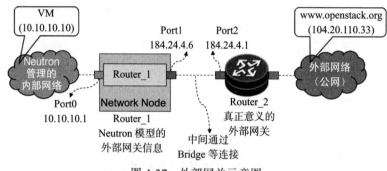

图 4-37 外部网关示意图

图 4-37 中，位于 Neutron 管理的内部网络中的一个虚拟机（VM）的 IP 地址是 10.10.10.10，它要访问位于外部网络（公网）的网站 www.openstack.org（IP 地址是 104.20.110.33），需要经过公网中的路由器 Router_2 才能到达。Router_2 通过 Port2 直接与 Neutron 网络节点中的 Router_1 的 Port1 相连（中间通过 Bridge 等相连）。这个路由器 Router_2 就是真正意义的外部网关。Router_2 的接口 Port2 的 IP 地址 182.24.4.1 就是 Neutron 网络的外部网关 IP。

但是 Router_2 根本不在 Neutron 的管理范围（Router_1 才是），而且 Neutron 也不需要真正的管理它。从路由转发的角度讲，它只需在 Router_1 中建一个路由表项即可：

```
destination           next_hop           out interface
104.20.110.0/24       182.24.4.1         Port2(182.21.4.6)
```

不过从对 Router_1 管理的角度来讲，不仅仅是增加一个路由表项那么简单（在第 8.2.2 节代码分析中会有比较详细的分析，Neutron 针对外部网关具体做了哪些工作），于是 Neutron 提出了 external_gateway_info 这个模型，它由 network_id、enable_snat、external_fixed_ips 等几个字段组成。对于图 4-37 而言，它的取值如下：

```
"external_gateway_info": {
        "enable_snat": true,
        "external_fixed_ips": [
            {
                "ip_address": "182.24.4.6",
                "subnet_id": "b930d7f6-ceb7-40a0-8b81-a425dd994ccf"
            },
```

```
        ],
        "network_id": "ae34051f-aa6c-4c75-abf5-50dc9ac99ef3"
}
```

这其中的 "ip_address": "182.24.4.6"，表示的就是 Router_1 的 Port2 的 IP 地址，"subnet_id": "b930d7f6-ceb7-40a0-8b81-a425dd994ccf" 中的 gateway_ip 就是 Router_2 的 Port3 的 IP 地址（假设 gateway_ip = 182.24.4.1）。

Neutron 为模型 external_gateway_info 取的名字非常有意思，也非常准确，它并不是直接取名外部网关（external_gateway），而是取名外部网关信息（external_gateway_info），一字之差，蕴含了 Neutron 的管理理念：

1）Neutron 只能管理自己的网络，只能管理图 4-37 的 Router_1，不能管理 Router_2；

2）Neutron 也不需要管理 Router_2，它只需知道外部网关 IP 即可。而它知道外部网关 IP 的方法是通过相关的 Subnet 间接获取（获取 Subnet 的 gateway_ip 字段）。

也正是从这个意义上讲，如果 external_gateway_info 中的 enable_snat 字段假设取值为"True"的话，SNAT 真正生效的地点是在 Router_1 的 Port1，而不是 Router_2 的 Port2（在第 8.2.2 节代码分析中会再次提到这一点）。SNAT 的示意，如图 4-38 所示。

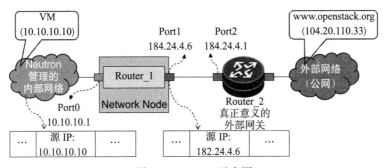

图 4-38　SNAT 示意图

图 4-38 中 VM 访问 www.openstak.org，它初始发出的报文头中，源 IP 是它自己的 IP：10.10.10.10，待报文从 Router_1 的 Port1 出去时，源 IP 就变成了 Port2 的 IP 地址：182.24.4.6。这样就完成了 SNAT 转换。

最后强调一点，external_gateway_info 中的字段 network_id 所代表的 Network，它的字段"router:external"取值必须为 true，这表明这个 Network 是外部网关所在的 Network。

4.6.2　增加 Router 接口

当我们创建一个 Router 的外部网关信息（external_gateway_info）的时候，Neutron 会自动在相应的 Router 实例上创建一个端口（如图 4-38 的 Port1）。不过，也只有这一种场景，Neutron 会自动创建端口，其他时候，只能调用 Router 模型中提供的 API 增加 Router 接口。这个 API 如下：

```
# Add interface to router
/v2.0/routers/{router_id}/add_router_interface
```

它的请求参数，如表 4-15 所示。

表 4-15　增加 Router 接口的请求参数

名称	类型	描　　述
router_id	string	Router 的 ID
subnet_id (Optional)	string	一个 Subnet 的 ID。subnet_id 或者 port_id，两者必须选一个
port_id (Optional)	string	一个 Port 的 ID。subnet_id 或者 port_id，两者必须选一个

表 4-16 的 router_id 体现在 url 中，subnet_id、port_id 是体现在请求体中的参数。subnet_id、port_id 两个参数只能选择 1 个，不能同时填写。当然，至少也得填写 1 个，不然就没意义了。

无论传入哪个参数，Neutron 都会在 router_id 所代表的 Router 实例上增加一个端口（Port），如图 4-39 所示。

图 4-39 表示的是调用两次接口 add_router_interface，第一次传入的参数是 port_id（创建了 Port1），第二次传输的参数是 subnet_id（创建了 Port2）。

传入 port_id 非常直接明了，因为一个 Port 本身就具有 IP 地址。所以图 4-39 中的 Port1 的 IP 地址（10.10.10.1）本身就是传入参数的 port_id 所代表的 Port 中的 IP 地址。

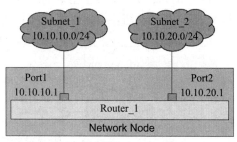

图 4-39　增加 Router 接口

传入 subnet_id 还需要绕一点弯子。Subnet 模型中有一个字段 gateway_ip，它表示这个 Subnet 的网关 IP。Neutron 就是选取这个 IP 作为增加在 Router 上的端口的 IP 地址。图 4-39 中的 Port2 的 IP 地址（10.10.20.1）就是 subnet_id 所代表的 Subnet 的 gateway_ip。

无论是传入 port_id，还是传入 subnet_id，Router 都会绑定一个端口。Neutron 对这个端口有一定的限制。Neutron 官网 https://developer.openstack.org/api-ref/networking/v2/index.html?expanded=add-interface-to-router-detail 是这么描述的：

1）The port has no more than one IPv4 subnet.

2）The IPv6 subnets, if any, on the port do not have same network ID as the network ID of IPv6 subnets on any other ports.

第 1 条比较好理解，就是 Router 绑定的端口，其关联的子网只能有 1 个 IPv4 Subnet。第 2 条稍微绕一点，它的意思是：

1）一个 Router 可能绑定多个端口。这些端口可能属于多个 Network；

2）但是对于属于同一 Network 的所有端口，只能关联一个 IPv6 Subnet。

Router 增加了端口，背后还有另一层深意，那就是自动创建路由表项，如表 4-16 所示。

表 4-16　Router 增加接口的背后自动创建了路由表项示意

序号	增加接口传入的参数	目的地	下一跳	出接口	备注
1	port_id（IP = 10.10.10.1）	10.10.10.0/24	10.10.10.1	Port1	port_id 所属 Subnet 的网段是 10.10.10.0/24
2	subnet_id（gateway_ip = 10.10.20.1）	10.10.20.0/24	10.10.20.1	Port2	subnet_id 所代表 Subnet 的网段是 10.10.20.0/24

在 Router 上增加一个端口，潜台词是这个端口背后的 Subnet 的所有流量都能从这个端口进入路由器，这同时也就意味着，从这个端口出去的流量能够到达其背后的 Subnet。这样的路由，称为直连路由。这种直连路由不需要 Neutron 在 Router 上创建路由表项，Router 自己会处理（由链路层协议发现）。

另外，在创建外部网关信息（external_gateway_info）的时候，Neutron 会自动在 Router 上增加一个相应的路由表项。我们把这个路由，称为默认静态路由。

同时，在 Router 模型，有一个字段 routes，代表这个 Router 的路由表。但是，无论是增加 Router 的外部网关信息（external_gateway_info）所产生的默认静态路由，还是增加 Router 的接口（add_router_interface）所产生的直连路由，Neutron 都不会在这个 Router 的路由表（routes）中增加相应的表项（它藏在心里）。那么，Router 的这个路由表（routes）到底是做什么用的呢？

4.6.3　Router 的路由表

Router 中使用 routes 字段表示路由表，这是一个数组，每个元组的类型是［destination (string), nexthop (string)］，其中 destination 表示目的网段（CIDR），nexthop 表示下一跳的 IP。举例如下：

```
"routes": [
    {
        "destination": "10.50.10.0/24",
        "nexthop": "10.50.10.1"
    },
    {
        "destination": "10.60.10.0/24",
        "nexthop": "10.60.10.1"
    }
]
```

首先要明确，这里的 nexthop 指的是"外部"路由器的接口 IP，如图 4-40 所示。

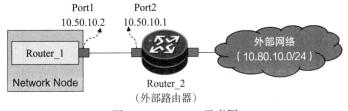

图 4-40　nexthop 示意图

nexthop 指的就是图 4-40 的 Port2 的 IP：10.50.10.1。

这个图与 4.6.1 节讲述外部网关信息（external_gateway_info）中的图 4-37 很像，在那一节中，Router 上对应的端口（图 4-37 中的 Port1），Neutron 会自动创建，但是这里，与之对应的端口（图 4-40 中的 Port1），Neutron 却不会主动创建，需要通过调用接口 add_router_interface 显示创建。这是为什么呢？这要从两者的模型（或者说参数）说起，如表 4-17 所示。

表 4-17　外部网关信息（external_gateway_info）与路由表（routes）的比较

external_gateway_info	routes	相同点	不同点

"external_gateway_info": {
　"enable_snat": true,
　"external_fixed_ips": [
　　{
　　　"ip_address": "182.24.4.6",
　　　"subnet_id": "b930d7f6-***"
　　},
　],
　"network_id": "ae34051f-***"
}
	"routes": [
	　{
	　　"destination": "200.50.50.0/24",
	　　"nexthop": "200.10.10.1"
	　}
	]
		都有网关 IP（或者说下一跳 IP）。external_gateway_info，用 subnet_id 所对应的 subnet 的 gateway_ip 字段标识，routes 用字段 nexthop 标识	① routes 有目的地 (destination); external_gateway_info 没有
			② external_gateway_info 有 SNAT; routes 没有
			③ external_gateway_info 为网关 IP 配置了 subnet_id 和 network_id; routes 没有

external_gateway_info 为网关 IP 配置了 subnet_id 和 network_id，routes 没有。而且 external_gateway_info 中所对应的 Router 上的 Port（图 4-37 中的 Port1）也属于这个 subnet_id 和 network_id。我们讲过，Neutron 中的 Port 不能孤立存在，它必须要属于 Subnet 和 Network。所以，从这点来说，external_gateway_info 对应的 Port（图 4-37 中的 Port1），Neutron 可以自动创建，而 routes 所对应的 Port（图 4-41 中的 Port1），Neutron 则不能自动创建，必须要调用接口 add_router_interface 进行显示创建。

表 4-18 还提到了，external_gateway_info 有 SNAT 功能，而 routes 里没有。这是因为，两者虽然都是要连接"外部网络"，但是两者的"外部"所指的含义是不同的。虽然"外部网络"指的都是 Neutron 管理范围之外的网络。external_gateway_info 的"外部网络"可以包括公网，当它连接公网时，必须要启动 SNAT。routes 模型中的"外部网络"一般指的是私网，所以它没有启动 SNAT 这个功能。

routes 中的路由表项，我们称之为静态路由（不是默认路由，因为有目的的网段）。从表 4-18 中，我们看到，external_gateway_info 并没有包含目的网段，所以它所对应的路由表项（虽然没有显示地存在于 routes 字段中），我们称之为默认静态路由。也就是说，除了直连路由（也没有体现在 routes 中）和静态路由（体现在 routes 中），到达其他所有目的地的都走这条默认路由。

4.6.4　Floating IP

从前面的描述中，我们看到，Router 可以进行路由转发，同时也可以进行 SNAT。然而，Router 一样也可以进行 DNAT，这在 Router 的字段中并没有体现。这是因为，Neutron 将关联 DNAT 功能的建模放在了另一个模型 Floating IP 中，我们摘取其中与 DNAT 密切相关的关键字段，如表 4-18 所示。

表 4-18　Floating IP 资源模型

名称	类型	描 述
router_id	string	实现 Floating IP 的 Router ID
fixed_ip_address	string	与 Floating IP 关联的 IP 地址
floating_ip_address	string	Floating IP 地址
port_id	string	Router 上占用 fiexed_ip_adress 的 ProtID（与 Floating IP 关联）
id	string	Floating IP 的 ID

表中字段所体现的组网形式，如图 4-41 所示。

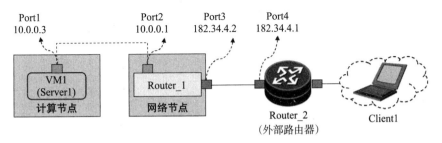

图 4-41　DNAT 示意图

Floating IP 从模型的角度，只与 Router 关联（关联字段是 router_id），也就是图 4-41 中 Router_1。图中其余部件，是为了与 Router_1 一起构建 DNAT 用例的组网图。Floating IP 的字段 port_id，指的就是图中的 Port3，floating_ip_address 是 Port3 的 IP（182.34.4.2），fixed_ip_address（10.0.0.3）与 floating_ip_address 一起构成了 DNAT 转换规则。

1）导出 Port2 的报文，如果源 IP 是 fixed_ip_address（10.0.0.3），则将源 IP 转换为 floating_ip_address（182.34.4.2），然后再转发。

2）导入 Port2 的报文，如果目的 IP 是 floating_ip_address（182.34.4.2），则将目的 IP 转换为 fixed_ip_address（10.0.0.3），然后再转发。

当然，fixed_ip_address（10.0.0.3）最终需要与 Neutron 计算节点中的一个 VM 的 IP 相匹配（图 4-41 中的 VM1），不然报文的发起和接收无从谈起。

图 4-41 中，描述的是这样的通信过程。

1）Client1 访问 VM1，它以为 VM1 的 IP 是 182.34.4.2，于是它的报文的目的 IP 是 182.34.4.2。

2）当报文到达 Port2 时，Router_1 根据 DNAT 规则，将目的 IP 转换为 10.0.0.3，并从 Port2 转发出去。

3）同理，VM1 应答 Client1 的报文（源 IP 是 10.0.0.3），也会被 Router_1 根据 DNAT 规则，将源 IP 转换为 182.34.4.2，并从 Port3 转发出去。

从这个角度讲，FloatingIP 其实对应着 SNAT/DNAT 两种转换，从 Port2 出去的报文做 SNAT 转换，从 Port2 进入的报文，做 DNAT 转换。

4.6.5 Router 小结

Neutron 的 Router 模型中，蕴含着三种路由：直连路由、默认静态路由和静态路由。前两种路由不需要显式地增加路由表项（routes 的 [destination (string), nexthop (string)]），也不会体现在路由表（routes）中。当增加一个 Port 时（add_router_interface），Neutron 会自动增加一个直连路由；当增加一个外部网关信息时（external_gateway_info），Neutron 会增加一个默认静态路由。

路由表中的路由也是静态路由，它与默认静态路由一样，都是通往外部网络。外部网络，指的是 Neutron 管理范围之外的网络。不过，静态路由中的外部网络，一般指的是私网，而默认静态路由中的外部网络，一般指的是公网。所以，在外部网关信息中，有一个开关 enable_snat，当它为 true 时，需要启动 SNAT。

外部网关信息（external_gateway_info）中，只有外部网关 IP（蕴含在 subnet_id 所对应的 subnet 的 gateway_ip 字段中），而无目的网段，所以被称为默认静态路由。同时，也只有创建外部网关信息时，Neutron 才会自动在对应的 Router 上创建一个 Port，其余场景都需要（人）主动创建 Port 以作关联。

Floating IP 首先是一个 SNAT/DNAT 转换规则: floating_ip_address(外网 / 公网 IP) 与 fixed_ip_address (内网 / 私网 IP) 互相转换。然后，从实现角度来讲，它才是绑定到一个 Router (router_id) 的端口（port_id）上，以让报文在进出这个端口时，Router 能对其做 SNAT/DNAT 转换。

图 4-42 表示的是一个组网图，比较完整地体现了 Router 的功能。

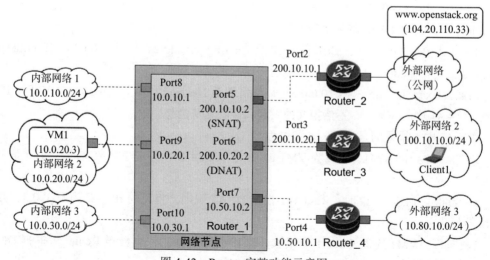

图 4-42　Router 完整功能示意图

图 4-42 中的 Router_1，它的路由表项如表 4-19 所示。

表 4-19　Router_1 的路由表项（示意）

目的网段	下一跳	出接口	备　　注
default	200.10.10.1	Port5	静态默认路由（外网），SNAT 开启，不体现在路由表中（routes），Port5 由 Neutron 自动创建
100.10.10.0/24	200.10.20.1	Port6	静态路由（外网），具备 DNAT 功能
10.80.10.0/24	10.50.10.1	Port7	静态路由（外网）
200.10.10.0/24	200.10.10.2	Port5	直连路由，不体现在路由表中（routes）
200.10.20.0/24	200.10.20.2	Port6	直连路由，不体现在路由表中（routes）
10.50.10.0/24	10.50.10.2	Port7	直连路由，不体现在路由表中（routes）
10.0.10.0/24	10.0.10.1	Port8	直连路由，不体现在路由表中（routes）
10.0.20.0/24	10.0.20.1	Port9	直连路由，不体现在路由表中（routes）
10.0.30.0/24	10.0.30.1	Port10	直连路由，不体现在路由表中（routes）

另外，Router_1 具备 DNAT 功能（绑定在 Port6），它的 DNAT 规则是：

```
floating_ip_address: 200.10.20.2
fixed_ip_address: 10.0.20.3
```

Router_1 的 6 个端口（Port5 ～ Port10），除了 Port5 是 Neutron 自动创建并绑定的以外，其余端口都是需要（人）显示增加（add_router_interface）的。当在 Router_1 上增加外部网关信息（external_gateway_info）和增加接口（add_router_interface）后，Neutron 就会为 Router_1 自动增加好默认静态路由和直连路由（不体现在 routes 中）。与此同时，连接到 Router_1 的内部网络（1/2/3）也会互通。

当然，内部网络如果要与外部网络相通，还需要在内部网络（Subnet）中创建相应的路由表。

> **说明**　从 routers 的模型而言，一个 Router 的外部网关端口可以有多个 external_fixed_ip（external_fixed_ips 的数据类型被设计成一个 array）。不过从 OpenStack Kilo 版本开始，它只允许一个 Rotuer 的外部网关端口只能有一个 IPv4 和一个 IPv6 地址（具体请参见 7.1.5 节）。所以，图 4-42 中的 Port5 ～ Port7 只是一个示意，实际上只会有一个。

4.7　Multi-Segments

这一节不是针对某一个特定的模型，而是讲述 Neutron 里面几个比较令人困惑的特性，这几个特性都与 Multi-Segments 相关。表面上看，它们这些特性显得重复或者自相矛盾，实际上它们的背后对应着不同的应用场景。本节将对这些内容进行一番梳理。

4.7.1 Multi-Segments 的困惑

Neutron 中，有几个与 Multi-Segments 相关的字段和模型比较令人困惑。

第 1 点，在 Network Model 里有一个属性 subnets，它是一个 array（数组）类型，即与 Network 关联的 subnet 群。这意味着什么？如图 4-43 所示。

如果没有路由器，一个 Network 里面的多个 Subnet 就不能互通。既然不能互通，那还要这个 Network 干什么？大家属于一个 Network，毕竟就是有一个强烈的暗示：**能够互通**。

如果有路由器，一个 Network 里面的多个 Subnet 就能够互通。既然能够互通，那还要这个 Network 干什么？大家已经能够互通了，Network 难道不显得多余？

Network 处境尴尬，里外不是人！

第 2 点，4.2.1 节介绍过，Network 可以创建为租户 Network 和运营商 Network，当创建运营商 Network 时，需要用到这 3 个属性：provider:physical_network、provider:network_type、provider:segmentation_id。Neutron 把 3 个属性称为 provider extended attributes。不过同时，Network Model 还有一个字段 segments，它是一个 array（数组）类型字段，就是包含着上面说的 3 个属性，举例如下：

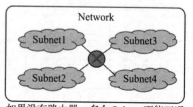
如果没有路由器，多个 Subnet 不能互通
既然不能互通，那还要 Network 干什么

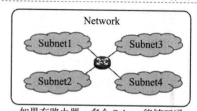
如果有路由器，多个 Subnet 能够互通
既然能够互通，那还要 Network 干什么

图 4-43　一个 Network，多个 Subnet

```
"segments": [
    {
        "provider:network_type": "vlan",
        "provider:physical_network": "aa"
        "provider:segmentation_id": 2
    },
    {
        "provider:network_type": "stt",
        "provider:physical_network": "bb",
        "provider:segmentation_id": 0
    }
]
```

> **说明**　Neutron 规定，不能在一个 Network 实例里，同时使用 provider extended attributes 和 segments。

这个 segments，大白话就是一个二层网络里面还有多个二层网段，如图 4-44 所示。

这个 Network 中的 4 个 Segment 都是二层网络，它们的网络 ID 不同，比如是 VLAN 网路，4 个 Segment 的 VLAN ID 分别为：10、20、30、40。那么它们到底是该通还是不通啊？

如果通：说不过去，因为 VLAN ID 互不相同，应该不通才对。

如果不通：那为什么要把 4 个家伙放在一个 Network 中，为什么不是直接创建 4 个 Network？

到底是该通还是不通啊？

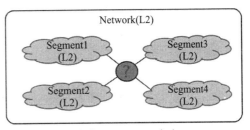

图 4-44　一个 Network，多个 Segment

第 3 点，上述的困惑还没完，Neutron 还专门设计了一个模型，就叫作 Segment，它的字段如表 4-20 所示。

表 4-20　Segment 模型

名称	类型	描述
id	string	Segment 的 ID
network_id	string	关联的 Network ID
physical_network	string	物理网络
network_type	string	物理网络的类型，比如 flat、vlan、vxlan、gre
segmentation_id	integer	物理网络进行分片（segment）后 segmentation id。具体含义取决于 provider:network_type。比如：如果 network_type 是 vlan，那么 segmentation id 就代表 vlan id；如果 network_type 是 gre，那么 segmentation id 就代表 gre key
name	string	Segment 的名称，方便人的阅读和理解
description	string	Segment 的描述，方便人的阅读和理解

只看 physical_network、network_type、segmentation_id 这三个字段，哎呀，跟 Network 中的那三个字段是一样的（名称稍有不同，含义是一样的）。

4.3.2 节介绍的 Trunk Networking 方案，Neutron 确实做得非常完美，但是关于 Multi-Segments 这几个令人迷惑的设计，很难让人体会到设计之美。苦涩难懂，本来就是软件设计之大忌。

下面我们通过几个例子，来讲述 Neutron 的这几个让人困惑的特性。

4.7.2　Multi-Segments 的几个应用场景

1. 一个 Network 多个 Subnet

笔者以为，这是一个土豪的故事。

一般来说，一个 Network 对应一个 Subnet，这是符合我们的认知的。在这个二层网络里，大家属于一个三层子网，这样无论是从二层通还是三层通的概念来讲，都是符合常理的。

但是，一个 Network 里面，如果虚拟机（或者 Host）太多，会产生问题，比如：这个 Network 的二层广播风暴，网络里面交换机的 ARP 表项容量限制，等等。所以，一般来说，一个 Network，其规划容纳的 VM 的数量是有一定限度的。如果超出这个限度，一般会多规划几个 Network（Subnet）。

可是土豪不这么想，这么多 Network，每次创建虚拟机，还要让它选择属于哪个 Network，不开心。这么任性基本上就无解了，除非打破常规。

是的，Neutron 就是打破常规，亲手消灭了 Network 这个模型的含义。Network 本来指的是一个二层网络，现在 Neutron 废除这个含义，把 Network 当做一批二层网络的容器。每个二层网络对应一个 Subnet，如图 4-45 所示。

现在 Network 变成了一个虚框，它的意思是上述 4 个 L2 Network：

1）每个 L2 Network 内部，是二层通；

2）每个 L2 Network 之间，只三层通。

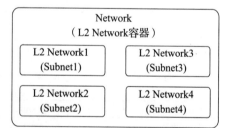

图 4-45　Network 变为 L2 Network 容器

这只是逻辑概念，实际上来说，每个 L2 Network 之间，如何进行三层通呢？需要用到物理路由器（考虑到性能问题，不能使用虚拟路由器），如图 4-46 所示。

这样的网络，Neutron 称为 Routed Network。这是一个物理组网，如果回到逻辑模型，该如何表达呢？现在能表达一个 Network 中有多个 L2 Network 的有两个候选方案：

1）Network 模型中的 segments 字段；

2）独立的一个模型：Segment。

但是，我们还需要两个内容：每个 Segment 有一个 Subnet、Network 包含多个 Subnets。如图 4-47 所示。

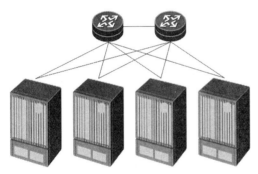

图 4-46　多个机架有物理路由器相连

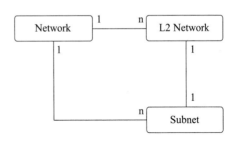

图 4-47　Network、L2 Network、Subnet 三者之间的关系

满足这样关系的只能是那个独立的模型 Segment，如图 4-48 所示。

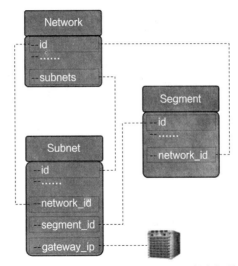

图 4-48　Network、Segment、Subnet 三者之间的关系

这三个模型之间，通过互相关联对方的达到和谐。Subnet 模型内的 gateway_ip 字段，指向物理路由器对应网口的 IP 地址。

不过故事讲到这里，还不能算结束。因为这里面的路由器使用的是物理路由器，一个机架接到一个物理路由器的网口上以后就是固定的了，不能随意修改了，而这个网口的 IP 地址也已经是固定的了，也不能随意修改了，这就要求：这个机架上的所对应的 Host/VM，其 Subnet 需要这个物理路由器的网口，是一个网段，不然路由不能通。如图 4-49 所示。

图 4-49 中，如果 IP1 与 IP2 不是同一个 Subnet，那么这个路由是不通的。所以，管理员必须要做一个规划，将每个

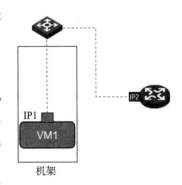

图 4-49　机架所对应的 Subnet 是固定的

机架对应的网关 IP、DHCP Server 等都事先规划好。

首先规划的是每个 Segment 的网关信息。网关 IP 必须属于 Segment 中的子网网段，如表 4-21 所示。

表 4-21　Segment 路由规划表

网段	版本	地址	网关
segment1	4	203.0.113.0/24	203.0.113.1
segment1	6	fd00:203:0:113::/64	fd00:203:0:113::1
segment2	4	198.51.100.0/24	198.51.100.1
segment2	6	fd00:198:51:100::/64	fd00:198:51:100::1

其次要规划的是每个主机（Host）属于哪个 Segment，如表 4-22 所示。

表 4-22　主机规划表

主机	机架	物理网络
compute0001	rack 1	segment 1
compute0002	rack 1	segment 1
...	...	...
compute0101	rack 2	segment 2
compute0102	rack 2	segment 2
compute0102	rack 2	segment 2
...	...	...

最后还要规划 DHCP Agent 部署于哪个主机。因为这种场景，DCHP Agent 只能支持一个 Segment，所以必须一个 Segment 要部署一个 Agent。为了减少节点数量，一般将 DHCP Agent 部署于计算节点上，如表 4-23 所示。

表 4-23　DHCP Agent 部署规划表

主机	机架	物理网络
network0001	rack 1	segment 1
network0002	rack 2	segment 2
...	...	...

在做好这样的规划以后，Network 就可以安静地做个美男子了。它不再是一个二层网络的含义，而是一批二层网络的容器。而土豪在创建虚拟机时，也就可以只选择一个 Network 了（实际上 Network 的含义已经变成了二层网络的容器）。

2. VTEP 位于 TOR 交换机上

我们在第 3 章中讲述过 VXLAN 的实现模型，如图 4-50 所示。

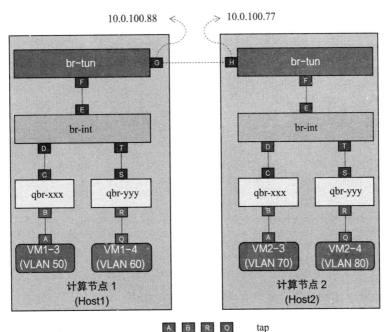

图 4-50　Neutron VXLAN 实现模型

在这个实现模型中，VTEP（VXLAN Tunnel End Point）是位于计算节点的 br-tun 上。但是在实际应用中，VTEP 也有位于 TOR 交换机的情形。开源组织 OPEN-O（和 ONAP）的用例就是将 VTEP 部署于 TOR 上。

VTEP 位于 TOR 上，而不是 Host 内的 br-tun。我们把这一段组网图抽象为如下内容，如图 4-51 所示。

从用户视角，这是一个 VXLAN 网络，所以 Neutron 对外暴露的接口（模型）仍然是 Network（注意，这里的 Network 又恢复为它的本意，表示为一个二层网络）。但是在具体实现时，VTEP 位于 TOR 上，而且，TOR 还需要做 VNI（VXLAN ID）到 VLAN ID 的映射（图中 VLAN1、VLAN2、VLAN3、VLAN4）。这个映射并不能随意映射，因为 TOR 交换机上的 VLAN ID，也不能任意取值，需要经过规划。所以 Neutron 就有了如下模型，如图 4-52 所示。

segments 实际上是一个列表，这个列表的元素是［provider:physical_network，provider:network_type，provider:segmentation_id］，这三个字段我们在 4.2 节中讲述过，这里就不啰唆了。这里我们只需了解：Neutron 正是通过这三个字段描述了需要描述的信息（比如 VLAN ID，即 provider:segmentation_id）。

说到这里，你可能会问，那个 VXLAN 网络的 VNI，在哪里输入？这个跟以前介绍的一样，这个 VNI 的赋值，由 Neutron 内部自动生成，而它生成的方法是根据配置文件的规则。

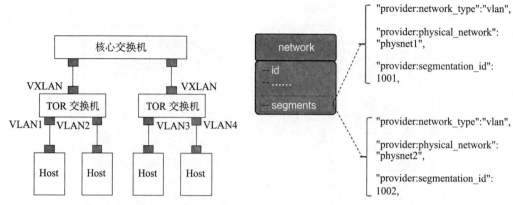

图 4-51　VTEP 位于 TOR 的 VXLAN 实现模型　　图 4-52　Network 的 segments 字段

通过上述的这个场景（VTEP 位于 TOR 上），我们可以总结出 Network 模型中的 segments 字段的用途。

1）使用场景：主要是 VTEP 位于 TOR 上（传统的 Neutron 实现方法，VETP 都是位于 Neutron 节点中的 br-tun）。

2）用户体验：用户感觉到的只是一个普通租户网络（与租户网络一样，Neutron 通过配置文件和相应算法，自动生成 Network 的类型和 ID），感觉不到实现细节（VTEP 位于 TOR 上而不是 br-tun）。

3）字段用途：由于 VTEP 位于 TOR 上，Neutron 内部还需要做一个网络 ID 的二次转换。TOR 的 VLAN ID 是一个提前规划好的值，不能任意取值。此时，segments 字段就承担这个作用，它的取值表达的就是这些提前规划好的值。

类比第 3 章中讲述的内外网络 ID 的转换，Network 模型本身的网络 ID 相当于外部网络 ID，segments 字段里的网络 ID 相当于内部网络 ID。而且内外网络类型也是一样类比，Network 本身的网络类型是 VXLAN，segments 字段里的网络类型是 VLAN。

4.8　BGP VPN

Neutron 的 BGP VPN，指的是 MP-BGP MPLS L3VPN 或者是 E-VPN（E-VPN 的控制协议也是 MP-BGP）。不过我们这里不纠结这个名词，本章中的 BGP，如无特别说明，指的都是 MP-BGP。

Neutron 的 BGP VPN 与传统的企业站点之间的 BGP VPN 相比，两者的基本原理是相同的，但是使用场景有所不同。另外最关键的是，两者的实现模型有着天壤之别。承载企业站点之间互联的 BGP VPN，一般是物理路由器（比如华为的 NE40E 等设备），而承载 Neutron 概念的 BGP VPN，一般是虚拟网元，比如 OVS、Linux Router 等。这与 Neutron 的特质以及当前的管理范围相关。本章节将围绕 Neutron 的这些特点展开讲述。

4.8.1 BGP VPN 的使用场景

OpenStack 是为云服务的，那么 Neutron 顺理成章也是为云服务的。所以，Neutron 的 BGP VPN 的使用场景也是离不开云的。

传统的 BGP MPLS L3VPN，一般来说，它的应用场景是 Site2Site。Site，翻译为汉语是站点，特指是企业站点。关于站点这个词，不是太好用文字解释，我们通过图来阐述，如图 4-53 所示。

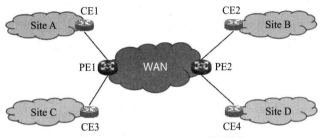

图 4-53　Site2Site VPN 组网图

在图 4-53 中，Site A 与 Site B 组成 VPN1，Site C 与 Site D 组成 VPN 2。

而在云环境下，L3 VPN 的使用场景是这样的：一个租户已经有一个 VPN，它在 Cloud 里所租的虚拟机也期望接入这个 VPN，如图 4-54 所示。

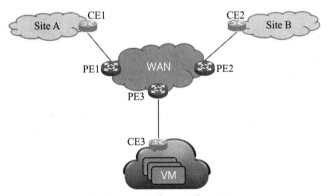

图 4-54　云中 VM 连入 Site

BGP MPLS L3VPN 的使用场景是云接入已有的 VPN，E-VPN 使用的场景则是两个云的互联，如图 4-55 所示。

图 4-55　EVPN 使用场景

图 4-59 中的 VTEP1 和 VTEP2，两者都运行 MP-BGP(EVPN) 协议，就构建了 E-VPN。

4.8.2 BGP VPN 的实现模型

本节我们以 BGP MPLS L3VPN 为例，来讲述这个实现模型。图 4-54 中，CE1/PE1 与 CE2/PE2 是 L3VPN 的典型传统应用，所以它们都是采用物理路由器来承载。而且，它们也不是 Neutron 的范围。Neutron 所要考虑的是图 4-54 中的 PE3/CE3 该如何实现。

总结起来，Neutron 关于 PE/CE 的实现方法，有如下几种。

（1）PE/CE 都位于计算节点内

PE、CE 都位于计算节点内的组网，VM 扮演着 CE 的角色，PE 则由 br-ethx/br-tun（OVS）承担，如图 4-56 所示。

（2）PE/CE 都位于网络节点内

PE 和 CE 都位于网络节点内的组网，由 L3 Agent 承担 PE 角色，而 Router 承担 CE 角色，如图 4-57 所示。

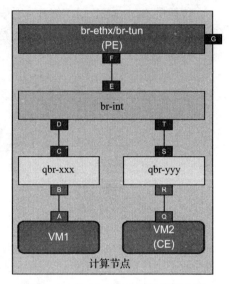

图 4-56　PE/CE 都位于计算节点内

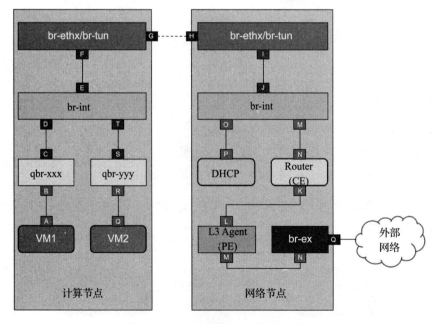

图 4-57　PE/CE 都位于网络节点内

（3）CE 位于网络节点内，PE 位于外部路由器

这种情形，CE 仍然由网络节点的 Router 来扮演，而 PE 则由外部的路由器扮演，如图 4-58 所示。

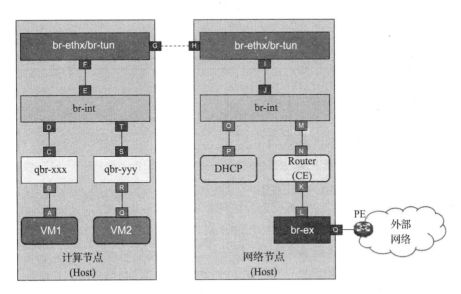

图 4-58　CE 位于网络节点，PE 位于外部路由器

4.8.3　BGP VPN 的资源模型

Neutron BGP VPN 的模型分为两大类：一类是 VPN 模型，以及与这个模型对应的增、删、改、查等操作；还有一类是将 Network 或者 Router 关联到这个 VPN 上。

1. BGP VPN 模型

BGP VPN 模型，如表 4-24 所示。

表 4-24　BGP VPN 资源模型

名称	类型	描述
id	string	BGP VPN 的 ID
name	string	BGP VPN 的名字，方便人的阅读和理解
type	string	VPN 的类型，取值范围：12、13
route_distinguishers	array	RD（Route Distinguisher）列表。如果这个设定了这个值，其中之一会被选择做 VPN 路由通告
route_targets	array	RT（Route Target）列表，同时用于导入和导出
import_targets	array	导入 RT 列表
export_targets	array	导出 RT 列表
networks	array	这个 VPN 关联的 Network 列表，只读

(续)

名称	类型	描述
routers	array	这个 VPN 关联的 Router 列表，只读
ports	array	这个 VPN 关联的 Ports 列表，只读
local_pref	integer	默认的 BGP LOCAL_PREF 属性
tenant_id	string	项目 ID
project_id	string	项目 ID

我们介绍其中几个比较重要的字段。

（1）RD

RD 这个参数在物理路由器承载 L3 VPN 时，是配置给 PE（物理路由器）的 VRF 实例。每一个 VRF 实例都需要配置 RD。RD 的本质是保证 VPN-IPv4 地址"全局"唯一。所以 RD 的取值规则可以说比较灵活，只要保证 VPN-IPv4 地址"全局"唯一就可以了。不过一般来说，一个 VPN 内的所有 VRF 都配置为相同的 RD。

这个时候，我们再来看看 Neutron BGP VPN 模型里关于 RD 的定义：route_distinguishers，它是一个数组，由一系列 RD 组成，它有三层含义。

①这是一个可选字段，用户可以不指定，Neutron 会想办法自己搞定。

②如果用户指定，虽然它是一个列表，Neutron 只会从中选取一个。一个 VPN 可以包含多个 VRF，Neutron 为多个 VRF 选取的是同一个 RD。

③列表是为了 CE 多归属，如图 4-59 所示。

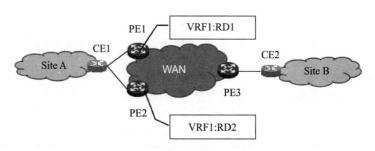

图 4-59　CE 多归属示意图

图 4-59 中，Site A 与 Site B 同属一个 VPN，PE1 上承载这个 VPN 的是 VRF1，PE2 承载这个 VPN 的是 VRF2，CE1 双归属到 PE1、PE2。这个时候，PE1.VRF1 的 RD（图中标识为 RD1）与 PE2.VRF1 的 RD（图中标识为 RD2）必须不同。假设两者相同，都等于 RD1，那么 PE1 和 PE2 通告给 PE3 的路由信息（for Site A）就会是同一个 VPN-IPv4 地址，都是 RD1 + IP（Site A 的 IP 网段），那么 PE3 就无法区分，从而造成双归属没有意义。

（2）RT

Neutron BGP VPN 关于 RT 设计了 3 个字段，如表 4-25 所示。

表 4-25　Neutron BGP VPN 关于 RT 的 3 个字段

名称	类型	描述
route_targets	array	RT（Route Target）列表，同时用于导入和导出
import_targets	array	导入 RT 列表
export_targets	array	导出 RT 列表

它的用法是取并集：

```
import_targets = import_targets union route_targets
export_targets = export_targets union route_targets
```

（3）CE、PE 之间的路由学习

这一点是 Neutron BGP VPN 模型中所没有涉及的。但是，在实际运用中，这个是不能缺少的。Site1、Site2 之间的路由通告如图 4-60 所示。

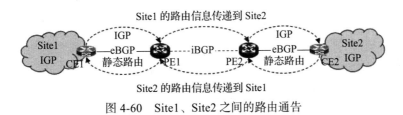

图 4-60　Site1、Site2 之间的路由通告

在图 4-60 中，两个 PE 之间，路由通告协议是 BGP。这个是 Neutron BGP VPN 模型涵盖的。而 CE、PE 之间的路由通告协议，可能是 IGP，也可能是 eBGP，也可能是静态路由，这一点 Neutron 丝毫没有涉及。这个恐怕有问题！

2. BGP VPN 关联 Network 或 Router

在物理世界中，一个 VPN 仅仅是一个纯逻辑概念（也就是数据库中的一条记录而已），它必须与相应的 CE/PE（VRF）关联，才能真正地构建出一个 VPN（有转发面、控制面，才可以真正地工作）。

Neutron 也一样，创建出一个 BGP VPN 以后，也仍然只是一个纯逻辑概念，还需要与相应的对象绑定。Neutron 可以绑定 Network，也可以绑定 Router。前文说过，Neutron BGP VPN，其类型可以是 L2（EVPN）或者 L3（MP-BGP MPLS L3VPN）。所以 Network 既可以绑定到 L2，也可以绑定到 L3，而 Router 只能绑定到 L3(因为 Router 本来就是 L3 的概念范畴）。

Neutron 关于绑定的流程和权限是这样设置的：

1）Admin/Operator Workflow：创建一个 BGP VPN；

2）Tenant：将 Networks and/or Routers 按需关联到一个 BGP VPN。

也就是说，租户不能创建 BGP VPN，只能将相关的 Network、Router 绑定到这个 VPN。至于如何绑定，Neutron 提出了两个 RESTful API。这两个 API 比较简单，这里就不啰唆了，直接贴两个图（Neutron API 的屏幕截图）——图 4-61 和图 4-62。

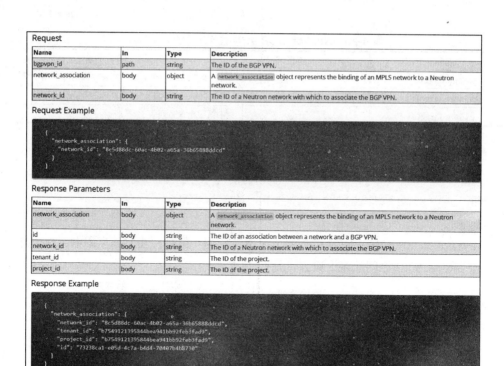

图 4-61　创建 Network 关联 API

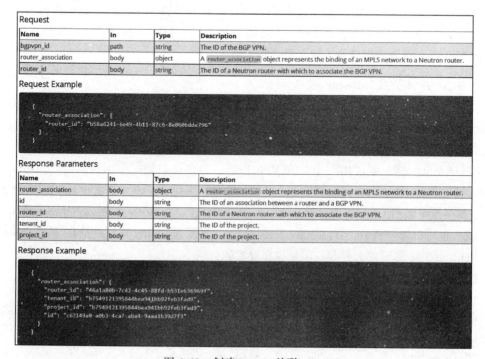

图 4-62　创建 Router 关联 API

4.9 本章小结

本章介绍了 Neutron 中比较重要的资源模型，它们之间的关系，如图 4-63 所示[一]。

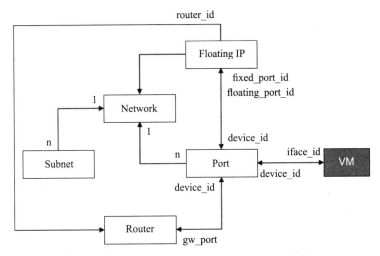

图 4-63 Neutron 主要资源模型之间的关系

Neutron 把 Network、Subnet（含 Subnet Pool）、Port 称为核心资源。这三个资源中，Network 相当于一个"根"，无论是 Subnet 还是 Port，都必须隶属于一个 Network。

Network 分为两大类，一类是 Neutron 管理范围内的网络（简称内部网络），一类是 Neutron 管理范围外的网络（简称外部网络）。对于后者，Neutron 虽然也用 Network 模型为其创建了一个实例，但是本质上，这个实例仅仅是外部网络的一个映射，Neutron 并不能决定这个网络的类型和网络 ID（比如 VLAN ID），它只是忠实地记录外部网络的这些属性而已。对于这样的映射网络，Neutron 称之为运营商网络，它利用 Neutron 模型中的 provider extended attributes 来标识。

比 provider extended attributes 更进一步的是 multiple provider extension，它体现在 Neutron 的字段 segments 中。segments 是一个数组，每一个元组包含三个字段，这三个字段与 provider extended attributes 完全相同。

multiple provider extension 类似于 provider extended attributes 的加强版，但是实际上 multiple provider extension 的应用场景并没有后者广泛，它目前最典型的应用场景还是 VTEP 部署于 TOR 上这样的场景。

一般来说，一个 VM 属于一个 Network，VM 所收发的报文都是不带 VLAN Tag 的。但是在有些场景下，尤其是现在比较流行的 NFV 场景下，VM 需要感知 VLAN，也就是需要收发带有 VLAN Tag 的报文。Neutron 为了支持此特性（VLAN aware VM）提出了 Trunk

---

一 参考 http://www.aboutyun.com/thread-12041-1-1.html。

Networking 方案。这个方案非常完美，无论是实现模型还是资源模型，Trunk Networking 方案都没有修改 Neutron 已有的代码，而是通过"新增"的方式实现新特性。

Network 是一个二层网络，对于内部网络而言，Neutron 利用计算节点的 Bridge（br-ethx、br-tun、br-int 等）实现了 Local、Flat、VLAN、VXLAN、GRE、Geneve 等类型的二层网络。一般来说，这些网络内的虚拟机之间的二层通信并不需要用到路由器，因为它们属于同一个 Subnet。

但是，一个 Network 可以包含多个 Subnet，此时，Network 的概念已经不是一个传统的二层网络，而是一批二层网络的容器。真正表达二层网络模型的是一个独立的模型 segment（不是 Network multiple provider extension 中的 segments），这个 segment 关联到 Network，同时它还关联一个 Subnet。对于这样的 Network 而言，它其中的每一个 Segment 内部都是二层通，而 Segment 之间是三层通。从实际应用场景来说，这里的三层通需要物理路由器，同时这样的组网也称为 Routed Network。

当然，这是一种比较特殊的应用场景，对于普通的三层通来说，Neutron 还是利用控制节点的 Router 来完成路由功能。

对于三层通来说，Neutron 中的模型 Port 相当于三层通的"灵魂"，因为 IP 地址就是绑定到 Port 之上；Router 则相当于三层通的"发动机"，因为路由转发就是靠 Router 来完成的。

而 Subnet 则相当于"灵魂"的"管理员"。这是因为，Neutron 的模型 Subnet，除了表达传统的子网网段（及 IP 版本）概念以外，还涉及 IP 核心网络服务。IP 核心网络服务又称 DDI 服务，包括：① DNS/Domain Name System；② DHCP/Dynamic Host Configuration Protocol；③ IPAM/IP Address Management。这三个服务，是 Subnet 内管理虚拟机的核心服务（也是基础服务）。同时，Subnet 还用 host_routes 和 gateway_ip 这两个字段表达一个子网的路由信息，前者是路由表，后者是默认网关。这些路由信息也都会映射到 Subnet 内的每一个虚拟机。在 Neutron 的模型中，它用 Port 来代表其背后的虚拟机。表面上看，一个 Port 的 IP 地址必须要与一个 Subnet 相关联，殊不知，一个 Subnet 模型的背后引入了这么多的概念和服务。

Port 的 IP 地址与一个 Subnet 关联，不仅仅是为了这些背后的服务，它对于 Router 构建其路由表也有着深刻的意义。Router 的路由分为直连路由、静态默认路由和静态路由。前两种路由并不需要用户主动添加，也没有体现在 Router 的字段 routes 中。它们是 Neutron 自动生成的。

一个 Router 当然离不开端口（Port），当我们给 Router 增加一个 Port 时，Neutron 就会自动给这个 Router 增加一个直连路由的表项。当我们给 Router 增加一个外部网关信息时（external_gateway_info），Neutron 不仅会给这个 Router 自动创建对应的 Port，同时也会自动增加一个静态默认路由。因为这个路由没有明确指明目的网段，所以称为静态默认路由。不过有一点可以肯定，这个路由通往外部网络，因为这个路由的网关是一个外部网关。

显式增加一个路由表项（在 routes 增加一个表项）也是一个静态路由，这个路由有明确的目的网段（所以不能称为默认路由），这个网段也是通往外部网络。这个"外部网络"与默认网关的那个外部网络不同，前者一般指的还是私网，只不过不在 Neutron 的管理范围而已，后者则一般指的是公网。所以我们在外部网关信息中，看到一个字段 enable_snat，当它的值为 true 的时候，表明 Router 要启动 SNAT 转换。当 Neutron 中的虚拟机要连接公网时，一般必须要启动 SNAT（因为一般来说，Neutron 中的虚拟机是私网 IP）。

Router 除了能启动 SNAT，还能启动 DNAT。Neutron 用了一个独立的模型 Floating IP 来表达 DNAT 规则，并将这个规则绑定到一个 Router 及其对应的 Port 之上，以使这个 Router 能完成正确的 DNAT 功能。

Router 除了能完成普通的三层转发，还能完成 BGP VPN 的传输功能。Neutron 首先建立一个 BGP VPN 资源模型，这个模型支持 L2 VPN（E-VPN）和 L3 VPN（MP-BGP MPLS L3 VPN）。建立好 BGP VPN 模型以后，Neutron 再将这个模型关联到一个 Network 或者一个 Router，以真正构建 VPN 网络。

第 5 章

Neutron 架构分析

Neutron 是 OpenStack 的核心部件，其官网（https://wiki.openstack.org/wiki/Neutron）给出的 Neutron 的定位是：NaaS（Neutron is an OpenStack project to provide "networking as a service"）。

NaaS 有两层含义：

1）对外接口：Neutron 为 Network、Subnet、Port、Router 等网络资源建立了逻辑模型（参见第 3 章），并提供了这些模型 RESTful API、CLI（命令行）、GUI（图形化用户接口）。

2）内部实现：利用 Linux 原生的以及其他厂商（或者开源）的虚拟网络功能，再加上一些硬件网络功能，构建出真正的网络。

基于 NaaS 的含义及 Neutron 的使用场景，Neutron 的上下文如图 5-1 所示。

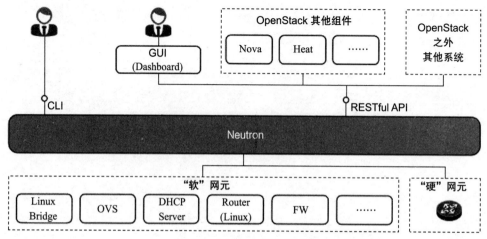

图 5-1　Neutron 的上下文

Neutron 对外提供的 CLI 及 GUI 接口，其用户主要是"人"；对外提供的 RESTful API，其用户主要是 OpenStack 之内的其他组件（如 Nova 等）以及 OpenStack 之外的其他系统（如 MANO 等）。

Neutron 管理的网元，主要以"软"网元为主（也称作虚拟网络功能）。这些"软"网元，有三种来源：

① Linux 原生（内核提供）的网络功能，比如 Linux Router、Linux Bridge 等；
② 开源的网络功能，比如 OVS 等；
③ 厂商提供的闭源产品。

Neutron 在有些情况下也会涉及一些"硬"网元（硬件路由器、交换机等），比如 4.7.2 节提到的"VTEP 位于 TOR 交换机上"这样的场景。

Neutron 的抽象架构，如图 5-2 所示。

Neutron 接到 RESTful API 的请求后，交由模块 WSGI Application（下文会介绍这个概念）进行初步的处理，然后这个模块通过 Python API 调用 Neutron 的 Plugin 模块。Plugin 模块做了相应处理后，通过 RPC 调用 Neutron 的 Agent 模块，Agent 再通过某种协议（比如 CLI）对 VNF （虚拟网络功能）进行配置。

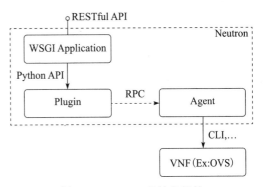

图 5-2　Neutron 的抽象架构

在图 5-2 中，WSGI Application 及 Plugin 两个模块属于同一个进程，Agent 属于另外一个进程。承载 RPC 通信的是 AMQP Server。另外，还有一个数据库 Server（图 5-2 没有画出来）。综上所述，Neutron 的进程视图如图 5-3 所示。

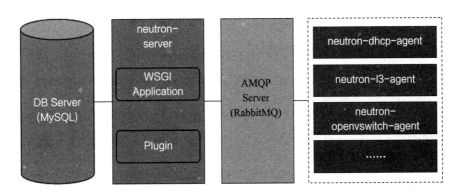

图 5-3　Neutron 的进程视图

图 5-2 中的两个模块 WSGI Application、Plugin，都属于图 5-3 中的进程 neutron-server。对数据库 Server，Neutron 选择的是 MySQL。对 AMQP Server 而言，Neutron 有三种选择：RabbitMQ、

Qpid、ZMQ，图 5-3 是以 RabbitMQ 为例。Neutron 针对不同的虚拟网络功能有不同的 Agent 来进行管理，图 5-3 中的 neutron-dhcp-agent、neutron-l3-agent、neutron-openswitch-agent，分别代表不同类型的 Agent 进程。

从部署的角度来说，Neutron 分为三种节点：控制节点、网络节点和计算节点。上述的这些进程，部署在不同的节点上，如图 5-4 所示。

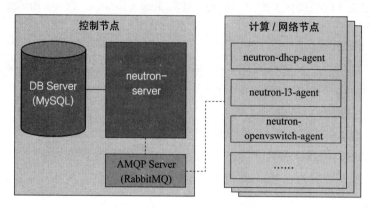

图 5-4　Neutron 的部署视图

在控制节点上，部署了进程 neutron-server、DB Server(MySQL) 和 AMQP Server(RabbitMQ)。如果不考虑 DVR，计算节点只有 qbr、br-int、br-ethx、br-tun 等 bridge，所以计算节点上也只部署 neutron-openswitch-agent、neutron-linuxbridge-agent 等 agent 进程。网络节点除了 br-int、br-ethx、br-tun 等 Bridge 以外，还有 DHCP、Router 等虚拟网络功能，所以它还会部署 neutron-dhcp-agent、neutron-l3-agent 等进程。

 说明　①节点是个逻辑概念，这些节点可以位于同一个主机上，也可以分属于不同的主机。
②每个节点都需要部署相应的 Agent 进程。

为了让这些部件能够按照固有流程有效地运行起来，Neutron 必须要有一个基础的软件平台进行支撑。同时，我们如果把 WSGI Application 和 Plugin 打开的话，Neutron 的组件视图，如图 5-5 所示。

从软件的角度来说，Neutron 首先是一个 Web Server，所以 Neutron 的软件平台涉及 Web 框架的内容。Neutron 内部由不同的组件组成，这些组件之间需要通信，这就引出了 Neutron 的通信机制（消息总线）。为了提高效率，Neutron 采用了协程来做并发处理机制。另外，为了代码复用，Neutron 还采用了 OpenStack 的另一个组件 Oslo。

本章将对 Neutron 的软件平台进行讲述。至于 Neutron 的 WSGI Application、Plugins、Agents 等业务部件，将会放在后面的几章进行讲述。

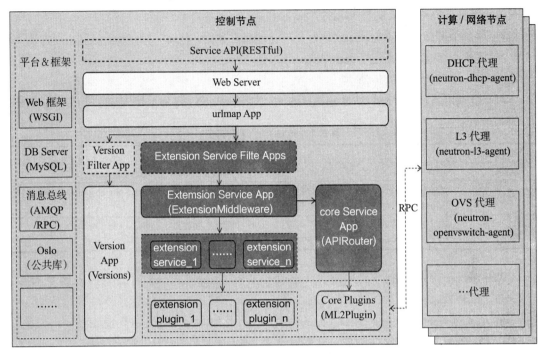

图 5-5　Neutron 的组件视图

5.1　Neutron 的 Web 框架与规范

Neutron 首先是一个 Web Server，那么它就存在一个 Web 框架选型的问题。Neutron 选用了两种开源的 Web 框架。早期版本，Neutron 使用了 Paste + PasteDeploy + Routes + WebOb 组合，作为自己的 Web 框架。从 kilo 版本开始，Neutron 引入了另一个 Web 框架 pecan。pecan 相对于前者，使用起来比较简单。

不过所谓的简单，在 Neutron 的应用中也仅仅是体现在加载 WSGI Application 这一块内容的区别上。下一章（第 6 章）会结合 Neutron 的代码进一步说明这个区别，这里就暂且不详细论述。两种框架都遵循 WSGI 规范。从帮助理解 Neutron 代码的角度出发，掌握 WSGI 规范比简单地了解两种 Web 框架的 API 更有意义。

WSGI 是 Web Server Gateway Interface 的缩写，详情请参考：PEP 3333（Python Enhancement Proposal，http://www.python.org/dev/peps/pep-3333/）。WSGI 本身只是一套标准接口，而并不是什么任何具体的实现。这套接口位于 Web Servers 和 Web Application（或者 Framework）之间，是为了提升 Web Applications 针对各种 Web Servers 的适配能力，如图 5-6 所示。

能够被 Web Server 按照 WSGI 接

图 5-6　WSGI 示意图

口调用的 Web Application 称为 WSGI Application，它具备三个特征。

1）是一个可调用的对象。

2）有两个参数：environ、start_response。

3）有一个可迭代的返回值。

一个可调用的对象，指的是 Web Server 可以调用的对象，它的存在形式，如表 5-1 所示。

表 5-1 可调用对象的形式

形式	说明
函数	Web Server 直接调用这个函数，这个函数的参数是：environ, start_response
类的对象实例	这个类必须具有 __call__ 函数，__call__ 函数的参数是：environ, start_response，Web Server 会调用这个对象的 __call__ 函数
类	①这个类必须具有 __call__ 函数，__call__ 函数的参数是：environ, start_response ② Web Server 会创建这个类的对象实例，然后调用这个对象的 __call__ 函数

Web Server 调用这个可调用对象（也就是 WSGI Application）时，会传入两个参数：environ、start_response。

environ 包含的内容有：CGI 相关的环境变量、操作系统相关的环境变量（非必须）、WSGI 相关的环境变量、服务器自定义环境变量（非必须）等。

star_response 是 Web Server 传递给 WSGI Application 的一个 callable object。这个有点像绕口令：从 Web Server 视角看，WSGI Application 本身就是一个 callable object，而现在 Web Server 再给这个 callable object 传递一个 callable object。start_response 的具体表现是一个函数，形式如下：

```
start_response(status, response_headers, exc_info=None)
```

start_response 函数的三个参数的含义[一]为：

1）status，是状态码，比如：200 OK；

2）response_headers，是一个列表，形式是（header_name, header_value）；

3）exc_info，在错误处理时使用。

WSGI Application 的第三个特征是有一个可迭代的返回值，我们以一个例子来说明（伪代码）。

```
def my_app(environ, start_response):
    if (今天下雨):
        return your_app(environ, start_response)
    else:
        start_response('200 OK', [('Content-Type', 'text/html')])
        return 'Hello World!'
```

my_app 是一个 WSGI Application，它有两种返回值。一种是：如果今天没有下雨，那

[一] 参考 http://blog.csdn.net/on-1y/article/details/18803563。

么它就是一个直接响应：

```
start_response('200 OK', [('Content-Type', 'text/html')])
return 'Hello World!'
```

另一种是：如果今天下雨，那么它就是一个间接响应，返回另一个 WSGI Application（your_app）：

```
return your_app(environ, start_response)
```

对于 Web Server 而言，如果它接到 my_app 的直接响应，那么它也就直接以这个返回值响应它的 client 的请求；如果它接到 my_app 的间接响应，那么它还需要继续调用 my_app 的返回值 your_app 继续迭代下去。像 your_app 这样的返回值，就是一种可迭代的返回值。

对于 Neutron 来说，只需要按照 WSGI 规范写好 WSGI Application 即可。WSGI Application 才是真正的业务处理单元。

5.2　Neutron 的消息通信机制

Neutron 内部组件（进程）之间的通信（比如 Neutron Server 与 Neutron Agents），采用 AMQP（Advanced Message Queuing Protocol，高级消息队列协议）机制，进行 RPC 通信。AMQP 的原始用途只是为金融界提供一个可以彼此协作的消息协议，而现在的目标则是为通用消息队列架构提供通用构建工具。014.5，AMQP 被批准成为新的 ISO 和 IEC 国际化标准。具体可以参考 AMQP 的官网 www.amqp.org。

基于 AMQP 标准，有很多具体的实现，主要有以下几种[一]。

1）OpenAMQ：AMQP 的开源实现，用 C 语言编写，运行于 Linux、AIX、Solaris、Windows、OpenVMS。

2）Qpid：Apache 的开源项目，支持 C++、Ruby、Java、JMS、Python 和 .NET。

3）Redhat Enterprise MRG：实现了 AMQP 的最新版本 0-10，提供了丰富的特征集，比如完全管理、联合、Active-Active 集群，有 Web 控制台，还有许多企业级特征，客户端支持 C++、Ruby、Java、JMS、Python 和 .NET。

4）RabbitMQ：一个独立的开源实现，服务器端用 Erlang 语言编写，支持多种客户端，如：Python、Ruby、.NET、Java、JMS、C、PHP、ActionScript、XMPP、STOMP 等，支持 AJAX。RabbitMQ 发布在 Ubuntu、FreeBSD 平台。

5）AMQP Infrastructure：Linux 下，包括 Broker、管理工具、Agent 和客户端。

6）ZMQ：一个高性能的消息平台，在分布式消息网络可作为兼容 AMQP 的 Broker 节点，绑定了多种语言，包括 Python、C、C++、Lisp、Ruby 等。

7）Zyre：是一个 Broker，实现了 RestMS 协议和 AMQP 协议，提供了 RESTful HTTP

㊀　参考 http://blog.sina.com.cn/s/blog_68ce7fc30100vwikx.html。

访问网络 AMQP 的能力。

Neutron（严格来说是 Oslo Message 模块）选择了其中三个：RabbitMQ，Qpid，ZMQ。运行时具体采用哪一种实现取决于配置文件。

5.2.1 AMQP 基本概念

AMQP 基本概念如图 5-7 所示。

AMQP 把这通信双方（发送方和接收方）分别称为 Producer 和 Consumer。图 5-6 中，Producer_1（简称 P1）期望把发送消息到了 Consumer_n（简称 Cn）。但是，P1 如何才能将消息发送给 Cn 呢？这中间需要经过 Message Broker 的处理和传递。AMQP 中，承担 Message Broker 功能的就是 AMQP Server。也正是从这个角度讲，AMQP 的 Producer 和 Consumer 都是 AMQP Client。

承担 Message Broker 角色的可以是一个 AMQP Server，也可以是多个。多个 AMQP Server 的情形如图 5-8 所示。

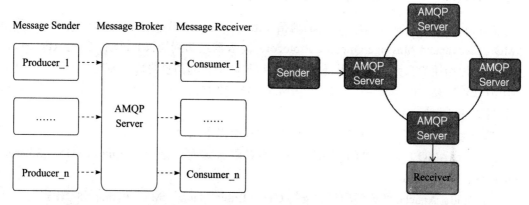

图 5-7　AMQP 概念模型　　　　图 5-8　多个 AMQP Server 组成 Message Broker

在 AMQP Server 中，有两大部件，如图 5-9 所示。
这两个部件的含义如下。

1）Exchange 接收 producers 发送过来的消息，按照一定的规则转发到相应的 Message Queues 中。

2）Message Queues 再将消息转发到相应的 Consumers。

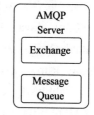

图 5-9　AMQP Server 的两个部件

5.2.2 AMQP 的消息转发

1. AMQP 消息转发模型

我们把 AMQP Server 暂时仍然当做一个黑盒看，如图 5-10 所示。

图 5-10 中，P1 发送的消息，经过 AMQP Server 转发以后，到达 Cn，Pn 发送的消息，经过 AMQP Server 转发以后，到达 C1。在这个消息转发中，起关键的"路由标识"作用的是一个字符串 Routing Key。

P1 发送消息时会带上一个 Routing Key rk_abc，而 Cn 也已经（提前）告知了 AMQP Server 它希望接收消息的 Routing Key 是 rk_abc。这样，当 AMQP Server 收到 P1 发送过来的消息（Routing Key = "abc"）时，就会转发给 Cn。

同理，Pn 发送的消息（Routing Key = "rk_xyz"）也会被转发给 C1（期望接收的消息的 Routing Key = "rk_xyz"）。

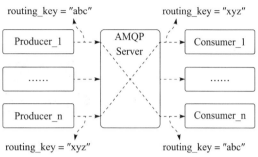

图 5-10 AMQP Sever 转发示意图

如果我们把 AMQP Server 打开，那么它的转发模型如图 5-11 所示。

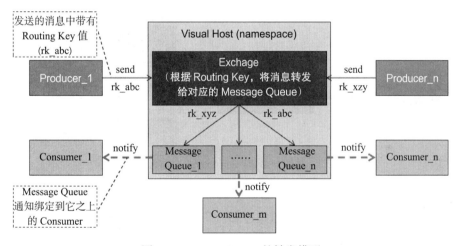

图 5-11 AMQP Server 的转发模型

Producer 发消息到 Exchange，Exchange 根据一定的规则转发到相应的 Message Queue，然后 Queue 通知绑定到它的 Consumer。Exchange 转发消息给 Message Queue 的规则就是依据 Routing Key 进行匹配。这种匹配模式，分为三种类型。

（1）Direct Exchanges

Direct Exchanges 类型如图 5-12 所示。

图 5-12 中，Producer 的消息只会发送到 Message Queue_2，也就是说只有 Consumer_2 才能收到消息。这是由于 Direct Exchanges 类型的特征决定的：

1）Routing Key 是一个字符串；

2）匹配规则是全值匹配。

也就是说，Message Queue 绑定的 Routing Key 与 Producer 发送的 Routing Key 完全相

等时，Exchange 才会将消息转发给该 Message Queue。

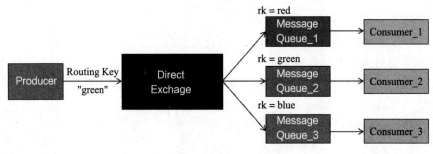

图 5-12　Direct Exchanges

（2）Topic Exchanges

Topic Exchanges 类型如图 5-13 所示。

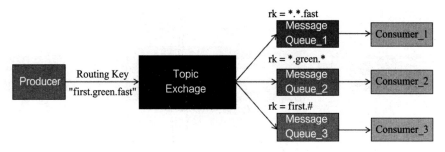

图 5-13　Topic Exchanges

Topic Exchanges 有两个特征。

1）Routing Key 是一个字符串，但是是由"."分割为一个一个子字符串；

2）匹配规则是模式匹配。

所谓模式匹配，是有两个通配符，一个是"*"，一个是"#"。"*"代表任意一个字符串，"#"代表任意多个子字符串。

Producer 发送的 Routing Key 是一个完整的字符串，没有通配符，Message Queue 绑定的 Routing Key 可以有通配符。

图 5-13 中，Message Queue_1 绑定的 Routing Key 是"*.*.fast"，这个是与 Producer 发送的 Routing Key "first.green.fast" 匹配的，所以，Exchange 会把该消息发送给 Message Queue_1。同理，Message Queue_2 和 Message Queue_3 也会接收到该消息。也就是说，Consumer_1、Consumer_2、Consumer_3 都会收到 Producer 发送的消息。

（3）Fanout Exchanges

Fanout Exchanges 类型如图 5-14 所示。

Fanout Exchanges 就是俗称的"广播"，有两个特征。

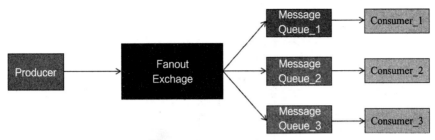

图 5-14 Fanout Exchanges

1）没有 Routing Key；

2）所有绑定到 Fanout Exchange Message Queue 都能收到相应的 Producer 发送的消息。

图 5-14 中，Producer 发送的消息，3 个 Consumer 都会收到。

2. AMQP 的几种通信模式

基于 AMQP 的消息转发模型，有几种通信模式：

1）远程过程调用（RPC）；

2）发布 - 订阅（Publish-Subscribe）；

3）广播（Broadcast）。

后两种的实现比较简单，发布订阅只需采用 Topic Exchanges 消息转发模型即可，广播只需采用 Fanout Exchanges 消息转发模型即可。稍微复杂一点的是 RPC，下面我们就针对 RPC 做一个介绍。

RPC（Remote Procedure Call Protocol，远程过程调用协议），不过一般都称为"远程过程调用"。关于 RPC 协议本身，我们就不多做介绍了，本文只介绍 OpenStack 如何利用 AMQP 来实现 RPC。如图 5-15 所示。

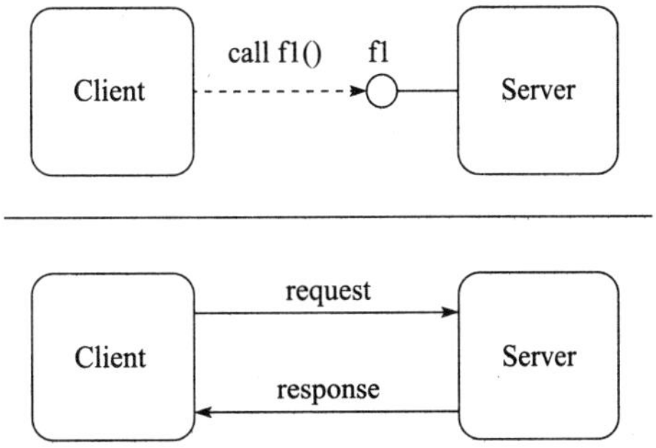

RPC 是一种 Client/Server 通信模型。图中上半部分是 RPC 的一种表现形式，表面上看起来好像是 Client 调用了 Server 的一个函数（f1），实际上，Client 与 Server 之间是有一来（request）一往（response）两个消息（图中的下半部分）。

在 request 消息中，RPC Client 担任 Producer 的角色，RPC Server 担任 Consumer 的角色。当 RPC Server 接到 RPC Client 发送过来的 request 消息时，

图 5-15 RPC 示意图

它会做相应的处理，然后，发送 response 消息给 RPC Client，这个时候，RPC Server 将担任 Producer 的角色，而 RPC Client 担任 Consumer 的角色。

因此，基于 AMQP 实现 RPC 的原理，如图 5-16 所示。

图 5-16 中，request 消息对应的是 Topic Exchange，response 消息对应的是 Direct Exchange。这是因为，一个 RPC Server 可以发布多个 API，每一个 API 对应一个 Message Queue 和一

个 Consumer。而 RPC Client 则无须这么做，只需要一个 Consumer 即可。

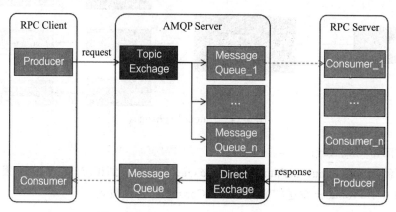

图 5-16　基于 AMQP 的 RPC 实现原理

5.3　Neutron 的并发机制

Neutron（OpenStack）的编程语言是 Python，这是一种解释性语言，它的解释器有几种实现版本，比如 CPython、Jython、IronPython 等，其中 CPython 最为流行。我们一般说的 Python 指的就是 CPython（OpenStack 选用的也是 CPython）。CPython 由于 GIL（Global interpreter lock）的原因，一个进程内同时只能运行一个线程，而不能利用 CPU 多核的优势。

Neutron 北向提供 RESTful 接口，需要处理并发请求，南向对接多个"网元"，也需要并发配置。但是 Neutron 又使用 CPython 编程，不能利用 CPU 多核的优势，这似乎有点矛盾，甚至无所适从。幸好，Neutron 不能算作"计算密集型"的应用，更应该归类为"I/O 阻塞型"的应用。而面对"I/O 阻塞型"的应用，不使用多线程而使用协程反而有一定的优势。所以 Neutron 主要采用协程这种技术，并且在必要的时候，结合多进程方案一起来构建它的并发机制。

 说明
① GIL 的作用域是一个进程，如果是多进程（即启动多个 Python 解释器），还是能够利用多核的。
② GIL 只是 CPython 的实现，其他 Python 解释器，比如 Jython、IronPython 等，并没有使用 GIL，所以其他 Python 解释器是可以利用多线程（多核）的。但是由于 CPython 太流行，所以我们一般说 Python 不支持多核，虽然不够严谨，也还是能说得过去。

5.3.1　协程概述

首先，协程不是进程，也不是线程，有人说，它是用户态线程，这个也不够准确，它就是一个函数，一个特殊的函数——可以在某个地方挂起，并且可以重新在挂起处继续运行。所以说，协程与进程、线程相比，不是一个维度的概念。

一个进程可以包含多个线程，一个线程也可以包含多个协程，也就是说，一个线程内可以有多个那样的特殊函数在运行。但是有一点，必须明确，一个线程内的多个协程的运行是串行的。如果有多核 CPU 的话，多个进程或者一个进程内的多个线程是可以并行运行的，但是一个线程内的多个协程却绝对是串行的，无论有多少个 CPU（核）。这个也比较好理解，毕竟协程虽然是一个特殊的函数，但仍然是一个函数。一个线程内可以运行很多个函数，但是这些函数都是串行运行的。当一个协程运行时，其他协程必须挂起。

1. 协程与进程、线程的比较

虽然说，协程与进程、线程相比不是一个维度的概念，但是有时候，我们仍然需要将它们做一番对比，具体如下：

1）协程既不是进程，也不是线程，协程仅仅是一个特殊的函数，协程跟他们就不是一个维度；

2）一个进程可以包含多个线程，一个线程可以包含多个协程；

3）一个线程内的多个协程虽然可以切换，但是这多个协程是串行执行的，只能在这一个线程内运行，没法利用 CPU 多核的能力；

4）协程与进程一样，它们的切换都存在上下文切换的问题。

表面上看，进程、线程、协程都存在上下文切换的问题，但是三者上下文切换又有显著不同，如表 5-2 所示。

表 5-2 进程、线程、协程三者的上下文切换的比较

	进程	线程	协程
切换者	操作系统	操作系统	用户（编程者/应用程序）
切换时机	根据操作系统自己的切换策略，用户不感知	根据操作系统自己的切换策略，用户不感知	用户自己（的程序）决定
切换内容	页全局目录 内核栈 硬件上下文	内核栈 硬件上下文	硬件上下文
切换内容的保存	保存于内核栈中	保存于内核栈中	保存于用户自己的变量（用户栈或者堆）
切换过程	用户态 - 内核态 - 用户态	用户态 - 内核态 - 用户态	用户态（没有陷入内核态）
切换效率	低	中	高

2. 协程的使用场景

前面我们看到，一个线程内的多个协程是串行执行的，不能利用多核，所以，显然，协程不适合计算密集型的场景。那么，协程适合什么场景呢？

I/O 阻塞型！

I/O 阻塞型是我自己发（du）明（zhuan）的。I/O 本来就是阻塞的（相较于 CPU 的时间

世界而言）。就目前而言，无论 I/O 的速度多快，也比不上 CPU 的速度，所以一个 I/O 相关的程序，当其在进行 I/O 操作时，CPU 实际上是空闲的。

我们假设这样的场景（如图 5-17）：1 个线程有 5 个 I/O 相关的事情（子程序）要处理。如果我们绝对的串行化，那么当其中一个 I/O 阻塞时，其他 4 个 I/O 并不能得到执行，因为程序是绝对串行的，5 个 I/O 必须一个一个排队等候处理，当一个 I/O 阻塞时，其他 4 个也得在那傻等着。

图 5-17　串行的 I/O 处理

而协程则能比较好地解决这个问题，当一个协程（特殊的子程序）阻塞时，它可以切换到其他没有阻塞的协程上去继续执行，这样就能得到比较高的效率。如图 5-18 所示。

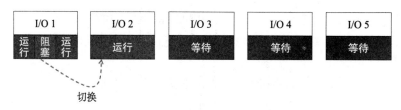

图 5-18　协程的切换

为什么"发明""I/O 阻塞型"来表达协程的适用场景呢？我上面举的例子是 5 个 I/O 处理，你可以想象一下，如果是每秒 500 个，5 万个，5 百万个呢？5 百万/秒是不是就可以叫作"I/O 密集型"了？而"I/O 密集型"确实是协程无法应付的，因为它没法利用多核的能力。这个时候的解决方案，可能就是："多进程＋协程"了。

所以说，I/O 阻塞时，利用协程来处理确实有其优点（切换效率比较高），但是我们也需要看到其不能利用多核的这个缺点，必要的时候，还需要使用综合方案：多进程＋协程。

Neutron 可以归类为 I/O 阻塞型的应用，所以在 Neutron 的代码中处处可见协程的相关的代码。

5.3.2　Neutron 中的协程

Neutron 中的协程，一般使用两种编程方法：一种是使用 yield 关键字编程，另一种是使用 eventlet 协程库。Neutron 对于后者使用的较多，对于前者也偶有涉及。下面逐个介绍这两种方法。

1. yield 分析

Neutron 使用 yield 关键词进行协程的编程的场景并不多，但是了解 yield，对了解协程的基本概念和原理会有很大的帮助。Python 中的 yield 与迭代器的概念相关，我们先从迭代器的概念说起。

（1）迭代器

迭代器（iterator），严格地说是一个容器对象，根据迭代器协议（规则），它需要实现两个基本方法：

1）__iter__，返回迭代器自身（容器对象）；

2）next，返回迭代器下一个元素（从 Python 3 开始，改为 __next__）。

我们首先来看一个例子：

```
class myiter(object):
    # 构造函数，为成员变量赋值
    def __init__(self, count):
        self.count = count

    # __iter__ 函数，返回自身
    def __iter__(self):
        return self

    # __next__ 函数，返回容器中的下一个元素
    def __next__(self):
        if (0 >= self.count):
            raise StopIteration()
        else:
            self.count -= 1
            return self.count

# 迭代器的用法很精炼，不过这种精炼不够直接
for e in myiter(4):
    print(e)
```

这段代码的输出结果是：

```
3
2
1
0
```

需要解释的是"for e in myiterator (4)"，这一句话有三层含义：

1）myiter (4)，构建一个 myiter 对象，传入参数值是 4；

2）通过 __iter__ 函数，返回一个迭代器（就是刚刚构建的 myiterator 对象）；

3）通过 __next__ 函数，一个元素一个元素顺序获取，直到元素获取结束（raise StopIteration()）。

我们可以把 for e in myiterator (4) 这句代码改写一下，看起来会更直接：

```
# 构建一个 myiter(4) 对象 it
myiter it = myiter(4)
```

```
# 循环调用 it 的 __next__ 函数
while 1:
    e = it.__next__()
    print(e)
```

通过上述代码，我们看到，一个 class 只要实现 __iter__、__next__，两个函数，就可以称为迭代器。

（2）yield 关键词

使用 yield 关键词进行编程，就涉及了迭代器的概念。我们首先仍然是先看一个例子：

```
# fy 表面上看起来是一个函数
def fy(count):
    c = count
    while c > 0:
        c--
        # 一个 yield, 带来了不同的画风（下文会解释）
        yield c

# 下面是对 fy 的一个测试
# 构建一个对象实例：f
f = fy(4)
# 调用 f.__next__()，但是 f.__next__() 从哪里来的呢？下文会解释
print(f.__next__())
print(f.__next__())
print(f.__next__())
print(f.__next__())
print(f.__next__())
```

上面的这个例子，如果你还不了解 yield 编程的话，可能会感觉莫名其妙：fy 表面上看起来是一个函数，f 不过是一个函数对象而已，怎么会突然间冒出一个成员函数 __next__ 出来？

这一切都是因为 fy 中有一句 yield c，原本仅仅是一个函数的 fy，由于 yield 的存在，而变得画风完全不同。yield 在这里所起到的作用就是把一个普通的函数变成了一个生成器。所谓生成器，简单理解就是：迭代器 + 协程。也就是说，yield 有两重魔力。

yield 的第一重魔力是把一个普通函数变成了一个迭代器。既然是迭代器，就得具有 __next__ 函数。所以，yield 会给这个生成器加上一个 __next__ 函数。而这个 __next__ 函数的具体实现，就相当于原来的函数体。我们首先把 fy 函数变成一个迭代器，代码如下（伪码）：

```
# 因为这个迭代器的 __next__ 函数中有 yield, 所以它实际上是一个生成器,
# 所以 class name 中借用了 generator 这个词，以标识它是一个生成器
class fy_generator(object):
    # 构建了一个成员变量 self.count, 为了保存原来函数 fy 的参数 count
    def __init(self, count):
        self.count = count;

    # 构建 __iter__ 函数，返回自身
```

```python
    def __iter__(self):
        return self

    # 构建 __next__ 函数，函数本身就是原来的函数 fy
    def __next__(self):
        c = self.count   # fy 中的参数 count，变成了成员变量 self.count
        while c > 0:
            c--
            # 这里的 yield 已经失去了第一重的魔力，不会再循环生成一个迭代器，
            # 而是专心起到一个协程的作用（下文会解释）
            yield c
```

这个迭代器的 __next__ 函数中，仍然具有 yield 这个关键词，因为它已经把一个普通函数变成了一个迭代器，所以此时的 yield 将只会有第二重魔力，把 __next__ 函数变成一个协程。yield 的第二重魔力，具体描述如下。

1）当 __next__ 函数被调用，执行到 yield c 时，首先相当于 return c。

2）但是 yield c 又不是完全等价于 return c，否则函数就退出了。所以，yield 的第 2 个功能相当于保存了当时运行的上下文，把函数挂起。

3）既然把函数挂起，就是相当于该协程让出程序执行权（让出上下文，由另外的协程来运行）。

4）当这个 __next__ 函数再次被调用时，它是从当初函数挂起的地方继续执行，直到再次执行到 yield c 那句函数，然后又开始从第 1 点开始循环。

5）__next__ 函数可能这样一直循环下去，也可能在某种情况下没有执行到 yield c，就函数退出了，那么此时 __next__ 函数会抛出一个异常：raise StopIteration。

综合上述关于 yield 两重魔力的描述，将本节一开始所举的代码的例子重新解释一下，如表 5-3 所示。

表 5-3　yield 示例代码的解释

代码	说　　明
f = fy(4)	构建一个生成器对象，f = fy_generator(4)
第 1 次调用 print(f.__next__())	第一执行 f 的成员函数 __next__ c = self.count　# c = 4 while c > 0:　　# c = 4 　　c--　　　　　# c = 3 　　return c　# return 3 函数并没有退出，而是挂起在这里
第 2 次调用 print(f.__next__())	从上一次挂起的地方继续执行： while c > 0:　　# c = 3 　　c--　　　　　# c = 2 　　return c　# return 2 函数并没有退出，而是挂起在这里
……	……

（续）

代码	说 明
第 4 次调用 print(f.__next__())	从上一次挂起的地方继续执行： while c > 0:　　# c = 1 　　c--　　　　　# c = 0 　　return c　# return 0 函数并没有退出，而是挂起在这里
第 5 次调用 print(f.__next__())	代码的运行情况是： # 接着上次挂起的地方继续往下运行，这时 c = 0 while c > 0:　# c = 0，不会再进入循环，而是函数执行完毕，退出 由于函数并没有执行到 yield 语句，所以，生成器对象 f 会抛出一个异常：raise StopIteration

Neutron 使用 yield 关键词编程，实际上还是属于用户（编程者 / 应用程序）自己对协程进行调度（函数挂起，让渡给别的函数执行）。Neutron 还使用了 eventlet 协程库进行协程编程。eventlet 协程库则将这种主动的协程调度进行了封装，对用户（编程者 / 应用程序）不可见。

2. eventlet 协程库分析

eventlet 是对另一个协程库 greenlet 进行了封装，在介绍 eventlet 之前，需要先简单了解一下 greenlet。

（1）greenlet 协程库

greenlet 是一个协程库，我们先看一个例子：

```
# T1 是一个函数
def T1():
    print("T1.1")
    # gr2 是一个 greenlet 对象（下文有定义），gr2.switch 的功能就是调度 gr2 执行
    # gr2 是一个协程，被调度执行以后，本协程将被挂起在这里
    gr2.switch()
    print("T1.2")

# T2 是一个函数
def T2():
    print("T2.1")
    # gr1 是一个 greenlet 对象（下文有定义），gr1.switch 的功能就是调度 gr1 执行
    # gr1 是一个协程，被调度执行以后，本协程将被挂起在这里
    gr1.switch()
    print("T2.2")

# 创建两个 greenlet 对象：gr1、gr2
gr1 = greenlet(T1)
gr2 = greenlet(T2)
# 调度 gr1 执行
gr1.switch()
```

gr1 = greenlet (T1)，创建一个"协程"对象 gr1，其参数是一个函数 T1，也就是说 T1 将在这个协程里运行。同理，gr2 = greenlet (T2)，是创建另一个"协程"对象 gr2，函数 T2

将在这个协程里运行。两个协程对象被创建以后,并不马上执行,**而是需要用户(程序)主动调度**,这个调度函数就是协程对象的成员函数 switch。当有协程被调度时,另一个协程就会被挂起。

我们仍然以表格的形式解释一下这个示例代码的运行情况,如表 5-4 所示。

表 5-4　greenlet 示例代码的解释

代码	说　　明
gr1 = greenlet (T1)	创建 greenlet 协程对象 gr1
gr2 = greenlet (T2)	创建 greenlet 协程对象 gr1

gr1.switch()	调度执行 gr1,所执行的函数是 T1:
	def T1():
	　　# 打印:T1.1
	　　print("T1.1")
	　　# gr1 被挂起,gr2 被调度执行
	　　gr2.switch()
	　　# print("T1.2")暂时不会被执行,因为函数(协程)已经被挂起了
	　　print("T1.2")

T1 函数中的
gr2.switch()
	调度执行 gr2,所执行的函数是 T2:
	def T2():
	　　# 打印:T2.1
	　　print("T2.1")
	　　# gr2 被挂起,gr1 被调度执行
	　　gr1.switch()
	　　# print("T2.2")暂时不会被执行,因为函数(协程)已经被挂起了
	　　print("T2.2")

T2 函数中的
gr1.switch()
	从原来被挂起的地方继续执行:
	def T1():
	　　# 从这里继续执行,打印:T1.2
	　　print("T1.2")
	　　# 执行完 print("T1.2")后,函数退出,
	　　# 协程 gr1 也退出,协程 gr2 将被调度

gr2 继续被调度:	def T2():
	　　# 从这里继续执行,打印:T2.2
	　　print("T2.2")
	　　# 执行完 print("T2.2")后,函数退出,协程 gr2 也退出,所有函数退出

上述例子充分说明,greenlet 仅仅是对协程对象的一个封装,但是协程之间的切换仍然需要用户(编程者/应用程序)主动调度。eventlet 是对 greenlet 的一个封装,它不仅封装了协程对象这个概念,还将协程的切换(调度)也做了封装。

(2)eventlet 协程库

eventlet 也是一个协程库,它封装了 greenlet,这个封装有两层含义:一个是封装了协程的调度,另一个含义是它是一个网络处理相关的协程库。

为什么说它是一个与网络处理相关的协程库呢？我们先看一个例子：

```
import eventlet
import time

def test(s):
    print(s + " begin")
    time.sleep(1)
    print(s + " end")

pool = eventlet.GreenPool(3)
for i in range(3):
    pool.spawn(test(str(i)))
```

首先，简单解释一下这个例子中的两个关键的函数：

1）pool = eventlet.GreenPool (3)：意思是创建一个 size = 3 的空的协程池（eventlet 称之为 greenthread）。注意，这是一个空的协程池，最大能容纳 3 个协程。

2）pool.spawn(test(str(i)))：意思是创建一个具体的协程，这个协程的具体的执行函数是 "test(str(i))"，就是一开始定义的函数：test(s)。

另外，for i in range(3)，这个 for 循环创建了 3 个协程（因为一开始创建的协程池大小是 3，所以这里就创建 3 三个协程）。

上述程序运行的结果是：

```
0 begin
0 end
1 begin
1 end
2 begin
2 end
```

上述程序无论执行多少遍，其执行结果都是一样的。这里有个小小的疑问。假设上述程序创建的不是协程池，而是线程池，其运行结果可能就不会那么规整：3 个协程是按顺序执行的，即按协程 1、执行协程 2、执行协程 3 来接续执行。

线程的执行顺序是我们不能确定的，因为是操作系统在调度。但是为什么 eventlet 的协程调度这么规整，严格按照协程创建的顺序来执行呢？这就涉及 eventlet 的第二个含义：与网络处理相关。

eventlet 实现的是一个非阻塞的网络 I/O。eventlet 中的 n 个协程，当正在运行的协程发生网络阻塞时，eventlet 就会调度另外一个协程来运行。潜台词是：当这个正在运行的协程没有发生网络阻塞时，eventlet 就不会调度另外一个协程来运行，而是直到这个正在运行的协程运行结束，才调度另外的协程来运行。

基于以上描述，eventlet 协程库总结如下。

1）封装了协程（greenlet）。

2）提供了非阻塞的网络 I/O 处理。
3）不提供用户调度自己的协程的方法，自己内部进行协程调度。
4）当正在运行的协程发生网络 I/O 阻塞时，调度另一个（非网络阻塞的）协程运行。

可以看到，如果使用 eventlet 来编写计算密集型的程序，其实毫无意义。也正是因为 Neutron 不是计算密集型的应用，而且正好是需要一个非阻塞网络 I/O 处理机制，所以 Neutron 选择了 eventlet 协程库。

5.4 通用库 Oslo

为了降低代码的冗余度，OpenStack 社区创建了 Oslo 项目，从 OpenStack 代码中提取公共部分，构建出一批 lib 库以供 OpenStack 其他项目使用。Neutron 也不例外，也使用了很多 Oslo 中的 lib。

Oslo 大部分 lib 的名称是以 oslo 打头，但是那些除了 OpenStack 之外还有其他广泛用途的 lib 则不以 oslo 打头。

关于 Oslo 各个 lib 的介绍，超出了本书的范围，请参阅：https://wiki.openstack.org/wiki/Oslo。

5.5 本章小结

Neutron 是 OpenStack 的核心部件，它的定位是 NaaS，对外提供 RESTful 业务接口，对内则对其选用的各种虚拟网元进行配置（偶尔也包括物理网元）。

从功能分类角度来说，Neutron 包含 WSGI Application、Plugins、Agents 三大业务模块。从进程分类来说，WSGI Application 与 Plugins 同属于一个进程 neutron-server，部署在控制节点上，Agents 则有多个进程，每个计算节点和网络节点都会部署不同的 Agents 进程，每一种网元类型都会对应一个 Agent 进程。

为了使这些业务模块能够有效地运转，Neutron 构建了自己的软件平台和框架。

Neutron 的 Web 框架遵循 WSGI 规范，并且选用了两种 Web 框架。早期版本是 Paste + PasteDeploy + Routes + WebOb 组合。从 kilo 版本开始，Neutron 引入了另一个 Web 框架 pecan。

Neutron 不同进程间的通信遵循的是 AMQP 标准，运行时具体采用哪一种实现，取决于配置文件。

Neutron 的并发机制采用的协程加多进程的综合解决方案。协程在应对 I/O 阻塞型的应用时有一定的优势，而无论协程的优势有多大，它都不能利用计算机的多核能力，所以在必要的时候，Neutron 还需要采取多进程的方式，以利用计算机的多核以处理大量的并发任务。

Chapter 6 第 6 章

Neutron 的服务

　　Neutron Server 是一个逻辑概念，它首先是一个 Web Server。本章将首先讲述 Neutron 是如何启动一个 Web Server 的。

　　Neutron Server 对外提供的 Service API（RESTful）并不是一个实实在在的模块。对于用户来说，它们只是一批 RESTful 接口，对于 Neutron 来说，它们只是资源（network、subnet、port 等）的 CRUD 的一种外在体现。本章会讲述 Neutron 所管理的资源与 Neutron Service API 之间的映射。

　　5.1 节指出，Neutron 的 Web Server 遵循 WSGI 规范。所以，图 6-1 中加粗虚框内，自 Web Server 以下，从 urlmap app 部件开始，包括 Version Filter Apps、Extension Service Filter Apps、Core Service App 等，都是符合 WSGI 规范的 Application。本章将会讲述 Neutron 如何加载这些 WSGI Application，以及这些 Application 如何处理 Neutron RESTful API 请求。

　　对于这些 Application 而言，最重要的事情，也许就是将 Neutron RESTful API 的请求路由到正确的 Plugin（调用合适的 Plugin 的接口），本章也会讲述这些 Application 是如何加载这些 Plugin 及调用它们的接口的。

　　Neutron Plugin 与 Neutron Agent 之间的通信机制是 RPC，Neutron Plugin 既是 PRC Producer，也是 RPC Consumer。从进程的角度来讲，Neutron Plugin 是 Neutron Server 的一部分，所以本章也会讲述 Neutron Server 是如何创建一个 RPC Consumer 的。

　　本章要讲述的范围，位于图 6-1 中加粗的虚线框内。

　　下面就让我们逐步展开这些讲述。

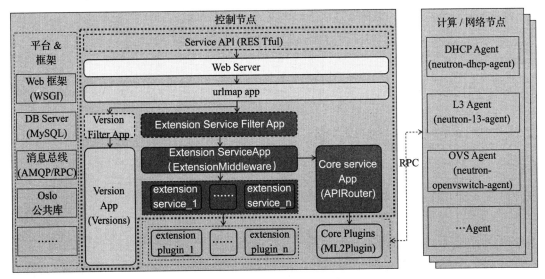

图 6-1 Neutron Server 的范围

6.1 Neutron 启动一个 Web Server

要想启动一个 Web Server（进程），Neutron Server 首先作为一个普通的进程启动起来，然后它有两种选择：在当前进程中，以协程的方式，开启 Web Server；或者另外启动进程，在新的进程中开启 Web Server。从易于理解的角度出发，本节选择了前者进行讲述，不过对于后者也有所提及。

Neutron Server 的代码，从 main 函数的第一行开始到启动一个 Web Server，代码行并不多，但是它的代码绕来绕去，简直到了令人崩溃的地步。所以笔者决定将这个启动过程梳理成两张图，而不是直接讲述代码。笔者建议读者对照着这两张图直接阅读代码，这样的效果应该更好。

对于一个符合 WSGI 规范的 Web 程序而言，加载 WSGI Application 是重中之重，但是本节首先是讲述 Neutron Web Server 的骨架流程，加载 WSGI Application 的讲述我们放到下一节再讲述。这会让我们对代码的理解更加流畅。

下面我们首先讲述 Neutron Server 的启动过程。

6.1.1 Web Server 的启动过程

在 neutron.egg-info/entry_points.txt 文件中有这么一句话，它定义了 Neutron Server 的启动函数的名称：

```
neutron-server = neutron.cmd.eventlet.server:main
```

Neutron Server 启动函数的实现如下：

```
# [neutron/cmd/eventlet/server.py]
def main():
    # boot_server 不是关键，我们重点关注函数 _main_neutron_server
    server.boot_server(_main_neutron_server)

# [neutron/cmd/eventlet/server.py]
# _main_neutron_server 有两个分支
def _main_neutron_server():
    if cfg.CONF.web_framework == 'legacy':
        # Legacy 模式使用 Paste + PasteDeploy + Routes + WebOb 框架
        wsgi_eventlet.eventlet_wsgi_server()
    else:
        # 否则使用 pecan 框架
        wsgi_pecan.pecan_wsgi_server()
```

一上来，Neutron Server 就存在两个分支。这两个分支蕴含的就是第 5 章讲述的两个 Web 框架：Paste + PasteDeploy + Routes + WebOb（以下简称 PPRW）和 pecan。不过两者的区别仅仅体现在加载 WSGI Application 这一块，其他部分是相同的，如表 6-1 所示。

表 6-1　两种 Web 框架的区别

Web 框架	Neutron Server 启动代码（伪码）	区别分析
PPRW	def wsgi_eventlet.eventlet_wsgi_server(): 　　application = config.load_paste_app(app_name) 　　neutron_api = service.run_wsgi_app(application) 　　wsgi_eventlet.start_api_and_rpc_workers(neutron_api)	① Neutron Server 的启动代码比这要复杂，这里只是高度提炼的伪码 ② 两者的区别，仅仅是体现加载 WSGI Application 这一块（加粗的代码行），其余部分都是相同的
pecan	def pecan_wsgi_server(): 　　application = pecan_app.setup_app() 　　neutron_api = service.run_wsgi_app(application) 　　wsgi_eventlet.start_api_and_rpc_workers(neutron_api)	

另外从帮助理解 Neutron Server 代码的来龙去脉的角度来讲，PPRW 框架更好一些，所以本节以及下一节，笔者选择 PPRW 框架进行讲述。

下面我们就来看函数 wsgi_eventlet.eventlet_wsgi_server() 的代码：

```
# [neutron/server/wsgi_eventlet.py]
def eventlet_wsgi_server():
    # 这句话启动了一个 Web Server
    neutron_api = service.serve_wsgi(service.NeutronApiService)
    # 这句话是创建 RPC Consumer，我们会在后面的章节再讲述它，这里先忽略
    start_api_and_rpc_workers(neutron_api)
```

service.serve_wsgi(service.NeutronApiService) 这句话，就是启动了一个 Web Server。

Neutron 关于 Web Server 的启动代码的代码量不多，但是绕来绕去，实在令人崩溃。我们就不一行一行讲述代码了（实在无法用文字描述，能把人绕晕），直接看它的顺序图，如

图 6-2 所示:

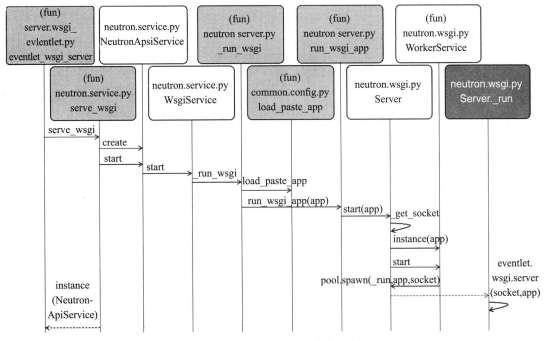

图 6-2 Neutron Server 启动的顺序图

图 6-2 中，内容中加了（fun）的方框代表的是函数；白色方框代表的是 class（或者 class instance）; Server._run，是 class Server 的一个函数，它会被协程调度。

这些函数与 class 的关系，也可以用另一幅图表示，如图 6-3 所示。

6.1.2 Web Server 启动过程中的关键参数

在前面讲述的启动过程中，代码绕来绕去，其实最终可以归结为如下几句代码。

```
# 创建一个协程池
self.pool = eventlet.GreenPool(1)
# 启动一个协程，启动函数是 _run，它的两个参数是：application、socket
pool.spawn(_run, application, socket)

# 启动函数 _run 的定义
def _run(self, application, socket):
    """Start a WSGI server in a new green thread."""
    # 启动一个符合 WSGI 规范的 Web Server
    eventlet.wsgi.server(socket, application,
        max_size=self.num_threads,
        log=LOG,
        keepalive=CONF.wsgi_keep_alive,
        socket_timeout=self.client_socket_timeout)
```

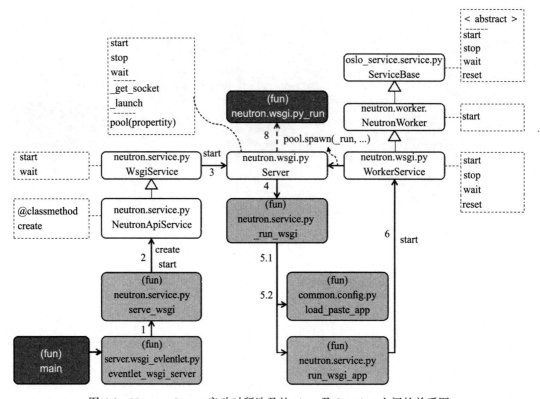

图 6-3 Neutron Server 启动时所涉及的 class 及 function 之间的关系图

这几句代码的含义是：

1）创建一个协程池；

2）协程的启动函数就是 _run；

3）_run 函数的本质是创建一个符合 WSGI 规范的 Web Server；

4）这个 Web Server 的 WSGI Application 就是传入的参数 application；

5）这个 Web Server 绑定的 Socket 就是传入的参数 socket。

下面我们来讲解这两个参数。

1. Socket

对于一个 Web Server 来说，它对外首先体现的就是 Server IP 和 Server 端口号。从编程的角度来说，这两者都体现在 Socket 中，也就是前文所说的传入参数 socket。这个传入的 socket，其构造方法是如下函数：

```
# [neutron/wsgi.py/Server]
'''
按照普通 Socket 编程方法，构建一个 Socket 对象。重点关注 host（代表 Server IP）
和 port（代表 Server 端口号）两个参数。其余代码仅仅是列在这里，使读者有个全面了解，
不是重点
```

```
'''
def _get_socket(self, host, port, backlog):
    bind_addr = (host, port)
    try:
        info = socket.getaddrinfo(bind_addr[0],
                        bind_addr[1],
                        socket.AF_UNSPEC,
                        socket.SOCK_STREAM)[0]
        family = info[0]
        bind_addr = info[-1]
    except Exception:
        ......

    sock = None
    retry_until = time.time() + CONF.retry_until_window
    while not sock and time.time() < retry_until:
        try:
            sock = eventlet.listen(bind_addr,
                        backlog=backlog,
                        family=family)
        except socket.error as err:
            ......

    sock.setsockopt(socket.SOL_SOCKET, socket.SO_REUSEADDR, 1)
    ......

    return sock
```

代码本身就是 Socket 编程，这里不再啰嗦。需要强调的一点是 host、port 这两个参数，它们是在配置文件（etc/neutron.conf）中配置的，比如：

```
# [etc/neutron.conf]
# 绑定到 Web Server 的 IP 地址
bind_host = 0.0.0.0
# 绑定到 Web Server 的端口号
bind_port = 9696
```

这个配置文件表明，Web Server 的 IP 地址是本机 IP（bind_host = 0.0.0.0），Web Server 的端口号是 9696（bind_port = 9696）。

2. Application

对于一个符合 WSGI 规范的 Web Server 而言，除了 Server IP 和 Server 端口号，最重要的参数就是 WSGI Application 了，因为 WSGI Application 才是真正处理 HTTP 请求的实体。_run 函数的参数 application，在 Neutron Server 启动的过程中，是靠如下函数加载的：

```
def _run_wsgi(app_name):
    app = config.load_paste_app(app_name)
```

短短的这一句话，涉及 Neutron Server 的 RESTful API 发布与处理，以及 Neutron Plugins

的加载。这个放到后面的章节再描述，这里只用知道它是被哪个函数加载的即可。

6.1.3　Web Server 的进程与协程

在前面的讲述中，为了讲述的流畅性，我们忽略了启动时 Web Server 是另外启动新的进程还是在当前进程中以协程的形式启动，现在补充说明。

在启动过程中，有一段代码讲述的就是如何启动一个 Web Server，具体如下：

```python
# [neutron/wsgi.py]
class Server(object):
    # 准备启动一个 Web Server
    def start(self, application, port, host='0.0.0.0', workers=0):
        ......
        # 调用 _launch 函数，启动 Web Server
        self._launch(application, workers)

    # workers 的数值，决定启动 Web Server 的方式
    def _launch(self, application, workers=0):
        service = WorkerService(self, application, self.disable_ssl, workers)

        # 如果 workers < 1，则在同一个进程中启动 Web Server
        if workers < 1:
            # The API service should run in the current process.
            self._server = service
            ......
            service.start()
            ......
        # 如果 workers >=1，则新起 n 个进程，在每一个新的进程中再启动 Web Server
        # 这里的 n = workers（本节后面还会继续介绍这个代码）
        else:
            ......
            self._server = common_service.ProcessLauncher(...)
            self._server.launch_service(service,
                         workers=service.worker_process_count)
```

这段代码根据参数 workers 来决定是在当前进程中还是另外启动新进程来启动 Web Server。下面我们将这段代码展开来讲述。

1. 参数 workers

参数 works 的数值能够决定如何启动一个 Web Server，那么它是在哪里赋值的呢？请参见如下代码：

```python
# [neutron/service.py]
def run_wsgi_app(app):
    server = wsgi.Server("Neutron")
    # 这里调用的函数，就是前面介绍的 class wsgi.Server 的 start 函数，
    # workers 是调用函数 _get_api_workers() 获得的
    server.start(app, cfg.CONF.bind_port, cfg.CONF.bind_host,
```

```
        workers=_get_api_workers())
    return server

# [neutron/service.py]
# 给 workers 赋值
def _get_api_workers():
    # 首先从配置文件读取所配置的 workers 的值
    workers = cfg.CONF.api_workers
    # 如果配置文件没有配置, 那么就以当前运行所在机器的 CPU 核数作为 workers 的值
    if workers is None:
        workers = processutils.get_worker_count()
    return workers
```

可以看到, workers 这个参数是由配置文件配置的, 如果配置文件没有配置的话, 则以当前运行所在的 Host/VM 的 CPU 的核数为准。配置文件是 neutron.conf, 配置项如下:

```
# [etc/neutron.conf]
api_workers = n     # n 表示某一个数值
```

api_workers 数值的含义是:

1）当 api_workers < 1 时, 表示在当前进程中启动 Web Server;

2）当 api_workers = n >=1 时, 表示要另外启动 n 个新进程, 在这些进程中再分别启动 Web Server。

2. 在当前进程中启动 Web Server

在当前进程中启动 Web Server, 对应的条件是 worker < 1, 代码如下:

```
# [neutron/wsgi.py]
class Server(object):
    def _launch(self, application, workers=0):
        # 这里把 self (也就是 class Server 的实例) 作为参数传递给 WorkerService
        service = WorkerService(self, application, self.disable_ssl, workers)

        if workers < 1:
            # The API service should run in the current process.
            self._server = service
            ......
            service.start()

# [neutron.wsgi.py]
class WorkServcie(neutron_worker.NeutronWorker):
    def start(self):
        ......
        '''
        这里的 self._service, 就是 class Server 的实例,
        所以, self._service.pool 就是 class Server 的成员变量。
        class Server 调用 class WorkServcie 的函数 start,
        而 class WorkServcie 的函数 start 又反过来调用 class Server 的 pool,
        这样的代码调用绕来绕去, 真的比较混乱。不好!
```

```
'''
# 在协程中启动 self._service._run 这个函数,
# self._application, dup_sock 都是 _run 函数的参数
self._server = self._service.pool.spawn(self._service._run,
                                        self._application,
                                        dup_sock)
```

这里的 self._service(WorkServcie._service)就是前面说的 neutron.wsgi.Server 的实例。这几个参数的含义如下:

(1) self._service.pool

就是该实例的成员变量 pool:

```
pool = eventlet.GreenPool(1)
```

(2) self._service._run

就是 neutron.wsgi.Server 的一个成员函数:

```
def _run(self, application, socket):
    # 在一个协程中启动一个 WSGI Server
    eventlet.wsgi.server(socket, application,
                    max_size=self.num_threads,
                    log=LOG,
                    keepalive=CONF.wsgi_keep_alive,
                    socket_timeout=self.client_socket_timeout)
```

(3) self._application

就是如下代码所 load 的 application:

```
def _run_wsgi(app_name):
    app = config.load_paste_app(app_name)
```

关于这个代码的详细介绍,请参考下一节。

通过以上代码的介绍,我们看到,Neutron Server 在当前进程中,以协程的形式启动了一个 Web Server。

3. 在新进程中启动 Web Server

新启动进程,并在新的进程中启动 Web Server,对应的条件是 worker ≥ 1,代码如下:

```
# [neutron/wsgi.py]
class Server(object):
    def _launch(self, application, workers=0):
        service = WorkerService(self, application, self.disable_ssl, workers)

        if workers < 1:
            ......
        else:
            ......
            self._server = common_service.ProcessLauncher(...)
```

```
            self._server.launch_service(service,
                      workers=service.worker_process_count)
```

class ProcessLauncher 代码位于 oslo_service/service.py 中,已经超出了 Neutron 本身代码的范围,我们就不多做介绍,只是将相关代码的脉络列举出来,以方便理解。代码如下:

```
# [oslo_service/service.py]
class ProcessLauncher(object):
    # 新启动进程,并在新的进程中,启动 Web Server
    def launch_service(self, service, workers=1):
        ......
        # 根据 workers 的数值,决定循环几次。每循环一次,就是启动一个进程
        while self.running and len(wrap.children) < wrap.workers:
            # 启动一个进程,并在这个进程中启动 Web Server
            self._start_child(wrap)

    def _start_child(self, wrap):
        ......
        # 启动一个进程
        pid = os.fork()
        # 在新进程中启动 Web Server(pid == 0,代表是运行在新的进程)
        if pid == 0:
            self.launcher = self._child_process(wrap.service)
            ......

    def _child_process(self, service):
        ......
        launcher = Launcher(self.conf, restart_method=self.restart_method)
        launcher.launch_service(service)
```

这里面又涉及了 Launcher,我们就不继续深入介绍下去了,只介绍最后一步函数:

```
# [oslo_service.py]
class Services(object):
    @staticmethod
    def run_service(service, done):
        ......
        service.start()
        ......
```

这里的 service,就是本节开头的代码中介绍的 WorkerService:

```
# [neutron/wsgi.py]
class Server(object):
    def _launch(self, application, workers=0):
        # 就是这个 service
        service = WorkerService(self, application, self.disable_ssl, workers)
```

而 WorkerService 的 start 代码,我们在前面已经介绍过,最核心的就是在协程中启动一个 Web Server。

6.1.4 小结

Neutron 启动 WSGI Web Server 的方式有两种：在当前进程中启动 Web Server、在新的进程中启动 Web Server。具体采用哪种方式启动，取决于参数 workers。当 workers < 1 时，就在当前进程中以协程的方式，启动 Web Server；当 workers ≥ 1 时，就另外启动 workers 个新进程，并且在每个新进程中，仍然以协程的方式启动 Web Server。

workers 的数值，首先由配置文件（etc/neutron.conf）决定，如果文件中没有配置该参数，则以当前运行所在机器的 CPU 核数为准。

对于一个 WSGI Web Server 而言，最重要的参数有三个：Server IP、Server 端口号、WSGI Application。前两个参数，仍然是在配置文件（etc/neutron.conf）中配置，如下所示：

```
# [etc/neutron.conf]
# 绑定到 Web Server 的 IP 地址
bind_host = 0.0.0.0
# 绑定到 Web Server 的端口号
bind_port = 9696
```

第三个参数 WSGI Application 由函数 app = config.load_paste_app(app_name) 加载。这个函数的介绍，请参见 6.2 节。

6.2 加载 WSGI Application

在 6.1 节中，我们一再提到 WSGI Application 的加载。它的代码如下：

```
# [neutron/service.py]
def _run_wsgi(app_name):
    app = config.load_paste_app(app_name)
```

而 load_paste_app 代码如下：

```
# [neutron/common/config.py]
# app_name 代表的是 paste config file 中的 section name
def load_paste_app(app_name):
    # 从一个 paste config file 中构建一个 WSGI Application
    loader = wsgi.Loader(cfg.CONF)
    # 调用 oslo_service.wsgi.Loader.load_app 函数
    app = loader.load_app(app_name)
    return app

# [oslo_service/wsgi.py]
def load_app(self, name):
        # 返回 URLMap 封装的 WSGI application
        try:
            ......
            return deploy.loadapp("config:%s" % self.config_path, name=name)
        except LookupError:
            ......
```

以上代码的含义就是从一个 paste config file 中构建一个 WSGI Application。这个 paste config file 是什么呢？配置文件 etc/neutron.conf 中定义了这个文件：

```
# [etc/neutron.conf]
# Paste configuration file
api_paste_config = api-paste.ini
```

api-paste.ini 文件位于 etc 目录下，内容如下：

```
# [etc/api-paste.ini]
'''
函数 loader.load_app(app_name) 中的参数 app_name 必须等于 neutron，
这样，loader.load_app(app_name) 才会从 [composite:neutron] 这个 section
开始解析
'''
[composite:neutron]
# urlmap 是一个 WSGI Application，它根据 url 的特征，
# 决定下一步调用哪个 WSGI Application
use = egg:Paste#urlmap
# 如下两个就是 urlmap 的调用规则：如果 url 是以 "/" 开头，则调用
# neutronversions_composite section 定义的 WSGI Application
/: neutronversions_composite
# 如果 url 是以 "/2.0" 开头，则调用
# "neutronapi_v2_0" section 定义的 WSGI Application
/v2.0: neutronapi_v2_0

# neutronapi_v2_0 section 的定义
[composite:neutronapi_v2_0]
use = call:neutron.auth:pipeline_factory
# noauth 表示没有鉴权 (no authentication)
noauth = cors http_proxy_to_wsgi request_id catch_errors extensions
        neutronapiapp_v2_0
#keystone 表示采用 keystone 模块进行鉴权
keystone = cors http_proxy_to_wsgi request_id catch_errors authtoken
        keystonecontext extensions neutronapiapp_v2_0

"neutronversions_composite" section 的定义
[composite:neutronversions_composite]
use = call:neutron.auth:pipeline_factory
noauth = cors http_proxy_to_wsgi neutronversions
keystone = cors http_proxy_to_wsgi neutronversions

......
# 删除了很多内容，具体请参见实际的文件 etc/api-paste.ini

# 查询 Neutron API 的版本
[app:neutronversions]
paste.app_factory = neutron.api.versions:Versions.factory

# Neutron 业务 (Service) API
[app:neutronapiapp_v2_0]
paste.app_factory = neutron.api.v2.router:APIRouter.factory
```

deploy.loadapp 的代码位于 oslo_service/wsgi.py，超出了本书的范围，不再深入介绍这个函数本身。不过通过解读配置文件 api-paste.ini，我们仍然能够掌握 Neutron 是如何加载 WSGI Application 的。

6.2.1 api-paste.ini 对应的 WSGI Application

我们知道，api-paste.ini 这个文件其实对应的是一个 WSGI Application（app_urlmap），而且 api-paste.ini 的每一个 section，本质上也都是对应一个 WSGI Application。这些 WSGI Application 的关系如图 6-4 所示。

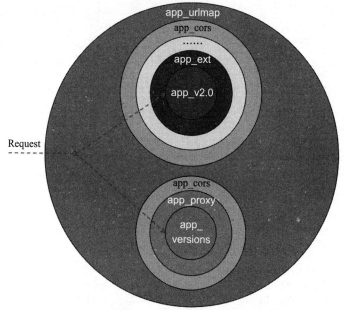

图 6-4 api-paste.ini 对应的 WSGI Application 示意图

图 6-4 是一个形象的表示，图中的每一个圆，都代表一个 WSGI Application。为了易于讲述，我们首先给每一个 section 对应的 WSGI Application 取一个名字，如表 6-2 所示。

表 6-2 每一个 section 对应的 App（假设）

section	假设的 App 名称
[composite:neutron]	app_urlmap
[filter:cors]	app_cors
[filter:http_proxy_to_wsgi]	app_proxy
……	……
[app:neutronversions]	app_versions
[filter:extensions]	app_ext
[app:neutronapiapp_v2_0]	app_v2.0

Neutron 的 RESTful API 可以简单地分为两大类：一类是以“/”开头，一类是以“/2.0”开头。以“/”开头的只有一个 API，是查询 Neutron API 的版本信息，如图 6-5 所示。

API versions

Lists information for all Networking API versions.

GET　/
List API versions　close

Lists information about all Networking API versions.

Normal response codes: 200

Request

Response Parameters

Name	In	Type	Description
versions	body	array	List of versions.
status	body	string	Status of the API, which can be CURRENT, STABLE or DEPRECATED.
id	body	string	Version of the API.
links	body	array	List of version links. Each link is a dict with 'href' and 'rel'.
href	body	string	Link to the API.
rel	body	string	Relationship of link with the version.

Response Example

```
{
    "versions": [
        {
            "status": "CURRENT",
            "id": "v2.0",
            "links": [
                {
                    "href": "http://23.253.228.211:9696/v2.0",
                    "rel": "self"
                }
            ]
        }
    ]
}
```

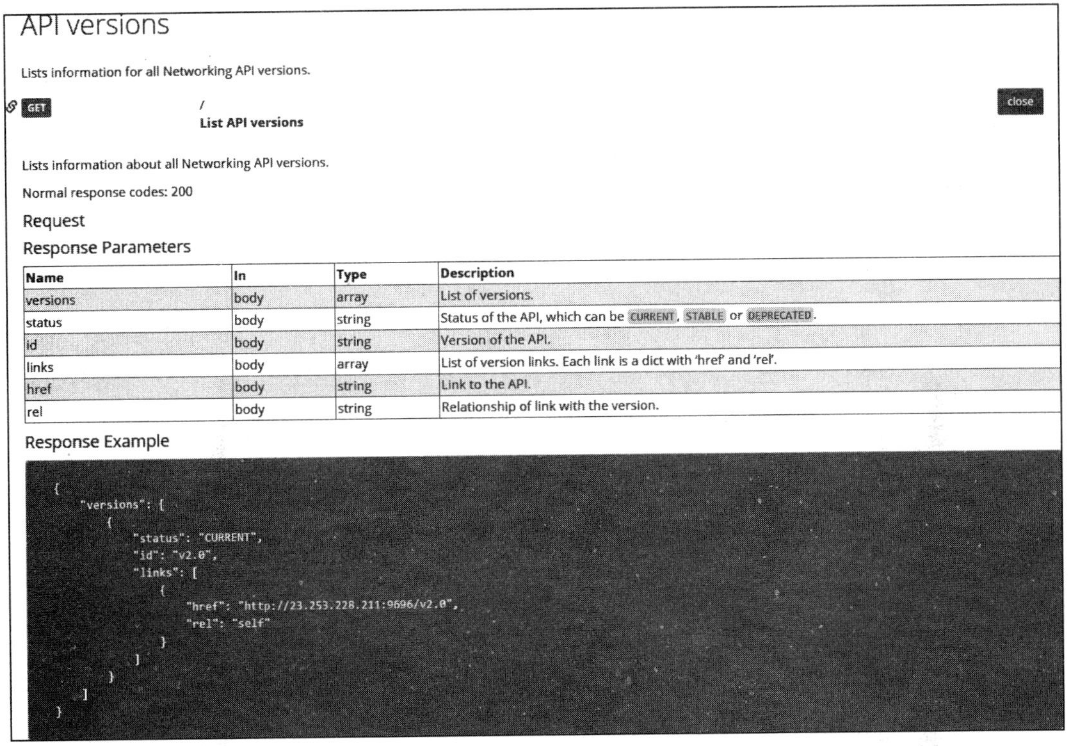

图 6-5　RESTful API 的版本信息

其余的 API 都是以“/2.0”开头，比如 network 的 RESTful API，如图 6-6 所示。

app_urlmap 就是根据 url（Neutron RESTful API）的特征进行分解，它的分解算法定义在 section 中，具体如下：

```
# [etc/api-paste.ini]
[composite:neutron]
use = egg:Paste#urlmap
/: neutronversions_composite
/v2.0: neutronapi_v2_0
```

以“/”开头的 url，其对应的 WSGI Application 在 section neutronversions_composite 中定义；以“/2.0”开头的 url，其对应的 WSGI Application 在 section neutronapi_v2_0 中定义。

这两个 section 都涉及 pipiline 这个概念，而且都使用了 neutron.auth:pipeline_factory 这个 App factory。

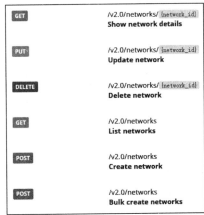

图 6-6　network 的 RESTful API

下面我们以一个比较重要的 neutronapi_v2_0 为例，继续展开讲述。

6.2.2 neutronapi_v2_0 section

neutronapi_v2_0 section 的定义如下：

```
# [etc/api-paste.ini]
[composite:neutronapi_v2_0]
use = call:neutron.auth:pipeline_factory
noauth = cors http_proxy_to_wsgi request_id catch_errors extensions
        neutronapiapp_v2_0
keystone = cors http_proxy_to_wsgi request_id catch_errors authtoken
        keystonecontext extensions neutronapiapp_v2_0
```

这是一个 app factory 通告法，neutron.auth:pipeline_factory 是一个 app factory，"noauth = ..." 以及 "keystone = ..." 两个字符串都会作为参数传递给这个 factory。下面我们就来看看 neutron.auth:pipeline_factory 这个函数的代码：

```
# [neutron/auth.py]
def pipeline_factory(loader, global_conf, **local_conf):
    # 依据鉴权策略（auth_strategy），创建一个 paste pipline
    pipeline = local_conf[cfg.CONF.auth_strategy]
    pipeline = pipeline.split()
    filters = [loader.get_filter(n) for n in pipeline[:-1]]
    app = loader.get_app(pipeline[-1])
    filters.reverse()
    for filter in filters:
        app = filter(app)
    return app
```

我们逐行解读这个函数。

（1）参数 local_conf

参数 local_conf 中的值，就是 neutronapi_v2_0 中定义的两个字符串 "noauth = ..." 以及 "keystone = ..."。local_conf 的数据结构是一个字典，所以它的值如下（伪码）：

```
local_conf
{
    noauth : cors ...... extensions neutronapiapp_v2_0
    keystone : cors ...... keystonecontext extensions neutronapiapp_v2_0
}
```

（2）pipeline = local_conf[cfg.CONF.auth_strategy]

local_conf 实际上是两个字符串（noauth = ... 以及 keystone = ...），local_conf[cfg.CONF.auth_strategy] 就是根据 cfg.CONF.auth_strategy 选择其中之一。cfg.CONF.auth_strategy 相当于一个 key，它的值在配置文件 "etc/neutron.conf" 中定义：

```
# [etc/neutron.conf]
```

```
# 鉴权策略
auth_strategy = keystone
```

pipeline = local_conf[cfg.CONF.auth_strategy] 这句话的执行结果是：

`pipeline = "cors ...... keystonecontext extensions neutronapiapp_v2_0"`

（3）pipeline = pipeline.split()

这句话比较简单，就是把 pipeline 从一个字符串分解为一个 list，具体如下：

`pipeline = {"cors", ..., "keystonecontext", "extensions", "neutronapiapp_v2_0"}`

（4）filters = [loader.get_filter(n) for n in pipeline[:-1]]

这句话是调用 loader 这个对象，获取一系列的 filter。loader 是 Python Deploy 包里的一个模块（对象），我们不多做介绍。filter 是一个相对比较特殊的 WSGI Application。当 filter 的条件不满足时，它就直接 response（to web client）。如果 filter 的条件满足，它就 return 下一个 app。

由于 pipeline 实际存储的是一系列 section name，所以，loader.get_filter(n) for n in pipeline[:-1] 这句话实际上就是将 pipeline 里存储的所有 filter type 的 section 所对应的具备 filter 特征的 WSGI Application 给加载上来。

执行完这句代码以后，filter 的值（伪码）为：

`filter = {app_cors, ..., app_keystonecontext, app_ext}`

（5）app = loader.get_app(pipeline[-1])

这句话的基本原理与上一句话基本相同，只不过是加载最后一个 app（pipeline[-1]），执行完以后，app 的值（伪码）为：

`app = app_v2.0`

（6）filters.reverse()

这句话是将 filters 倒叙排列，执行完这句代码以后，filter 的值（伪码）为：

`filter = {app_ext, app_keystonecontext, ..., app_cors}`

为什么要重新倒叙排列一下，下面会讲述。

（7）for......return

这三行代码放在一起讲述：

```
for filter in filters:
        app = filter(app)
return app
```

这三句话实际上就是将 app_v2.0 外面一层一层加上 filter，首先加上的是 app_ext，然后是 app_keystonecontext，最后是 app_cors。这也是上一句话"filters.reverse()"的原因，因为首先要加最内层的 filter。

app = filter(app)，filter 是一个 WSGI Application，filter(app) 中的 app，表示这个 app 是 filter 构造函数的一个参数。经过 filter 层层封装以后，neutronapi_v2_0 这个 section 所代表的 WSGI Application 如图 6-7 所示。

通过以上介绍，我们基本掌握了 Neutron 是如何通过 api-paste.ini 这个配置文件加载 WSGI Application 的。结合 6.1 节和 6.2 节的内容，Neutron 相当于创建了 Web Server。那么，当外部调用 Neutron 的一个 Service API（RESTful）时，这个 Web Server 是如何处理的呢？

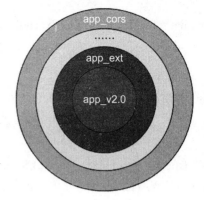

图 6-7　neutronapi_v2_0 所代表的 WSGI Application

我们知道，Neutron 将它的 Service 分为两大类：Core Service 和 Extension Service。Core Service 包括 networks、subnets、ports、subnetpools 等资源的 RESTful API，Extension Service 包括 routers、segments、trunks、policies、availability_zones、agents 等其他各种资源的 RESTful API。

针对两类资源的 Service API 的处理，Neutron 的代码是不同的。下面我们就分别介绍这两类处理方法。首先介绍 Core Service API 的处理。

6.3　Core Service API（RESTful）的处理流程

我们再回顾一下 6.1 节中一句最关键的代码：

```
def _run(self, application, socket):
    """Start a WSGI server in a new green thread."""
    eventlet.wsgi.server(socket, application,...)
```

短短一句话，构建了一个包含 WSGI Application 的 Web Server，如图 6-8 所示。

当一个 HTTP Request 到达这个 Web Server 时，它首先交由 app_urlmap 处理，如果 HTTP Request 中的 URL 以 "/2.0" 开头，那么 app_urlmap 再交由 app_cors 处理，app_cores 再交由下一个 app 处理，这样一步一步传递到 app_ext 处理，最后 app_ext 再交由 app_v2.0 处理。

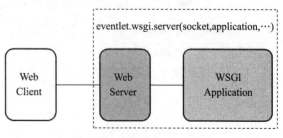

图 6-8　eventlet.wsgi.server

我们这里简化模型，只关注 app_ext 和 app_v2.0。为什么只关注这两个 app 呢？因为从 WSGI Application 的视角来说，Core Service API 的处理入口就是 app_v2.0，Extension Service API 的处理入口就是 app_ext。所以，我们

只关注这两个 app。

现在有三个问题：

1）app_v2.0, app_ext 仅仅是我们为了让前面的章节易于讲述而取的一个别名，它们实际上到底是什么呢？

2）Core Service 与 Extension Service 应该是两个并列的 Service，但是 Neutron 却把这两个对应的 app 构建为如图 6-9 所示的嵌套关系。

app_ext 是 app_v2.0 的外层 filter，也就是说，一个 Request 得首先到达 app_ext，app_ext 经过相应的处理，才会交由 app_v2.0，那么这个相应的处理是什么呢？

3）无论是 app_ext 还是 app_v2.0，它们到底是如何处理一个 HTTP Request（RESTful API）的？

本节以及后面的章节（6.4），就围绕这三个问题进行讲述。

图 6-9　app_ext 与 app_v2.0 的关系

6.3.1　Core Service 的 WSGI Application

首先我们来看看 Core Service 的 WSGI Application 到底是什么。在 api-paste.ini 中，有如下定义：

```
# [etc/api-paste.ini]
[app:neutronapiapp_v2_0]
paste.app_factory = neutron.api.v2.router:APIRouter.factory
```

也就是说，Core Service 的 WSGI Application 将由 neutron.api.v2.router:APIRouter.factory 这个函数进行创建。这个函数如下：

```
# [neutron/api/v2/router.py]
class APIRouter(base_wsgi.Router):
    @classmethod
    def factory(cls, global_config, **local_config):
        return cls(**local_config)
```

这是一个 classmethod。return cls(**local_config) 这句代码表示返回一个 class APIRouter 的实例。也就是说，Core Service 的 WSGI Application 就是一个 class APIRouter 的实例。

下面我们就详细剖析 class APIRouter 的代码。

6.3.2　Core Service 处理 HTPP Request 的基本流程

我们知道，一个 WSGI Application 如果是一个 class 的实例，那么这个 class 必须实现一个回调函数：__call__()。当一个 HTTP Request 过来时，WebServer 就会调用这个实例（WSGI Application）的"__call__"函数进行响应。对于 class APIRouter 来说，它的 __call__ 函数，定义在它的父类 class Router 中，如图 6-10 所示。

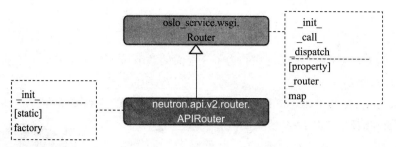

图 6-10　class APIRouter 类图

因此,要了解一个 HTTP Request 过来时 Core Service 的处理流程,首先得了解 class Router。下面我们就首先来分析 class Router 的代码,它的代码量比较少,位于 routes/middleware.py(这个代码不是 Neutron 本身的代码)。

```
# [routes/middleware.py]
# class Router 是一个基础的 WSGI Application class,
# 它定义处理 HTTP Request 的基本流程
class Router(object):
    def __init__(self, mapper):
        # 成员变量 map 的作用,本质上就是将一个 url 映射到一个处理函数
        self.map = mapper
        # 成员变量 _router,也是一个 WSGI Application,
        # self._dispatch 是一个静态函数(下文会讲述)
        self._router = routes.middleware.RoutesMiddleware(self._dispatch,
                                                          self.map)

    # __call__ 函数,返回一个 WSGI Application(即 self._router)
    @webob.dec.wsgify(RequestClass=Request)
    def __call__(self, req):
        return self._router
```

不得不说,这段代码又开启了"绕死人不赔命"的烧脑模式。我们继续阅读 class RoutesMiddleware 的相关代码:

```
# [routes/middleware.py],这不是 Neutron 代码,而是一个 python lib
class RoutesMiddleware(object):

    def __init__(self, wsgi_app, mapper, use_method_override=True,
                 path_info=True, singleton=True):
        # wsig_app,就是 class Router 的静态函数 _dispatch
        self.app = wsgi_app
        ......

    # RoutesMiddleware 也是一个 WSGI Application 类型的 class,
    # 所以它也必须实现 __call__ 函数
    def __call__(self, environ, start_response):
        ......
        # self.app 就是传入的参数: class Router 的静态函数 _dispatch
```

```
        response = self.app(environ, start_response)
        return response
```

class RoutesMiddleware 也是一个 WSGI Application 类型的 class，因此，它也必须实现一个 __call__ 函数，而这个 __call__ 函数，最终又是调用当初传递给它的 class Router 的静态函数 _dispatch。代码这样绕来绕去的函数调用顺序图如图 6-11 所示。

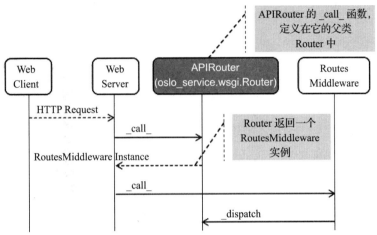

图 6-11　Core Service 处理 HTTP Request 的基本流程图

图 6-11 所表达的流程如下：

1）Web Client 发送 HTTP Request 请求到达 Web Server（即客户端调用 Neutron Server 的 Core Server API（RESTful））；

2）Web Server 调用它的 WSGI Application（class APIRouter 的实例）的 __call__ 函数，即调用 class APIRouter 父类 class Router 的 __call__ 函数；

3）class Router 的 __call__ 函数，返回了 class RoutesMiddleware 的一个实例；

4）Web Server 继续调用这个 class RoutesMiddleware 实例的 __call__ 函数；

5）class RoutesMiddleware 的 __call__ 函数，再反过来调用 class Router 的静态函数 _dispatch。

代码绕来绕去，最终处理 HTTP Request 的函数，又落到 class Router 的静态函数 _dispatch，它的代码如下：

```
# [routes/middleware.py]
class Router(object):
@staticmethod
# @webob.dec.wsgify(RequestClass=Request) 是一个装饰模式
    @webob.dec.wsgify(RequestClass=Request)
    def _dispatch(req):
        match = req.environ['wsgiorg.routing_args'][1]
        app = match['controller']
        return app
```

这段代码，有几点需要特别说明。

（1）装饰模式

表面上看，这个函数仅仅是返回一个 app（ruturn app），但是因为这个函数是一个装饰模式（@webob.dec.wsgify(RequestClass=Request)），所以这个函数最终的效果不仅仅是返回一个 app，还会执行这个 app，如下（伪码）：

```
return app(environ, start_response) # app 的本质是一个函数
```

（2）req.environ['wsgiorg.routing_args'][1]

req.environ['wsgiorg.routing_args'][1] 是什么？又是谁给它赋的值？这两个问题，答案都在 class RoutesMiddleware 的 __call__ 函数，代码如下：

```
# [routes/middleware.py]，这不是 Neutron 代码，而是一个 python lib
class RoutesMiddleware(object):

    def __init__(self, wsgi_app, mapper, use_method_override=True,
            path_info=True, singleton=True):
        # mapper，就是 class Router 的成员变量 map
        self.mapper = mapper
        ......

    def __call__(self, environ, start_response):
        # self.mapper 就是传入的参数：class Router 的成员变量 map
        config.mapper = self.mapper
        # config.mapper_dict 的代码介绍超出了本书的范围，
        # 可以理解为就是 mapper，虽然不精确，但是不妨碍理解
        match = config.mapper_dict
        ......
        # environ['wsgiorg.routing_args'] 是一个数组，
        # 第一个元素是 url，第二个元素就是 mapper（不精确，但是不妨碍理解）
        environ['wsgiorg.routing_args'] = ((url), match)
        ......
```

所以，我们再回过头看 class Router 的 _dispatch 函数的那两句代码：

```
match = req.environ['wsgiorg.routing_args'][1]
app = match['controller']
```

这就相当于如下代码（再强调一下，这样的"相当于"，事实上不准确，但是不妨碍代码的理解）：

```
# mapper 本质上是 class Router 的成员变量
app = mapper['controller']
```

通过以上的代码梳理，我们再刷新一下 class APIRouter 的基本处理流程图，如图 6-12 所示。

图 6-12 与图 6-11 相比，更进一步：class Router 的函数 _dispatch 继续寻找真命天子函

数（app = mapper['controller']）来处理 HTTP Request。

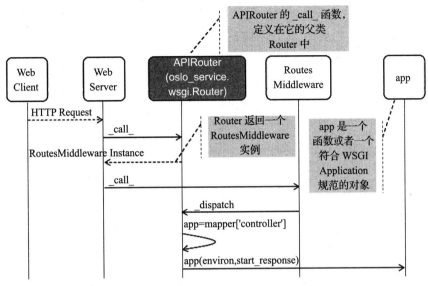

图 6-12　Core Service 处理 HTTP Request 的基本流程图（刷新）

那么这个真命天子函数到底是什么呢？又通过什么规则被找到呢？这一切都要从 class Router 的成员变量 map 说起。

6.3.3　Core Service 处理 HTTP Request 的函数映射

对于 Core Service 的 WSGI Application 而言，一个 HTTP Request 过来以后，基本的处理流程是在父类 class Router 中完成的。class Router 处理到最后，是从它的成员变量 map 中查找到对应的处理函数（也就是前面说的真命天子函数）并执行它。真命天子函数与 map 之间的关系前面也讲过，如下（不准确，只是一个示意）：

```
# mapper 本质上是 class Router 的成员变量
app = mapper['controller']
```

class Router 的成员变量 map 是在子类 class APIRouter 中完成构建的。class APIRouter 一共就两个函数，一个是 classmethod 函数"factory"，这个我们在本节（6.3.1）的开头已经介绍过，另一个就是 __init__ 函数。

APIRouter 的 __init__ 函数，完成了三件事情：

1）初始化 map 这个成员变量；
2）加载了 ML2 Plugin；
3）实例化了 Core Service 的 Extension Manager。

后两项我们后面再说，这里只讲述 map 的初始化。APIRouter 的 __init__ 函数与 map

初始化相关的代码如下：

```
# [neutron/api/v2/router.py]
class APIRouter(base_wsgi.Router):
    def __init__(self, **local_config):
        # 创建 mapper 这个对象
        mapper = routes_mapper.Mapper()
        ......
        # 给 mapper 这个对象赋值
        mapper.connect('index', '/', controller=Index(RESOURCES))
        # 还有其他代码也进行赋值，暂时先忽略
        ......
        # 调用父类 __init__ 函数，将 mapper 赋值给成员变量 map
        super(APIRouter, self).__init__(mapper)

# [routes/middleware.py]
# class APIRouter 的父类
class Router(object):
    def __init__(self, mapper):
        # 将 mapper 赋值给成员变量 map
        self.map = mapper
        ......
```

以上代码，完成了 classAPIRouter 成员变量 map 的创建和赋值。map 的数据结构是 routes_mapper.Mapper。关于它的赋值，Neutron 写了一段非常复杂的代码，上述代码中，只举了一个例子：

```
mapper.connect('index', '/', controller=Index(RESOURCES))
```

从了解 classAPIRouter 处理 HTTP Request 的函数映射的基本原理角度讲，这一句话非常重要，它虽然只是 routes_mapper.Mapper 这个 class 的一个基本用法，却是了解基本原理的一把金钥匙。下面我们就来讲述这个基本原理，不过在讲述之前，我们还需要先介绍一个背景知识：Neutron 资源与 Service API 之间的关系。

1. Neutron 资源与 Service API 之间的关系

Neutron 的 Service API，反映的都是针对 Neutron 资源（比如 network、subnet 等）的动作（比如增加、删除等）。在 Neutron 的 Service API 中都是习惯把 Neutron 的资源写作复数，比如：networks、subnets 等等。Neutron 的资源与 Service API 之间的对应关系，以 networks 为例，如图 6-13 所示。

图 6-13 表明，针对一个资源，Neutron 一共提供了 6 个 Service API。这 6 个 API，可以分为两大类。

GET	/v2.0/networks List networks	collections action: index
POST	/v2.0/networks Create network	collections action: create
POST	/v2.0/networks Bulk create networks	collections action: create(bulk)
GET	/v2.0/networks/ [network_id] Show network details	member action: show
PUT	/v2.0/networks/ [network_id] Update network	member action: update
DELETE	/v2.0/networks/ [network_id] Delete network	member action: delete

图 6-13 Neutron 的资源与 RESTful API 之间的对应关系

1）针对复数资源（比如 networks）的操作，称为 collections action，包括：index、create、bulk create。

2）针对单个资源（资源后面带上资源 ID 参数，比如 networks/{network_id}）的操作称为 member action，包括：show、update、delete。

这 6 个函数的含义如表 6-3 所示。

表 6-3 routes_mapper.Mapper connect 函数三个参数的说明

Neutron 定义的动作	HTTP 标准动作	分 类	说 明	举 例
index	GET	collection action	列出所有资源的信息	/v2.0/networks，列出所有的 networks 的信息
create	POST	collection action	创建一个资源。待创建的资源的信息体现在报文 body 中，而不是体现在 url 中	/v2.0/networks，创建一个 network
bulk create	POST	collection action	批量创建一批资源	/v2.0/networks，批量创建一批 networks
show	GET	memeber action	显示一个资源的详细信息	/v2.0/networks/{network_id}，显示 network_id 这个 network 的详细信息
update	PUT	memeber action	修改一个资源	/v2.0/networks/{network_id}，修改 network_id 这个 network
delete	DELETE	memeber action	删除一个资源	/v2.0/networks/{network_id}，删除 network_id 这个 network

讲述了 Neutron 的资源与 Neutron 的 Service API 两者之间的对应关系之后，我们再回过头来看看 class routes_mapper.Mapper 的基本用法。

2. class routes_mapper.Mapper 的基本用法

讲述 class routes_mapper.Mapper 的基本用法，需要从下面这句代码中的三个参数入手：

```
mapper.connect('index', '/', controller=Index(RESOURCES))
```

代码中的三个参数的基本含义如表 6-4 所示。

表 6-4 routes_mapper.Mapper connect 函数三个参数的说明

参数名	代码中的参数值	说 明
url	'/'	对于 Neutron Core Service 来说，url 前面还得加上 "/v.20"，变为：/v2.0/
action	'index'	这个 url 所反映的动作，本质上是针对 url 所代表的资源的操作。index 的含义是：列出所有信息
controller = ***	controller = Index(RESOURCES)	controller = ***，属于 key = value 这样的格式，controller 就是 "key" 回忆一下前面讲述的代码： app= mapper['controller'] 这句代码就是通过 key = controller 匹配到相应的 value。这里的 value 是一个函数，或者是一个符合 WSGI Application 规范的 class 的实例对象。本例中，Index 就是一个符合 WSGI Application 规范的 class

这三个参数，其实表达了一个规则：一个 HTTP Request 过来时，应该执行哪个函数（或者是一个符合 WSGI Application 规范的 class 的实例）的规则。我们可以假想一下这个规则，如表 6-5 所示。

表 6-5　假想的 Mapper 规则

HTTP Request		执行函数
url	action	
/v2.0/networks	index	list_networks
/v2.0/networks/100000	show	show_network(network_id)
/v2.0/networks/100000	delete	delete_network(network_id)

这样的规则，对应的代码（伪码）如下：

```
mapper.connect('index', 'networks', controller=list_networks)
mapper.connect('show', 'networks/{network_id}', controller=show_network)
mapper.connect('delete', 'networks{network_id}', controller=delete_network)
```

按照这样的写法，其实一共也不需要多少代码。对应到 Neutron 的资源，1 个资源 6 行代码即可。这样的写法非常简洁明了。

可是，Neutron 的代码不是这样的。笔者认为，它的代码纷繁复杂。下面我们就来看看 Neutron 是如何实现上述逻辑的。

3. Neutron 针对 Core Service 的处理函数的映射

针对"查询资源列表的信息"的 API 请求，Neutron 的函数映射规则用如下一行代码即可搞定：

```
mapper.connect('index', '/', controller=Index(RESOURCES))
```

其中，Index 是一个 class（class name = "Index"，与 action = "index" 刚好同名，只是凑巧而已，没有特别的含义）。class Index 的代码位于 neutron/api/v2/router.py，代码本身比较简单，这里就不再啰嗦。我们这里只需有个直观感受。首先，这句话所反映的 url 如图 6-14 所示。

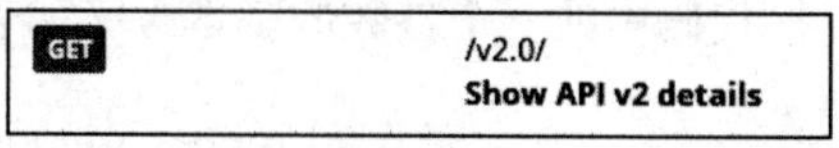

图 6-14　RESTful API：Show API v2 details

class Index 是一个满足 WSGI Application 规范的 class，它的函数 __call__ 所 Response 的内容，如图 6-15 所示。

但是，Neutron 针对 Core Service 的资源（比如 network、subnet 等）所构建的 Service API 与处理函数之间的映射规则的代码却非常复杂，相关代码如下：

```
# [neutron/api/v2/router.py]
class APIRouter(base_wsgi.Router):
    def __init__(self, **local_config):
```

```python
# 创建 mapper 实例
mapper = routes_mapper.Mapper()
    ......
    # 一个内嵌函数，构建规则：Service API 与处理函数之间的映射规则
    def _map_resource(collection, resource, params, parent=None):
        ......
    ......
    # 针对每一个核心资源（network、subnet 等），调用 _map_resource，构建映射规则
    for resource in RESOURCES:
        _map_resource(RESOURCES[resource], resource,
                      attributes.RESOURCE_ATTRIBUTE_MAP.get(
                          RESOURCES[resource], dict()))
    ......
    super(APIRouter, self).__init__(mapper)
```

Response Parameters

Name	In	Type	Description
resources	body	array	List of resource objects.
name	body	string	Name of the resource.
collection	body	string	Collection name of the resource.
links	body	array	List of links related to the resource. Each link is a dict with 'href' and 'rel'.
href	body	string	Link to the resource.
rel	body	string	Relationship between link and the resource.

Response Example

```
{
    "resources": [
        {
            "links": [
                {
                    "href": "http://23.253.228.211:9696/v2.0/subnets",
                    "rel": "self"
                }
            ],
            "name": "subnet",
            "collection": "subnets"
        },
        {
            "links": [
                {
                    "href": "http://23.253.228.211:9696/v2.0/networks",
                    "rel": "self"
                }
            ],
            "name": "network",
            "collection": "networks"
        },
        {
            "links": [
                {
                    "href": "http://23.253.228.211:9696/v2.0/ports",
                    "rel": "self"
                }
            ],
            "name": "port",
            "collection": "ports"
        }
    ]
}
```

图 6-15 URL "/v2.0/" 的 response

这段代码非常复杂,说它是"一个映射规则引发的血案",毫不为过。下面我们就踏上这段血雨腥风的征程。

(1) Neutron 核心资源的定义

Neutron 的核心资源包括 network、subnet 等。在代码中,它们是这样定义的:

```
# [neutron/api/v2/router.py]
RESOURCES = {'network': 'networks',
             'subnet': 'subnets',
             'subnetpool': 'subnetpools',
             'port': 'ports'}
```

之所以这么定义,是因为前文说过,Neutron 针对资源的 Service API 有两类操作:一类是针对复数资源(比如 networks)的操作,称为 collections action,包括:index、create、bulk create;另一类是针对单个资源(资源后面带上资源 ID 参数,比如 networks/{network_id})的操作,称为 member action,包括:show、update、delete。

这些资源有很多字段,但是每个字段的属性是不同的[比如是否支持 post(增加)操作],也需要进行定义,以 network 为例,代码如下:

```
# [neutron/api/v2/attributes.py]
RESOURCE_ATTRIBUTE_MAP = {
    NETWORKS: {
        # 字段 id,不允许 post(增加)和 put(修改)
        'id': {'allow_post': False, 'allow_put': False,
               'validate': {'type:uuid': None},
               'is_visible': True,
               'primary_key': True},
        # 字段 name,允许 post(增加)和 put(修改)
        'name': {'allow_post': True, 'allow_put': True,
                 'validate': {'type:string': db_const.NAME_FIELD_SIZE},
                 'default': '', 'is_visible': True},
        ......
    },
    ......
}
```

以上代码对 Neutron 的核心资源做了如下定义。

1)核心资源名称的定义:体现在 RESOURCES 这个对象中。

2)针对每个资源所包含的字段及这些字段属性的定义:体现在 RESOURCE_ATTRIBUTE_MAP 这个对象中。

有了这些定义以后,下一步就可以将它们作为参数传递给 _map_resource 函数,以构建 Service API 与处理函数之间的映射规则,代码如下:

```
# [neutron/api/v2/router.py]
class APIRouter(base_wsgi.Router):
```

```python
    def __init__(self, **local_config):
        ......
        # 针对每一个核心资源(network、subnet 等),调用 _map_resource,构建映射规则
        for resource in RESOURCES:
            _map_resource(RESOURCES[resource], resource,
                          attributes.RESOURCE_ATTRIBUTE_MAP.get(
                              RESOURCES[resource], dict()))
        ......
```

最关键的代码 _map_resource 出现了。

（2）_map_resource 函数解析

_map_resource 函数本身倒不是多复杂,关键是它调用的函数引出了很多复杂度。下面我们逐个介绍。

1) _map_resource 函数介绍。

_map_resource 是一个内嵌函数,代码如下:

```python
# [neutron/api/v2/router.py]
# 为了易于讲述,笔者删除了部分代码(不影响关键思路的理解)
def _map_resource(collection, resource, params, parent=None):
    # controller 是一个函数,就是处理 Service API 所对应的函数
    # 函数 base.create_resource 的返回值赋给一个变量 "controller"
    # 代码本来就写得繁杂,函数名、变量名还取得这么混淆
    controller = base.create_resource(...)

    # 重点关注: controller=controller
    mapper_kwargs = dict(controller=controller,...)

    # 看到了曙光: mapper.collection,这个就是构建映射规则
    # collection,是一个字符串,就是资源的复数形式,比如 networks
    # resource,是一个字符串,就是资源的单数形式,比如 network
    return mapper.collection(collection, resource, **mapper_kwargs)
```

以上代码我做了删减,目的是为了保留骨架的部分。从这个骨架代码的脉络中看到,最终目的是调用 mapper.collection 函数,构建映射规则。collection 与 resource 是一个资源的两种表现形式:前者是复数形式(比如 networks),后者是单数形式(比如 network)。根据前文介绍的 "Neutron 资源与 Service API 的关系",有了这两个资源的表现形式(字符串),mapper 自己能够构建出相应的 url 与 action,此时如果再把响应的处理函数(controller)添上,mapper.collection 函数自然就能构建好映射规则: Service API 与处理函数之间的映射规则。

处理函数(controller)是靠如下代码构建的:

```
controller = base.create_resource(...)
```

base.create_resource(...) 的代码如下:

```python
# [neutron/api/v2/base.py]
def create_resource(collection, resource, plugin, ......):
```

```
        controller = Controller(plugin, collection, resource, ......)
        return wsgi_resource.Resource(controller, FAULT_MAP)
```

这里面涉及一个类（class Controller）和一个函数（wsgi_resource.Resource），下面分别介绍。

2）wsgi_resource.Resource 函数介绍。

首先忽略 class Controller，因为它的实例仅仅是 wsgi_resource.Resource 函数的一个参数而已，我们先看看这个函数的真面目。代码如下：

```
# [neutron/api/v2/resource.py]
def Resource(controller, ......):
    ......
    @webob.dec.wsgify(RequestClass=Request)
    def resource(request):
        ......
    ......
    return resource
```

这个函数又定义了一个内嵌函数"resource"，并且返回值就是这个内嵌函数。内嵌函数"resource"的代码如下：

```
# [neutron/api/v2/resource.py]
def Resource(controller, ......):
    ....
    # 内嵌函数定义在 Resource 函数中
    @webob.dec.wsgify(RequestClass=Request)
    def resource(request):
        route_args = request.environ.get('wsgiorg.routing_args')
        ......
        # action 是一个字符串，
        # 就是 RESTful API 对应的动作：index、show、create、bulk create、
        # update、delete
        action = args.pop('action', None)

        # 从 controller 这个对象中获取函数，函数名是 action
        method = getattr(controller, action)

        # 执行这个函数。必须说，这个函数好像是真正的真命天子函数，
        # 好像是最终处理 HTTP Request 的函数
        result = method(request=request, **args)

        body = serializer.serialize(result)
        ......
        return webob.Response(......, body=body)
```

可以看到，resource 函数露出了庐山真面目，它的基本原理是：

①从 HTTP Request 对象（参数 request）中，获取当前的 action；

②从 controller 对象中，根据 action 获取对应的函数（函数名与 action 名相同）；

③执行这个函数，这个函数好像是真正的真命天子函数，好像是最终处理 HTTP Request 的函数。

既然真命天子函数好像就是 class Controller 的成员函数，那么现在我们需要回过头来看看 class Controller 的代码。

3）class Controller 介绍。

class Controller 的代码如下：

```
# [neutron/api/v2/base.py]
# class Controller 最关键的是它的函数名与 Neutron 的资源的 action 是一致的
class Controller(object):
    def create(self, request, body=None, **kwargs):
        ......
    def delete(self, request, id, **kwargs):
        ......
    def index(self, request, **kwargs):
        ......
    def show(self, request, id, **kwargs):
        ......
    def update(self, request, id, body=None, **kwargs):
        ......

    ......
```

可以看到，class Controller 最关键的是它的函数名与 Neutron 的资源的 action 是一致的，比如：index、show、create（含 bulk create）、update、delete 等。这也是前面介绍的代码在逻辑上能够成立的原因：

```
# controller 是 class Controller 的一个实例对象
# 之所以能够以 action 的名字查找 controller 的函数名，
# 是因为 class Controller 的成员函数的命名是与 action 保持一致的
method = getattr(controller, action)
result = method(request=request, **args)
```

找到了 class Controller 的成员函数，这个成员函数又是做的什么工作呢？下面我们以其中一个函数 create 为例，看看它的具体代码，如下：

```
# [neutron/api/v2/base.py]
def create(self, request, body=None, **kwargs):
    ......
    # 调用另外一个函数 _create
    return self._create(request, body, **kwargs)

@db_api.retry_db_errors
def _create(self, request, body, **kwargs):
    ......
    # 注意，如果资源是 network，函数名变为"create_network"；
    # 如果资源是 port，则函数名变为"create_port"
```

```
# 这里，笔者摘取的是：资源是 network，函数名是 "create_network"
action = "create_network"
......
# 从插件(self._plugin)中，获取函数 "create_network"
# self._plugin 就是 class Ml2Plugin 的对象实例
obj_creator = getattr(self._plugin, action)
......
# 执行刚刚获取到的函数：self._plugin.create_network
return obj_creator(request.context, **kwargs)
```

这个函数，我进行了大量的删减和改写，但是保留了主干。Controller 的 create 函数实际上就等价于：

```
return self._plugin.create_network(request.context, **kwargs)
```

我们知道，Core Service 所对应的 Plugin 实际就是 ML2Plugin。因此 self._plugin 就是 class Ml2Plugin 的对象实例。

 说明　ML2Plugin 是如何被加载的，放到下一个章节再描述。

血雨腥风的道路终于走完，我们终于看到了处理 HTTP Request 的真正的真命天子函数，终于看到了最终处理 HTTP Request 的最终的函数，那就是 class Ml2Plugin 的成员函数：action_resource(s)，其中 action 有：create、get、update、delete 等，resource(s) 有：network(s)、subnet(s)、subnetpool(s)、port(s) 等。比如：create_network，creat 就是取自 action 中的 create；network 就是取自 resource(s) 中的 network。

6.3.4　小结

Core Service API（RESTful）的处理，与所有符合 WSGI 规范的 Web 程序一样，也是交由 Core Service 的 WSGI Applicaiton 来处理，也就是交由 class APIRouter 的一个对象的 __call__ 函数来处理。

class APIRouter 的 __call__ 函数，继承自它的父类 class Router，一个 python lib（不是 Neutron 本身的代码）。

class Router 的 __call__ 函数，最终通过一种映射规则查找到对应的处理函数，并且执行这个函数，以响应 Core Service API 的请求（Request）。

这个映射规则就是 "Core Service API 的请求（Request）" 与 "它的处理函数" 之间的一种映射关系，由 class APIRouter 在它的 __init__ 函数中，利用 routes_mapper.Mapper 对象来构建。

Neutron 针对 Core Service API 的处理函数的映射非常复杂，在介绍完它的相关代码的来龙去脉以后，我们有必要再做个总结。

笔者认为，我们完全可以不用写如此复杂的代码，而可以这样写代码（伪码）：

```
mapper.connect('index', 'networks', controller=list_networks)
mapper.connect('show', 'networks/{network_id}', controller=show_network)
mapper.connect('delete', 'networks{network_id}', controller=delete_network)
```

Neutron 核心资源一共有 4 个：Network、Subnet、Subnetpool、Port，每个资源 6 个函数，一共也就 24 行代码。这样的写法简单、明了，代码行也非常少！

但是，Neutron 选择了另外一种方法。从 mapper 编程的角度，这种写法倒也不复杂：

```
mapper_kwargs = dict(controller=controller,...)
# collection 是一个字符串，就是资源的复数形式，比如 networks
# resource 是一个字符串，就是资源的单数形式，比如 network
mapper.collection(collection, resource, **mapper_kwargs)
```

这种写法的复杂度在于，Neutron 过去追求构建 controller 这个函数的"抽象"和"共享"。这些复杂的代码，在这里就重复了。我们现在可以直接得出结论：controller 这个函数相当于 class Controller 所对应的成员函数，这个成员函数的名字与 Neutron 针对资源操作的 action 的名字相同。因为 action 的名字有：index、show、create（含 bulk create）、update、delete 等，所以 class Controller 也有对应的成员函数，比如 create、delete 等。

从映射规则来说，代码到此已经完成了映射，映射结果如表 6-6 所示。

表 6-6　Neutron 核心资源的 Mapper 规则

HTTP Request		执行函数
url	action	
/v2.0/networks	index	controller.index（controller 是 class Controller 的一个实例对象，以下同）
/v2.0/networks	create	controller.create（bulk create 也是这个函数，只是参数不同）
/v2.0/networks/100000	show	controller.show
/v2.0/networks/100000	update	controller.update
/v2.0/networks/100000	delete	controller.delete
/v2.0/subnets	index	controller.index
/v2.0/subnets	create	controller.create
……	……	……

不过，从最终的处理 Core Service API 的 Request 的角度来说，代码还须再进一步。也就是说，class Controller 的成员函数，最终会调用 class Ml2Plugin 相应的成员函数：action_resource(s)，其中 action 有 create、get、update、delete 等，resource(s) 有 network(s)、subnet(s)、subnetpool(s)、port(s) 等。

通过以上分析，一个 Web Client 的 Request 到达 Core Service 的 WSGI Application（class APIRouter 的实例）以后，其处理流程如图 6-16 所示。

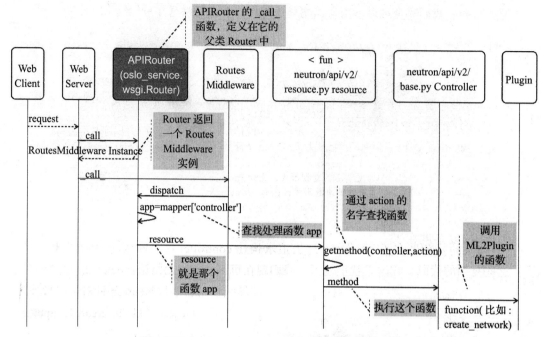

图 6-16　Core Service 处理 HTTP Request 的流程图

6.4　Extension Service API（RESTful）的处理流程

与 Core Service API（RESTful）的处理流程相比，Extension Service API（RESTful）的处理流程既有相同点，也有不同点。不过在介绍处理流程之前，得首先对 Extension Service 有一个了解。

6.4.1　Extension Service 的类图与加载

除了 Core Service（network、subnet、subnetpool、port）以外，Neutron 把其余的 Service 都称为 extensions，不过我们还是习惯称之为 Extension Services。

通过 Neutron 接口 "/v2.0/extensions" 可以查看到所有 Extension Service 的信息，如图 6-17 所示（图中没有列全）。

下面我们从代码的角度，来介绍这些 Extension Services。

1. Extension Service 的类图

Extension Service 的类图，如图 6-18 所示。

所有的 Extension Service 的类，都必须继承自 class ExtensionDescriptor，而且必须实现它的四个抽象接口：get_name、get_alias、get_description、get_updated。这个从接口 /v2.0/extensions 的 response 可见一斑，如图 6-19 所示。

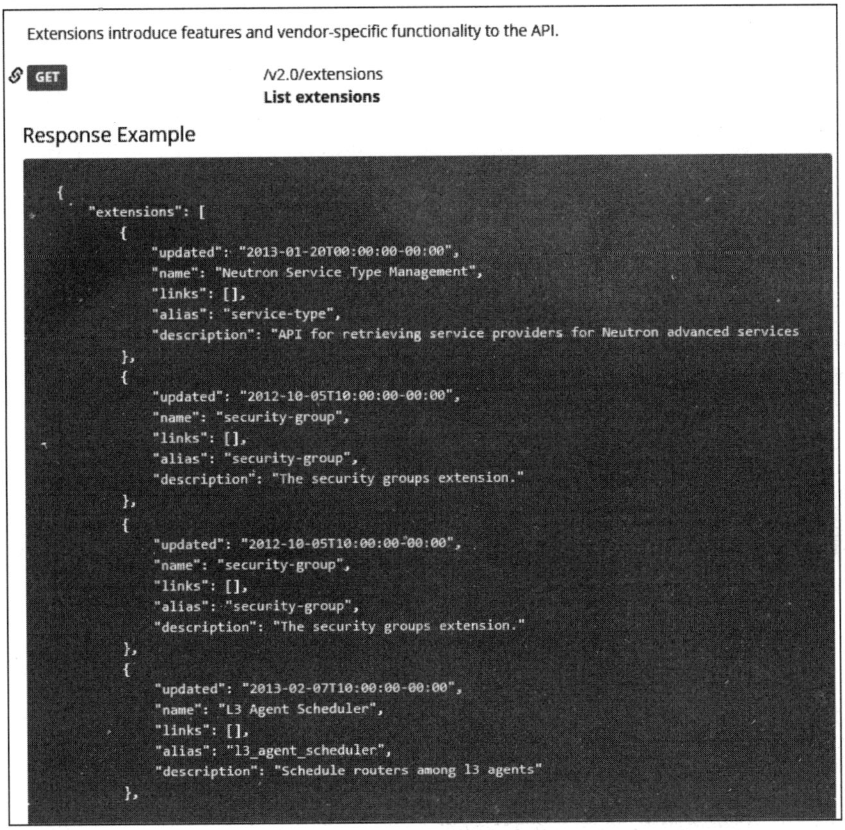

图 6-17 Extension Services 列表（部分）

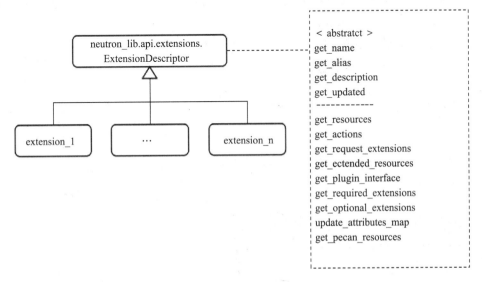

图 6-18 Extension Service 的类图

```
Extensions introduce features and vendor-specific functionality to the API.
GET            /v2.0/extensions
               List extensions
```

Response Parameters

Name	In	Type	Description
extensions	body	array	A list of extension objects.
name	body	string	Human-readable name of the resource.
links	body	array	List of links related to the extension.
alias	body	string	The alias for the extension. For example "quotas" or "security-group".
updated	body	string	The date and timestamp when the extension was last updated.
description	body	string	The human-readable description for the resource.

Response Example

```
{
    "extensions": [
        {
            "updated": "2013-01-20T00:00:00-00:00",
            "name": "Neutron Service Type Management",
            "links": [],
            "alias": "service-type",
            "description": "API for retrieving service providers for Neutron advanced services"
        },
```

图 6-19 接口 "/v2.0/extensions" 的 response

换句话说，每个 Extension Service 的 name、links、alias、description 等属性，也只有它自己知道，所以每个 Extension Service 的 class 必须实现那 4 个抽象接口。

2. Extension Service 的加载

Extension Service 从字面意义上来理解，就是可扩展的 Service——谁都可以扩展的 Service、谁都可以写自己的 Service。既然是谁都可以扩展，那么 Neutron 必须得知道你写的代码在哪个目录，否则它到哪里加载你的代码呢？

Neutron 提供了两种告知 Extension Service 代码目录的方法。一种是在配置文件 "neutron.conf" 中，配置自己的 Extension Service 的代码目录：

```
# [etc/neutron.conf]
api_extensions_path = ***        # *** 表示 Extension Service 的代码目录
```

另一种方式是把代码文件放在 Neutron 自己官方的 extensions 目录下面，也就是目录 neutron/extensions 下。当前 Neutron 版本中，该目录下已经有很多代码，如图 6-20 所示。

需要强调的是，不是说把代码放在 extensions 目录（包括自己定义的目录和 Neutron 的官方目录 "neutron/extensions"）下，Neutron 就会认为这个代码就是可以加载的，就是属于 Extension Service 的

图 6-20 extensions 目录下的文件（节选）

代码。Neutron 规定，文件名**必须不能以**"_"**开头**，否则 Neutron 不会加载该文件。

另外，即使代码的文件名合法了，Neutron 也不会加载该文件中的所有内容。我们知道，一个 python 文件里面也可以写很多 python class，比如 dns.py，里面就有很多 class，如图 6-21 所示。

在这么多 class 中，Neutron 只认为 class name 与 file name 相同的 class 才是 Extension Service class，才会加载它。比如说 dns.py 这个文件里，Neutron 只认为 class Dns 是一个 Extension Service class，只会加载 class Dns。

满足这两个条件以后，Neutron 还需要继续再做两个判断：①是否继承自 class ExtensionDescriptor；②是否实现了 get_name、get_alias、get_description、get_updated 等接口。

我们总结一下成为 Neutron 的 Extension Service class 的条件。

图 6-21 dns.py 里面有很多 class

1）代码文件必须位于 extensions 目录下，extensions 目录包括在配置文件 etc/neutron.conf 自定义的目录和 Neutron 的官方目录 "neutron/extensions"。

2）文件名必须不能以 "_" 开头。

3）class name 必须与 file name 相同（不区分大小写）。

4）class 必须继承自 class ExtensionDescriptor。

5）必须实现了 get_name、get_alias、get_description、get_updated 4 个接口。

当以上 5 个条件都通过以后，Neutron 才会真正加载这个 Extension Service。所谓加载，就是在 Neutron 代码启动时，创建这些 Extension class 的实例。

以上内容，逻辑和代码都比较清晰明了，我们就不再详细介绍了，而只是介绍一下相关代码的位置。这些代码主要分为两大部分。

1）Extension Service 代码所在的目录获取：neutron/api/extensions.py 文件中的 PluginAware-ExtensionManager.get_instance() 里调用了函数 get_extensions_path，以获取 Extension Service 代码所在的目录。

2）Extension Service 实例的加载：neutron/api/extensions.py 文件中的 class ExtensionManager 的成员函数 "_load_all_extensions_from_path"，实现了 Extension Service 的加载。

6.4.2 Extension Service 的 WSGI Application

Extension Service 的 WSGI Application 与 Core Service 的相比，有几个不同点。

1）加载所有的 Extension Service（因为 Extension Service 是多个，而不是 1 个）。

2）为每一个 Extension Service 构建映射规则：Extension Service API（RESTful）与处理函数之间的映射规则。

3）因为 Extension Service 的 WSGI Application 属于 filter app 性质，所以如果一个 HTTP Request 不属于所有这些 Extension Service 的管理范围，那么这个 Application 还需要将请求转给 Core Service 的 WSGI Application（请参见图 6-9）。

下面（包括后面的小节）我们就围绕这几点来介绍 Extension Service 的 WSGI Application。

在 etc/api-paste.ini 中，有如下配置信息：

```
# [etc/api-paste.ini]
# "filter" 表明这个 section 定义的 WSGI Application 是一个 filter app
[filter:extensions]
# 这里是定义了一个 WSGI Application 的 factory
paste.filter_factory =
neutron.api.extensions:plugin_aware_extension_middleware_factory
```

etc/api-paste.ini 并没有直接定义 Extension Service 的 WSGI Application 的 class 那么，而是定义了创建 WSGI Application 实例的 factory 的 class name。这个 factory 的代码如下：

```
# [neutron/api/extensions.py]
def plugin_aware_extension_middleware_factory(...):

    # _factory 是一个内嵌函数，参数 app 就是 Core Service 的 WSGI Application 实例，
    # 也就是 class APIRouter 的实例对象
    def _factory(app):
        ext_mgr = PluginAwareExtensionManager.get_instance()
        return ExtensionMiddleware(app, ext_mgr=ext_mgr)

return _factory
```

这个 factory 返回的 ExtensionMiddleware 实例，就是 Extension Service 的 WSGI Application。

需要解释一下，代码中的参数 app 为什么就是 Core Service 的 WSGI Application()class APIRouter 的实例对象？这要从 6.2.2 节中的内容说起。该节讲到了函数 pipeline_factory，它是加载整个 "composite:neutronapi_v2_0" section 的 WSGI Application 的函数，代码如下：

```
# [neutron/auth.py]
def pipeline_factory(loader, global_conf, **local_conf):
    ......
    # 根据前面章节的分析，这里的 app 就是 Core Service 的 WSGI Application，
    # 也就是 class APIRouter 的实例对象
    app = loader.get_app(pipeline[-1])
    ......
    # 根据前面代码的分析，这个循环中，第一个 filter 就是 Extension Service 的
    # WSGI Application 的工厂函数，也就是 _factory(app) 函数
    # 所以，这里的参数 app 就是 class APIRouter 的实例对象
    for filter in filters:
        app = filter(app)
    return app
```

上述代码的注释已经表明，参数 app 就是 class APIRouter 的实例对象。

6.4.3 Extension Service 处理 HTTP Request 的基本流程

class ExtensionMiddleware 是 Extension Service 的 WSGI Application class,它的类图如图 6-22 所示。

一个符合 WSGI Application 规范的 class,最重要的一点是实现回调函数 __call__。从这个类图我们看到,class ExtensionMiddleware 重载了它的父类的 __call__ 函数,所以它的父类基本没什么作用。class ExtensionMiddleware 的 __call__ 函数代码如下:

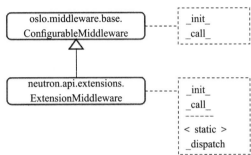

图 6-22 class ExtensionMiddleware 的类图

```
# [neutron/api/extensions.py]
class ExtensionMiddleware(base.Configurable-
    Middleware):
    @webob.dec.wsgify(RequestClass=wsgi.Request)
    def __call__(self, req):
        # 这里的 application 就是前文说的 class APIRouter 的实例对象
        req.environ['extended.app'] = self.application
        # 跟 Core Service 一样,返回一个 RoutesMiddleware 对象
        return self._router
```

而 self._router 是在 class ExtensionMiddleware 的 __init__ 函数构建的:

```
# [neutron/api/extensions.py]
class ExtensionMiddleware(base.ConfigurableMiddleware):
    def __init__(self, application, ext_mgr=None):
        ......
        # 这句话与 Core Service 一模一样
        self._router = routes.middleware.RoutesMiddleware(self._dispatch,
                                    mapper)
        ......
```

routes.middleware.RoutesMiddleware 这个 class,已经在 6.3.2 节介绍过,这里就不再重复。我们现在来看看 classExtensionMiddleware 的 _dispatch 函数,代码如下:

```
# [neutron/api/extensions.py]
class ExtensionMiddleware(base.ConfigurableMiddleware):

    # 这个函数,与 Core Service 那个 _dispatch 相比,重点是下面的加粗的代码
    @staticmethod
    @webob.dec.wsgify(RequestClass=wsgi.Request)
    def _dispatch(req):
        match = req.environ['wsgiorg.routing_args'][1]

        # 重点在这里,如果没找到,则 return req.environ['extended.app']
        # req.environ['extended.app'] 就是 Core Service 的 WSGI Application
        # 就是前文说的 class APIRouter 的实例对象
```

```
if not match:
    return req.environ['extended.app']

app = match['controller']
return app
```

可以看到，这个函数与 class Router（class APIRouter 的父类）的 _dispatch 相比，除了加粗的那两行，其余一模一样。而正是这两行加粗代码，回答了我们前面的疑问。当时的疑问如下。

Core Service 与 Extension Service，应该是两个并列的 Service，但是 Neutron 却把这两个对应的 app 构建为如 6-23 所示的嵌套关系。

app_ext 是 app_v2.0 的外层 filter，也就是说，一个 Request 得首先到达 app_ext，app_ext 经过相应的处理，才会交由 app_v2.0，那么这个相应的处理是什么呢？

通过加粗的那两行代码：

```
if not match:
    return req.environ['extended.app']
```

图 6-23　app_ext 与 app_v2.0 的关系

我们知道，Extension Service 的 WSGI Application 如果没有找到合适的处理函数，那么它会"跳转"到 Core Service 的 WSGI Application。

因此，Extension Service 处理 HTTP Request 的基本流程，如果不考虑到"跳转"这个分支，那形式上与 Core Service 是一样的，如图 6-24 所示（"跳转"到 Core Service 的 WSGI Application 以后的流程图，请参考图 6-12）。

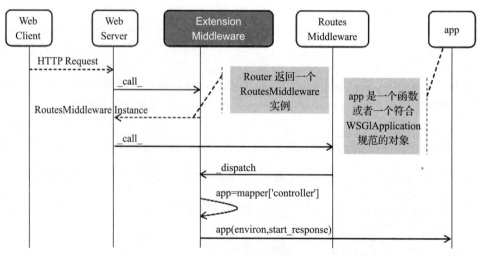

图 6-24　Extension Service 处理 HTTP Request 的基本流程图

与 Core Service 一样，Extension Service 处理 HTTP Request 的函数，到最后重点都落

在了 HTTP Request 与处理函数的映射规则的创建上。

6.4.4 Extension Service 处理 HTTP Request 的函数映射

与 Core Service 一样，Extension Service 的 HTTP Request 与处理函数的映射规则，也是构建在成员变量 mapper 上，也是在 __init__ 函数中完成，代码如下：

```
# [neutron/api/extensions.py]
class ExtensionMiddleware(base.ConfigurableMiddleware):
    def __init__(self, application, ext_mgr=None):
        ......
        mapper = routes.Mapper()

        # extended resources
        for resource in self.ext_mgr.get_resources():
            ......
            mapper.resource(resource.collection, resource.collection,
                    controller=resource.controller,
                    member=resource.member_actions,
                    ......)
```

这段代码似曾相识，与 Core Service 那段代码相比，有很多相似的地方。我们将双方做个对比，如表 6-7 所示。

表 6-7 Core Service 与 Extension Service 关于 mapper 初始化的对比

Core Service	Extension Service	对比说明
for resource in RES-OURCES:	for resource in self.ext_mgr.get_resources()	两者获取资源的方式不同，一个是静态获取，一个是动态获取： ① Core Service 的资源是固定的，所以可以静态定义在数组中（RESOURCES）。 ② Extension Service 的资源是可扩展的，所以需要动态获取（ext_mgr.get_resources()）。 但是两者获取资源的目的相同，都是为了给每一个资源构建映射规则
controller = base.create_resource(...)	controller = resource.controller	两者构建 controller（处理 HTTP Request 的函数）的形式不同，但是本质上是一样的，下文会进一步解释
mapper.collection(...)	mapper.resource(......)	通过 mapper 构建映射规则，两者调用的函数不同，但是本质上是一样的（我们不必在意 mapper 本身的编程细节）

通过表 6-7 的对比分析，我们知道，两者的代码只是形式上有所不同，本质上是一样的。这个形式上的不同，体现在两个方面：资源的获取方式、controller 的构建方式。下面我们就针对这两点来看看 Extension Service 的代码细节。

1. Extension Service 的资源获取

Extension Service 获取资源的代码，从这一行开始，如下所示：

```
# [neutron/api/extensions.py]
class ExtensionMiddleware(base.ConfigurableMiddleware):
```

```
def __init__(self, application, ext_mgr=None):
    ......
    # 从 self.ext_mgr 中获取全部资源
    for resource in self.ext_mgr.get_resources():
        ......
```

class ExtensionMiddleware 要从 self.ext_mgr 中获取全部资源。根据 6.4.2 节的描述，我们知道，self.ext_mgr 就是 "PluginAwareExtensionManager.get_instance()"，代码如下：

```
ext_mgr = PluginAwareExtensionManager.get_instance()
```

PluginAwareExtensionManager 的 get_resources 函数相对比较简单，我们就不再深入分析，只是列出它的功能，一言以蔽之：循环调用每一个 Extension Service 的 get_resources 函数，获取每一个 Extension Service 的 resource，然后汇集成一个集合。也就是说，"从 self.ext_mgr 中获取全部资源"这句话，等价于如下代码（伪代码）：

```
for ext_service in all Extension Services
    resource = ext_service.get_resources()
```

每一个 Extension Service 的 get_resources 函数，又是怎么回事呢？下面我们就以 L3 Extension Service（class name 是 L3）为例，看看它的代码：

```
# [neutron/extensions/l3.py]
class L3(extensions.ExtensionDescriptor):

    @classmethod
    def get_resources(cls):
        # plural_mappings 就是资源的单数/复数的一种表示
        plural_mappings = resource_helper.build_plural_mappings(
            {}, RESOURCE_ATTRIBUTE_MAP)
        ......
        return resource_helper.build_resource_info(plural_mappings,
                                                   RESOURCE_ATTRIBUTE_MAP,
                                                   ...)
```

get_resources 函数中的 RESOURCE_ATTRIBUTE_MAP，就是定义 L3 Service 的各个字段的属性，代码如下：

```
# [neutron/extensions/l3.py]
RESOURCE_ATTRIBUTE_MAP = {
    routes: {
        'id': {'allow_post': False, 'allow_put': False,
               'validate': {'type:uuid': None},
               'is_visible': True,
               'primary_key': True},
        ......
    },
    floatingips: {
        ......
```

get_resources 函数中的 plural_mappings，我们不看它的代码细节，它的值其实就是：

```
plural_mappings = {'routers' : 'router', 'floatingips' : 'floatingip'}
```

这个与 Core Service 中的 {'networks':'network'} 等是一致的。

RESOURCE_ATTRIBUTE_MAP、plural_mappings 我们了解一下即可。下面来看看 get_resources 函数中调用的函数 resource_helper.build_resource_info，代码如下：

```
# [neutron/api/v2/resource_helper.py]
def build_resource_info(plural_mappings, resource_map, ...):
    ......
    # resource_map 就是前面代码中的 RESOURCE_ATTRIBUTE_MAP
    # 因此 collection_name 一共有两个值：'routers'、'floatingips'
    for collection_name in resource_map:
        ......
        # 构建 extensions.ResourceExtension 对象实例
        # controller 这个参数，这里先打个伏笔，下文会讲述
        resource = extensions.ResourceExtension(
            collection_name,
            controller,
            ...)
        resources.append(resource)
    return resources

# [neutron/api/extensions.py]
# extensions.ResourceExtension 的定义
# 这个 class 很简单，就是一个数据结构
class ResourceExtension(object):
    def __init__(self, collection, controller, ...):
        ......
        self.collection = collection
        self.controller = controller
        self.attr_map = attr_map
        ......
```

以上代码读起来可能不是那么直接，但是它的含义其实非常简单。我们再回过头来看 RESOURCE_ATTRIBUTE_MAP：

```
# [neutron/extensions/l3.py]
RESOURCE_ATTRIBUTE_MAP = {
    routes: {
        ......
    },
    floatingips: {
        ......
    }
}
```

这里面其实包含了两个资源的定义：routes、floatingips，分别定义了它们的 collection name（就是资源的复数形式），以及每个资源所包含的字段及字段的属性（代码中以"......"代替了，没有列举出来）。

build_resource_info 函数实际上就是将 RESOURCE_ATTRIBUTE_MAP 分解为两部分，每一部分存储在一个数据结构 class ResourceExtension 中。这个数据结构中最关键的三个字段如下：

```
self.collection = collection      # 资源的复数名称，比如 routes、floatingips 等
self.controller = controller      # 下文会解释
# 就是 RESOURCE_ATTRIBUTE_MAP 分解后的每个资源的字段属性列表
self.attr_map = attr_map
```

通过以上代码分析，我们现在总结一下每个 Extension Service 的函数 get_resources 的功能。

1）每个 Extension Service 可能包含多个资源（比如 L3 Service 就包含了 routes、floatingips 两个资源）。

2）每个 Extension Service 将它所有的资源都定义在 RESOURCE_ATTRIBUTE_MAP 列表中。

3）get_resources 函数就是分拆 RESOURCE_ATTRIBUTE_MAP 为多个资源，并且将每一个分拆的资源，放置在数据结构 class ResourceExtension 中。

get_resources 函数除了以上功能以外，还有一个非常重要的功能，那就是为每个分拆后的资源构建 controller。这个 controller 是什么意思？它又是如何构建的？

2. Extension Service 构建 HTTP Request 的处理函数

上一小节介绍 Extension Service 的函数 get_resources，我们忽略掉了一个重要功能：构建 controller。它的代码如下：

```
# [neutron/api/v2/resource_helper.py]
def build_resource_info(plural_mappings, resource_map,
                        action_map=None, ...):
    ......
    # resource_map 就是前面代码中的 RESOURCE_ATTRIBUTE_MAP
    # 因此 collection_name 一共有两个值：'routers'、'floatingips'
    for collection_name in resource_map:
        # plural_mappings = {'routers':'router', 'floatingips':'floatingip'}
        # 因此 resource_name = 'router' or 'floatingip'
        # 就是资源的单数形式
        resource_name = plural_mappings[collection_name]
        ......
        # member_actions 在 class L3 的 __init__ 函数中有定义，下文会描述
        member_actions = action_map.get(resource_name, {})
        
        # 创建 Controller
        controller = base.create_resource(
            collection_name, resource_name, ...,
            member_actions=member_actions,
            ...)
```

```
        # 前文已经介绍过这个函数
        resource = extensions.ResourceExtension(
            collection_name,
            controller,
            ......)
        resources.append(resource)
    return resources
```

代码中的 controller 是什么？就是与一个 HTTP Request 对应的处理函数，具体请参见 6.3.3 节的内容。而且非常幸运的是，创建 controller 的函数 "base.create_resource"：

```
controller = base.create_resource(...)
```

base.create_resource 这个函数，我们在 6.3.3 节也介绍过，所以这里就不重复了！这里只强调一点，那就是代码中的参数：member_actions。

member_actions 最早是在 Extension Service 的 get_resources 赋值的，比如 class L3，代码如下：

```
# [neutron/extensions/l3.py]
class L3(extensions.ExtensionDescriptor):

    @classmethod
    def get_resources(cls):
        # action_map 最早是在这里赋值
        action_map = {'router': {'add_router_interface': 'PUT',
                                 'remove_router_interface': 'PUT'}}
        return resource_helper.build_resource_info(plural_mappings,
                                                   RESOURCE_ATTRIBUTE_MAP,
                                                   action_map=action_map,
                                                   ...)
```

并不是每一个 Extension Service 的 class 都需要给 action_map 赋值。一般来说，Service 的 RESTful API 只有 5 个，针对 collection 的 action 有 2 个：{index，create（含 bulk create）}，针对 member 的 action 有三个：{show，update，delete}。而 routers 却在这 5 个的基础上又增加了两个：add interface、remove interface（这两个 interface 不能算作 RESTful API），如图 6-25 所示。

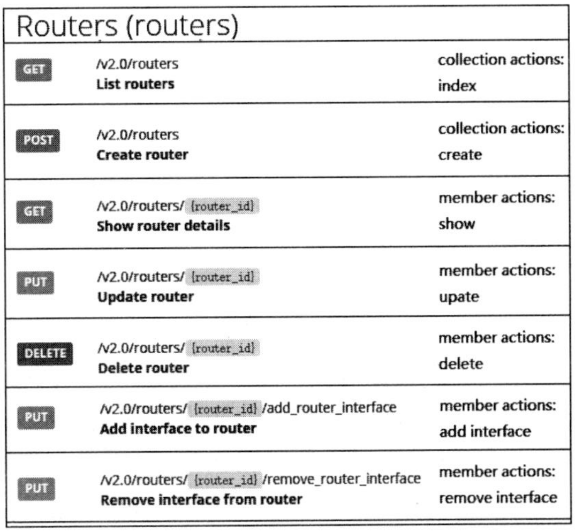

对于经典的 5 个 RESTful API [index、create（含 bulk create）、show、update、delete]，代码中并不需要做什么特别指定，因为这些是 RESTful API 本身就定义好的

	Routers (routers)	
GET	/v2.0/routers List routers	collection actions: index
POST	/v2.0/routers Create router	collection actions: create
GET	/v2.0/routers/ [router_id] Show router details	member actions: show
PUT	/v2.0/routers/ [router_id] Update router	member actions: upate
DELETE	/v2.0/routers/ [router_id] Delete router	member actions: delete
PUT	/v2.0/routers/ [router_id] /add_router_interface Add interface to router	member actions: add interface
PUT	/v2.0/routers/ [router_id] /remove_router_interface Remove interface from router	member actions: remove interface

图 6-25 Routers 的 Service API

操作。而对于额外的 API，比如 routers 的 add interface 和 remove interface 这两个 API（不是 RESTful 类型），就需要专门定义，不然 Neutron 也无法知晓。

action_map 的作用就是针对非 RESTful API 的专门定义，作为参数传递给函数 base.create_resource，以创建 controller，一个处理 HTTP Request 的处理函数，代码如下：

```
# [neutron/api/v2/resource_helper.py]
def build_resource_info(plural_mappings, resource_map,
                       action_map=None, ...):
    ......
        # 创建 Controller
        controller = base.create_resource(...,
            member_actions=member_actions,
            ...)
```

3. Extension Service 的映射规则的构建

现在我们可以回过头再看 class ExtensionMiddleware 关于 mapper 的构建，代码如下：

```
# [neutron/api/extensions.py]
class ExtensionMiddleware(base.ConfigurableMiddleware):
    def __init__(self, application, ext_mgr=None):
        ......
        mapper = routes.Mapper()

        # 针对每个 Extension Service 的每个资源，创建映射规则
        for resource in self.ext_mgr.get_resources():
            ......
            # 不必在意 mapper.resource 的语法，重点关注加粗的几个参数
            mapper.resource(resource.collection, resource.collection,
                controller=resource.controller,
                member=resource.member_actions,
                ......)
```

这段代码的功能，本质就是：针对每个 Extension Service 的每个 resource（资源），构建处理这个资源的 RESTful API 的函数与 HTTP Request 之间的对应关系，这种关系存储在成员变量 mapper 之中。

6.4.5 小结

Neutron 把服务（以及服务背后的资源）分为两类：Core Service 和 Extension Service。至于为什么只有 network、subnet、subnetpool、port 这 4 类服务才能称为核心服务，而其他服务却不能称为核心服务，我们不做深究（虽然我比较好奇）。但是，从代码的角度看待这样的分类方法，还是有一定的道理。

Core Service 是不可扩展的，而 Extension Service 却正如其名字所暗示的那样，是可以扩展的，也就是说，你也可以写一个 Service，部署在 Neutron 的代码中。

当然，要写一个 Extension Service 的代码，需要满足 Neutron 的要求。

1）代码文件必须位于 extensions 目录下，extensions 目录包括在配置文件 etc/neutron.conf 自定义的目录和 Neutron 的官方目录"neutron/extensions"。

2）文件名必须不能以"_"开头。

3）class name 必须与 file name 相同（不区分大小写）。

4）class 必须继承自 class ExtensionDescriptor。

5）必须实现了 get_name、get_alias、get_description、get_updated 等 4 个接口。

满足了这几个需求以后，Neutron 就会把这个 Extension Service 加载进来，这样一个 Web Client 就能访问这个 Extension Service 的 RESTful API。但是这个 Extension Service 要能正确处理 HTTP Request，还得让 Neutron 正确构建好 HTTP Request 与处理函数之间的关系。

Extension Service 通过 get_resources 函数告知它的资源信息：collection name、resource name、member_actions 以及对应的处理函数。

Neutron 的 Extension Service 的 WSGI Application，也就是 class ExtensionMiddleware 的实例，在它的 __init__ 函数中，获得 Extension Service 的资源信息后，通过其成员变量 mapper 来构建一个 HTTP Request（对应 Extension Service 的 API）与处理函数之间的映射关系。

以上工作都做完以后，当一个 HTTP Request 过来时，Neutron 就能争取处理这个请求。处理流程图如图 6-26 所示。

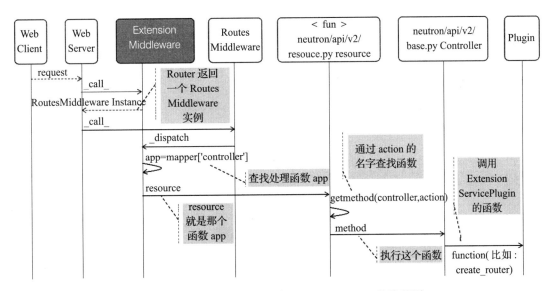

图 6-26　Extension Service 处理 HTTP Request 的流程图

图 6-26 与图 6-16 一样，当一个 HTTP Request 过来以后，最终处理这个 Request 的函数都是相应的 Plugin 的函数。那么，这个 Plugin 是如何加载的？又是如何与处理函数挂钩的呢？

6.5 Plugin 的加载

6.3 节和 6.4 节介绍了那么多内容，但是两者最后都指向一点：当一个 HTTP Request 过来以后，最终处理这个 Request 的函数都是相应的 Plugin（插件）的函数。与 Service 的分类相对应，Plugin 也包括 Core Service 的 Plugin 和 Extension Service 的 Plugin。

前面为了行文的连贯性，一直忽略了 Plugin 的加载，这一节就专门讲述这个命题。我们首先来看看，Plugin 是在什么时间被 Neutron 加载的。

Neutron 关于 Plugin 加载的时机，代码写得比较非常隐晦。在 APIRouter 的 __init__ 函数中，有如下代码：

```
# [neutron/api/v2/router.py]
class APIRouter(base_wsgi.Router):
    def __init__(self, **local_config):
        ......
        # 调用 manager.init() 函数加载插件
        manager.init()


# [neutron/manager.py]
def init():
    # 加载插件 (core plugin + extension services plugin)
    # 代码第一次执行到这里时, directory.get_plugins() 肯定没有 plugin,
    # 因为还没有加载 plugin
    if not directory.get_plugins():
        # 如果把代码当作一篇文章的话, 这代码写得让人莫名其妙
        # 如果没有插件, 那么 NeutronManager.get_instance(), 这简直就是驴唇不对马嘴
        NeutronManager.get_instance()
```

在 APIRouter 的 __init__ 函数中，调用 manager.init() 函数，进行 Plugin 的记载，包括 Core Service 的 Plugin 和 Extension Services 的 Plugin 一并加载。

Neutron 的 Plugin 最终会在 NeutronManager 的 __init__ 函数中加载：

```
# [neutron/manager.py]
class NeutronManager(object):
    def __init__(self, options=None, config_file=None):
        ......
        # 加载 Core Service Plugin
        plugin_provider = cfg.CONF.core_plugin
        plugin = self._get_plugin_instance(CORE_PLUGINS_NAMESPACE,
                                           plugin_provider)
        ......
        # 加载 Extension Service Plugin
        self._load_service_plugins()
        ......
```

以上代码分别加载了 Core Service 的 Plugin 和 Extension Service 的 Plugin。下面我们就分别讲述两者加载的代码。

6.5.1 Core Service Plugin 的加载

上述代码中，涉及加载 Core Service Plugin 的有两行代码：

```
plugin_provider = cfg.CONF.core_plugin
plugin = self._get_plugin_instance(CORE_PLUGINS_NAMESPACE,
                                   plugin_provider)
```

其中，cfg.CONF.core_plugin 由配置文件 neutron.conf 配置：

```
# [etc/neutron.conf]
core_plugin = ml2
```

ml2 对应到 entry_points.txt 的内容如下：

```
# [neutron.egg-info/entry_points.txt]
# neutron.core_plugins 对应到 _get_plugin_instance 函数中的参数 namespace
[neutron.core_plugins]
# ml2 对应到 _get_plugin_instance 函数中的参数 plugin_provider
ml2 = neutron.plugins.ml2.plugin:Ml2Plugin
```

可以看到，plugin_provider 本质上就是一个 Plugin 的 Module Name + Class Name。CORE_PLUGINS_NAMESPACE 则是一个字符串，在文件 neutron/manager.py 中赋值：

```
CORE_PLUGINS_NAMESPACE = 'neutron.core_plugins'
```

了解了两个参数以后，我们再来看看 _get_plugin_instance 的代码：

```
# [neutron/manager.py]
class NeutronManager(object):
    # 加载 Core Service 的 Plugin
    def _get_plugin_instance(self, namespace, plugin_provider):
        # 调用 load_class_for_provider，获取 Plugin 的 class
        plugin_class = self.load_class_for_provider(namespace,
plugin_provider)
        # 执行 Plugin Class 的构造函数
        return plugin_class()

    # 获取 Plugin 的 class
    @staticmethod
    def load_class_for_provider(namespace, plugin_provider):
        try:
            return utils.load_class_by_alias_or_classname(namespace,
                        plugin_provider)
        except ImportError:
            ......
```

上述代码不需细究，只需要理解，它们就等价于下面的一行代码：

```
plugin = neutron.plugins.ml2.plugin:Ml2Plugin()
```

也就是说，Core Service 的 Plugin 就是 class Ml2Plugin 的对象实例。

6.5.2　Extension Services Plugin 的加载

self._load_service_plugins() 这句代码加载了 Extension Services 的 Plugins。这个函数的代码如下：

```
# [neutron/manager.py]
class NeutronManager(object):
    # 加载 Extension Services 的 Plugin
    def _load_service_plugins(self):
        # plugin_providers 配置在配置文件中
        plugin_providers = cfg.CONF.service_plugins
        # _get_default_service_plugins() 是获取默认的 plugin_provider
        # 这些 plugin 不需要配置文件配置
        plugin_providers.extend(self._get_default_service_plugins())
        ……
        for provider in plugin_providers:
            ……
            plugin_inst =
                self._get_plugin_instance('neutron.service_plugins',
                                         provider)
            ……
```

以上代码分为两部分：获取 Plugin 的 plugin_providers、加载 Plugin。其中加载 Plugin 仍然是通过 load_class_for_provider(namespace，plugin_provider) 这个函数来加载对象实例，前文已经讲述过，不再啰嗦。我们来看看第一部分 "获取 Plugin 的 plugin_providers"，它一共有两行代码：

```
# plugin_providers 配置在配置文件中
plugin_providers = cfg.CONF.service_plugins
# _get_default_service_plugins() 是获取默认的 plugin_provider
# 这些 plugin 不需要配置文件配置
plugin_providers.extend(self._get_default_service_plugins())
```

配置文件中的 plugin_providers 有：

```
# [etc/neutron.conf]
service_plugins = router,firewall,lbaas,vpnaas,metering,qos
```

通过函数 _get_default_service_plugins() 获取默认的 plugin_provider 有：

```
# [neutron/manager.py]
class NeutronManager(object):
    def _get_default_service_plugins(self):
        # constants.DEFAULT_SERVICE_PLUGINS 是一个常量
        return constants.DEFAULT_SERVICE_PLUGINS.keys()

# [neutron/plugins/common/constants.py]
DEFAULT_SERVICE_PLUGINS = {
```

```
         'auto_allocate': 'auto-allocated-topology',
         'tag': 'tag',
         'timestamp': 'timestamp',
         'network_ip_availability': 'network-ip-availability',
         'flavors': 'flavors',
         'revisions': 'revisions',
}
```

无论是配置文件配置的 plugin_provider，还是 Neutron 默认的 plugin_provider，在 entry_points.txt 中都有对应的定义，举例如下：

```
# [neutron.egg-info/entry_points.txt]
# neutron.service_plugins 对应到 _get_plugin_instance 函数中的参数 namespace
[neutron.service_plugins]
# revisions、router 对应到 _get_plugin_instance 函数中的参数 plugin_provider
revisions = neutron.services.revisions.revision_plugin:RevisionPlugin
router = neutron.services.l3_router.l3_router_plugin:L3RouterPlugin
```

通过以上代码，Neutron 就加载了 Extension Services 的 Plugins。

6.6 RPC Consumer 的创建

前面我们讲述了 Neutron Plugin 的加载，以及一个 Service API 的请求到达后 Neutron 的处理流程。这个处理流程最终会调用相应的 Plugin 的对应函数。Plugin 被 Neutron Service 调用以后的处理流程，我们在第 8 章讲述过。第 8 章还提到 Neutron 的 Plugins 与 Agents 之间通过 RPC 通信，如图 6-27 所示。

在这个通信过程中，Plugins 既承担 RPC Producer 角色，又承担 Consumer 角色。从编程的角度讲，一个 Plugin 如果

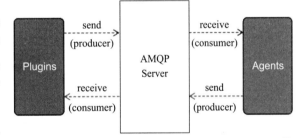

图 6-27　Neutron Plugins 与 Agents 之间的 RPC 通信示意图

要成为 Consumer，必须首先向 RPC Server 申请期望是 Consumer，然后 RPC Server 表示认可，这个 Plugin 才能成为一个 RPC Consumer。这个申请过程是如何完成的呢？本节就讲述这方面的内容。

在 Neutron Server 启动的代码中，有如下代码：

```
# [neutron/server/wsgi_eventlet.py]
def eventlet_wsgi_server():
    # 这句话启动了一个 Web Server。6.1 节已经讲述过
    neutron_api = service.serve_wsgi(service.NeutronApiService)
    # 这句话就是创建 RPC Consumer
    start_api_and_rpc_workers(neutron_api)
```

```
# [neutron/server/wsgi_eventlet.py]
def start_api_and_rpc_workers(neutron_api):
    try:
        # 正式开启旅程：让 Plugin 成为一个 RPC Consumer
        worker_launcher = service.start_all_workers()
        ......
```

service.start_all_workers() 这个函数就开启了 Plugin 成为一个 RPC Consumer 的旅程。下面就让我们来分析这个旅程。

6.6.1 Neutron Plugin 创建 RPC Consumer 的接口

在介绍 service.start_all_workers() 代码之前，我们先看看 Neutron Plugin 创建 RPC Consumer 的接口。

我们先以 ML2Plugin 为例，看看 ML2Plugin 创建 RPC Consumer 的接口，相关代码如下：

```
# [neutron/plugins/ml2/plugin.py]
class Ml2Plugin(......):
    # 注意这个函数名：start_rpc_listeners，下文还会涉及这个函数
    def start_rpc_listeners(self):
        ......
        # 以下代码就是创建一个 RPC Consumer
        self.conn = n_rpc.create_connection()
        self.conn.create_consumer(self.topic, self.endpoints,
                fanout=False)

        ......

        return self.conn.consume_in_threads()

    # 注意这个函数名：start_rpc_state_reports_listener，下文还会涉及这个函数
    def start_rpc_state_reports_listener(self):
        # 以下代码就是创建一个 RPC Consumer
        self.conn_reports = n_rpc.create_connection()
        self.conn_reports.create_consumer(topics.REPORTS,
                [agents_db.AgentExtRpcCallback()],
                fanout=False)

        return self.conn_reports.consume_in_threads()
```

我们不必在意这些代码的细节，只需看到 ML2Plugin 在这两个函数中，创建了相关的 RPC Consumer。

在 L3RouterPlugin 中也有相关代码：

```
# [neutron/services/l3_router/l3_router_plugin.py]
class L3RouterPlugin(......):
    # 注意这个函数名：start_rpc_listeners，下文还会涉及这个函数
    def start_rpc_listeners(self):
```

```
# 以下代码就是创建一个 RPC Consumer
self.topic = topics.L3PLUGIN
self.conn = n_rpc.create_connection()
self.endpoints = [l3_rpc.L3RpcCallback()]
self.conn.create_consumer(self.topic, self.endpoints,
                          fanout=False)
return self.conn.consume_in_threads()
```

其他 Plugin 也是同理，都有相关的 create RPC Consumer 的代码。

我们不必在意代码的细节，但是有两点要注意。

1）Plugin 创建 Consumer 的接口是：start_rpc_listeners、start_rpc_state_reports_listener。

2）这两个接口是在何时被调用的。

其中第 2 点尤其重要，我们后面会继续讲述。

6.6.2　Neutron Server 启动 RPC Consumer

6.6.1 节中介绍了 Plugin 创建 RPC Consumer 的两个接口：start_rpc_listeners、start_rpc_state_reports_listener，但是并没有说明 RPC Consumer 如何启动，也就是说：两个接口何时被调用，如何调用。

RPC Consumer 从本质上来讲，就是与 RPC Server0 建立一个 Socket 连接，并且通过这个连接接收 RPC Server 的消息，然后再处理这个消息。那么，一个很现实的问题就产生了：是在当前的进程中启动 RPC Consumer，还是另外新起进程启动 RPC Consumer？

与 Web Server 一样，Neutron 也是两种方式都支持。为了支持者两种方式，Neutron 首先对 Plugin 创建 RPC Consumer 进行了一个包装，包装的 class 是 RpcWorker 和 RpcReportsWorker。

1. class RpcWorker 和 class RpcReportsWorker

class RpcWorker 和 class RpcReportsWorker 对 Plugin 创建 RPC Consumer 进行了一个包装，这句话是什么意思？我们先看它们的代码：

```
# [neutron/service.py]
class RpcWorker(neutron_worker.NeutronWorker):
    # start_rpc_listeners, Plugin 创建 RPC Consumer 的一个接口
    start_listeners_method = 'start_rpc_listeners'

    # class RpcWorker 最重要的函数就是 start 函数
    def start(self):
        super(RpcWorker, self).start()
        # 查找每一个 Plugin
        for plugin in self._plugins:
            # 只要这个 Plugin 具有 start_rpc_listeners 接口
            if hasattr(plugin, self.start_listeners_method):
                # 那么就执行这个接口，也就是说，这个 Plugin 创建了 RPC Consumer
                servers = getattr(plugin, self.start_listeners_method)()
```

```python
            self._servers.extend(servers)

# [neutron/service.py]
class RpcReportsWorker(RpcWorker):
    # start_rpc_state_reports_listener, Plugin 创建 RPC Consumer 的一个接口
    start_listeners_method = 'start_rpc_state_reports_listener'

    # class RpcReportsWorker 最重要的函数就是 start 函数
    def start(self):
        super(RpcWorker, self).start()
        # 查找每一个 Plugin
        for plugin in self._plugins:
            # 只要这个 Plugin 具有 start_rpc_listeners 接口
            if hasattr(plugin, self.start_listeners_method):
                # 那么就执行这个接口,也就是说,这个 Plugin 创建了 RPC Consumer
                servers = getattr(plugin, self.start_listeners_method)()
                self._servers.extend(servers)
```

可以看到,这两个 class 的 start 函数就是循环调用每一个 Plugin 的创建 RPC Consumer 的接口: start_rpc_listeners、start_rpc_state_reports_listener。

2. start_all_workers

class RpcWorker 和 class RpcReportsWorker 的 start 函数,就是循环调用每一个 Plugin 的创建 RPC Consumer 的接口,那么谁调用这个两个 class 的 start 函数呢?这就要从本节的开头的函数 start_all_workers 开始说起。start_all_workers 的代码如下:

```python
# [neutron/service.py]
def start_all_workers():
    workers = _get_rpc_workers() + _get_plugins_workers()
    return _start_workers(workers)
```

这里涉及了三个函数,我们分别描述。

(1) _get_rpc_workers

_get_rpc_workers 的代码如下:

```python
# [neutron/service.py]
def _get_rpc_workers():
    # 获取所有 Plugin
    plugin = directory.get_plugin()
    service_plugins = directory.get_plugins().values()

    ......
    # rpc_workers 就是一个数组
    # 它的第一个元素就是 RpcWorker 实例
    # RpcWorker(service_plugins,worker_process_count) 就是创建一个
    # RpcWorker 实例
    rpc_workers = [RpcWorker(service_plugins,
                             worker_process_count=cfg.CONF.rpc_workers)]
```

```
    ......
    # rpc_workers 增加第二个元素：RpcReportsWorker 的实例
    # RpcReportsWorker([plugin],worker_process_count) 就是创建一个
    # RpcReportsWorker 实例
    rpc_workers.append(
        RpcReportsWorker(
            [plugin],
            worker_process_count=cfg.CONF.rpc_state_report_workers
        )
    )

    return rpc_workers
```

可以看到，_get_rpc_workers 就是分别创建 RpcWorker 和 RpcReportsWorker 实例，并存储于数组 rpc_workers 中。

代码中的两个参数：cfg.CONF.rpc_workers、cfg.CONF.rpc_state_report_workers，它们的值配置于配置文件 neutron.conf 中（如果没有配置，则参数值认为 0），举例如下：

```
# [etc/neutron.conf]
rpc_workers = 1
rpc_state_report_workers = 1
```

（2）_get_plugins_workers

这个函数不是重点，不必深究。不过我们还是列一下代码，如下：

```
# [neutron/service.py]
def _get_plugins_workers():
    # 获取所有 Plugin
    plugins = directory.get_unique_plugins()

    # 如果 Plugin 具备 "get_workers" 接口，那么就执行这个接口，获取 "workers"，
    # 并存储在 plugin_worker
    return [
        plugin_worker
        for plugin in plugins if hasattr(plugin, 'get_workers')
        for plugin_worker in plugin.get_workers()
    ]
```

这段代码，如果要深究，那又得需要长篇大论。不过，这对我们理解 Neutron Server 而言并不是重点。这里我们只需知道，每一个 plugin 还有可能自己创建另外的 Neutron-Worker，这些 Worker 也需要被调度。因此，这段代码就是从所有的 Plugin 中获取这样的 NeutronWorker。

（3）_start_workers

这个函数，开始真正的调度 Plugin，在那里创建 RPC Consumer，代码如下：

```
# [neutron/service.py]
# 这里的 workers = _get_rpc_workers() + _get_plugins_workers()
```

```python
def _start_workers(workers):
    # 过滤出 worker_process_count > 0 的 workers，存储在 process_workers 数组中
    process_workers = [
        plugin_worker for plugin_worker in workers
        if plugin_worker.worker_process_count > 0
    ]

    try:
        # 如果 process_workers 数组中有内容，
        # 即存在 worker_process_count > 0 的 workers
        if process_workers:
            # 那么创建 ProcessLauncher（进程启动器）
            worker_launcher = common_service.ProcessLauncher(
                cfg.CONF, wait_interval=1.0
            )
            ......

            # 针对 process_workers 中的每一个worker，以新起进程的方式启动它
            for worker in process_workers:
                worker_launcher.launch_service(worker,
                    worker.worker_process_count)
        else:
            # 否则的话，就用 ServiceLauncher 来启动每一个 worker
            # 也就是在当前的进程中，以协程的形式启动
            worker_launcher = common_service.ServiceLauncher(cfg.CONF)
            for worker in workers:
                worker_launcher.launch_service(worker)
        return worker_launcher
    except Exception:
        ......
```

这段代码中，ProcessLauncher 类型的 launch_service 就是创建新的进程（进程的个数为 worker_process_count），并在每一个新的进程中启动 Worker，而 ServiceLauncher 类型的 launch_service 就是在当前进程中以协程的方式启动 Worker。

Worker 就是 class RpcWorker 和 class RpcReportsWorker 的实例，启动 Worker 就是执行 Worker 的 start 函数，也就是针对每一个 Plugin 执行它们的创建 RPC Consumer 的接口（start_rpc_listeners、start_rpc_state_reports_listener）。

千言万语总结为如下三句话。

1）Neutron 根据参数的值，决定 RPC Consumer 的启动方式，参数的值：cfg.CONF.rpc_workers、cfg.CONF.rpc_state_report_workers，配置在配置文件中（如果没有配置，则认为其值小于 1）。

2）如果配置参数的值为 n ≥ 1，则创建 n 个新进程，并在每一个新进程中创建 RPC Consumer。

3）如果配置参数的值为 n < 1，则在当前的进程中，以协程的形式创建 RPC Consumer。

> **说明** Worker 还包括 Plugin 通过 get_workers 接口创建的 Neutron Worker，不过这不是重点。

6.7 本章小结

Neutron Server 给人的第一印象可能就是一个 Web Server，毕竟对外提供了 RESTful API，但是 Neutron Server 与 Web Server 还是有所区别的。Neutron Server 的进程名是 neutron-server，当 neutron-server 启动以后，它有两种方式来启动 Web Server。

1）在当前的进程中（也就是 neutron-server），以协程的形式启动 Web Server。
2）新启动多个进程，并且在每个新进程中，仍然以协程的方式启动 Web Server。

具体采用哪种方式，取决于配置文件 etc/neutron.conf 中的参数值 api_workers：

```
# [etc/neutron.conf]
api_workers = n       # n 表示某一个数值
```

如果文件中没有配置 api_workers 的值，则 api_workers 等于 neutron-server 运行所在机器的 CPU 核数。

当 api_workers < 1 时，就在当前进程中以协程的方式启动 Web Server；当 api_workers 数为 n ≥ 1 时，就另外启动 n 个新进程，并且在每个新进程中，仍然以协程的方式启动 Web Server。

Neutron 的 Web Server 符合 WSGI 规范，真正处理 HTTP Request 的是 WSGI Application，如图 6-28 所示。

图 6-28　Neutron Web Server 示意图

Neutron 的 WSGI Application 是一个 WSGI Pipeline。最前端的是 urlmap Application，它根据 url 的特点，将请求转交到相应的下一层 filter Application。然后，filter App 层层过滤、层层传递，最后抵达能够真正处理这个业务请求的 Application。这些 Application 的关系如图 6-29 所示。

图 6-29 中，app-versions 是查询 Neutron 版本号的 Application（对应的 url 是以"/"开头），app_v2.0 是处理 Neutron Core Service 的 Application（对应的 url 是以"/2.0"开头），app_ext 是处理 Neutron Extension Service 的 Application（对应的 url 也是以"/2.0"开头）。

实现 app_v2.0 的类是 class APIRouter，实现 app_ext 的类是 class ExtensionMiddleware。前者处理 {networks, subnets, ports, subnetpools} 等资源的 RESTful API，后者处理 Neutron 其他资源的 RESTful API。

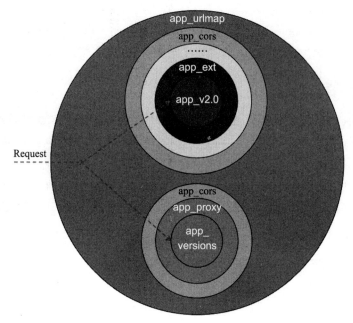

图 6-29　Neutron WSGI Applications

无论是 app_v2.0（Core Service Application）还是 app_ext（Extension Service Application），当一个业务请求到达时，它们的处理流程基本是一样的，如图 6-30 所示。

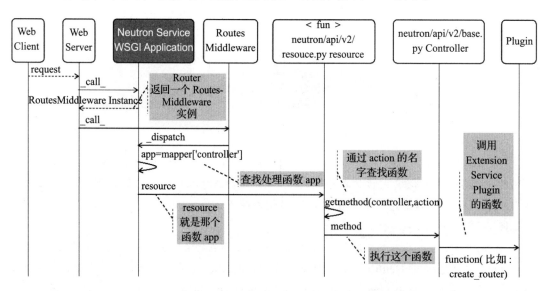

图 6-30　Neutron Service 处理 HTTP Request 的流程图

可以看到，当一个业务请求到达时，它们最终都会调用相应 Plugin 的对应接口进行处理。所以，Neutron Server 在启动时（业务请求到达之前）就必须完成 Plugin 的加载。加载完 Plugin 之后，Neutron 还会调用每个 Plugin 的接口，以创建相应的 RPC Consumer。因为在与 Neutron Agent 的通信过程中，Neutron Plugin 既承担 RPC Producer 的角色，也承担 RPC Consumer 的角色。

与 Web Server 一样，Neutron 创建 RPC Consumer 也有两种选择，它的算法如下。

1）Neutron 根据参数的值，决定 RPC Consumer 的启动方式，参数的值：cfg.CONF.rpc_workers、cfg.CONF.rpc_state_report_workers，配置在配置文件中（如果没有配置，则认为其值小于 1）。

2）如果配置参数的值 = n >= 1，则创建 n 个新进程，并在每一个新进程中，创建 RPC Consumer。

3）如果配置参数的值 = n < 1，则在当前的进程中，以协程的形式创建 RPC Consumer。

综上所述：

1）Neutron Server 的启动过程。

①加载 Core Service Application、Extension Service WSGI Application 及各种 Extension Services。

②加载 Plugins。

③ Create Web Server。

④ Create RPC Consumer。

2）Neutron 处理 Service API Request 的过程。

① Neutron 的 Web Server 根据 WSGI 规范，会找到 Neutron 的 WSGI Application。

② Neutron 的 WSGI Application 最终会找到相应的 Plugin，并调用该 Plugin 的对应函数进行处理。

Chapter 7 第 7 章

Neutron 的插件

第 6 章提到，当一个 Service API 的请求到达以后，Neutron 的 Web Server 最终会调用相应插件（Plugin）的对应接口，来处理这个请求。本章就是要详细剖析这些接口。

与服务一样，Neutron 也把插件（Plugin）分为两类，与 Core Service（核心服务）对应的是 Core Plugin（核心插件），与 Extension Service（扩展服务）对应的是 Extension Plugin（扩展插件）。

无论是哪种插件，它们的功能从抽象的角度讲都是一样的，分为如下几步：

1）如果需要的话，分配资源的逻辑信息（比如 Network 资源的 Segment ID、Subnet 资源的 IP 网段等）。

2）如果需要的话，配置资源的"物理"信息（比如 Port 资源的接口类型等）。

3）将资源的信息存入对应的数据库表中。

4）通过 RPC 调用相应的代理做具体的配置工作。

在后面的内容中会涉及这几个步骤。

Network 资源的 Segment ID 与 Network 的类型密切相关，Port 资源的接口类型等与厂商的具体实现有关，而 Network 的类型与厂商都是可以变化、可以扩展的，Neutron 针对这种情况，从架构上提出了驱动（Driver）机制，前者称为 Type Driver（类型驱动），后者称为 Mechanism Driver（机制驱动）。本章也会比较详细地介绍这两个驱动机制。

Neutron 的表结构与 Neutron 的逻辑模型（请参见第 4 章），本质是一样的，只是形式有所不同，因此本章只是列出各个资源所涉及的表之间的关系，而没有详细介绍每一个表结构。

虽然 Neutron 的两类插件从抽象的角度来讲处理过程都是一样的，但是从具体的细节角度来讲却又是千差万别。不过资源的类型以及接口太多，无法一一介绍，所以本章选取了

Network、Subnet、Port、Router 这几个典型资源的 create 接口，进行了详细分析，目的是既能体现各资源之间的差异，又能代表每个资源的典型处理过程，达到举一反三的效果。

在介绍的过程中，为了讲述的连贯性，本章将插件与代理之间的 RPC 通信专门集中在其中一节进行讲述，而不是分散在各个接口的介绍中，以免干扰阅读和理解。

本章要讲述的内容，位于图 7-1 加粗的虚线框内。

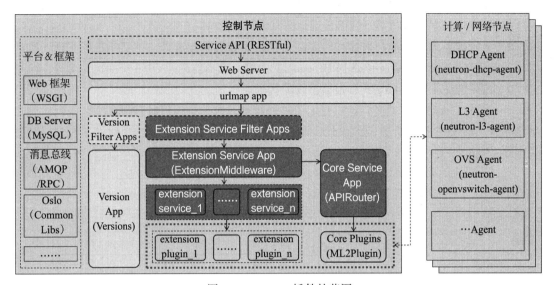

图 7-1　Neutron 插件的范围

下面我们就按照顺序，分别详细介绍 Core Plugin（核心插件）和 Extension Plugin（扩展插件）。

7.1　核心插件

Neutron 把 Networks、Subnets、Subnetpools、Ports 这几类资源称为核心资源。核心资源所对应的插件也就称为核心插件。

Havana 版本中推出的 ML2（Modular Layer 2）插件架构，对于 Neutron 的核心插件来说是一个"革命性"的突破。从 neutron.egg-info/entry_points.txt 文件关于核心插件的配置信息中，我们还能看到当初"革命的气息"：

```
# [neutron.egg-info/entry_points.txt]
[neutron.core_plugins]
bigswitch = neutron.plugins.bigswitch.plugin:NeutronRestProxyV2
brocade = neutron.plugins.brocade.NeutronPlugin:BrocadePluginV2
nuage = neutron.plugins.nuage.plugin:NuagePlugin
ml2 = neutron.plugins.ml2.plugin:Ml2Plugin
......
```

说明 OpenStack Ocata 版本已经没有这些信息。上述例子是为了说明"革命气息"。

以上配置信息，笔者列举了 4 个插件，它们都属于核心插件，前 3 种插件与厂商密切相关，第 4 种（ML2）插件从架构上融合了各种厂商插件的能力（包括笔者所列举的 3 种插件）。

在 Havana 版本推出的 ML2 插件架构以前，Neutron 的插件架构如图 7-2 所示。

图 7-2 中，重点是那个单词 OR，这个图有两层意思。

1）运行时，只能选择一种插件，实际上也就意味着只能选择一种交换机的实现，比如选择了 Bigswitch 交换机就不能选择 Brocade 交换机，也不能选择 OVS 交换机，等等。

2）编码时，不同的 Plugin 有很多重复的代码。

应该说，OpenStack 社区自己也受不了这种折磨，尤其是编码时有很多重复代码，怎么看都不像一个正常程序员该做的事情，所以在 Havana 版本中，Neutron 推出了 ML2 架构，如图 7-3 所示。

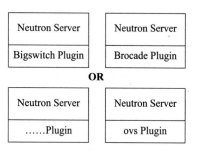

图 7-2　Havana 版本以前的核心插件架构　　图 7-3　ML2 架构示意图

图 7-3 是一个示意图，ML2 插件除了自身的代码以外，它还调用了 Type Driver 和 Mechanism Driver 两类 Driver 进行扩展，其中 Type Driver 与 Network 类型密切相关，Mechanism Driver 与具体厂商的实现机制密切相关。相对于以前的插件架构，ML2 插件架构有两大优点。

1）运行时，可以加载不同的 Mechanism Driver，这也就意味着可以选择多种交换机的实现。

2）编码时，避免了很多重复的代码。

鉴于 ML2 插件如此"革命性"的突破和显著的地位，标题虽然是"核心插件"，但是本节将只会围绕 ML2 的两类 Driver 和三个典型接口（create_network、create_subnet、create_port），对 ML2 插件架构做一个介绍。

说明 网上有很多赞美 ML2 架构的文章，笔者深不以为然。笔者认为，ML2 只是做了一件普通的、正确的事情而已，说它是"革命性"的突破，仅仅是与以前不太好的架构相比较而言。

7.1.1 ML2 插件简介

ML2 插件是 Neutron 核心插件的一种，也是最重要的一种，它与 Type Driver 与 Mechanism Driver 一起，对 Neutron 的核心资源进行管理。

第 6 章曾经提到过，核心服务的 WSGI Application 会调用 ML2 插件的接口，处理相应的 RESTful API 的请求。实现 ML2 插件接口的类就是 class Ml2Plugin。针对核心服务的 RESTful，class Ml2Plugin 也实现了对应的接口。以 Network 为例，Neutron 提供的 RESTful API 如图 7-4 所示。

与之对应的是，class Ml2Plugin 实现的接口有：create_network、create_network_bulk、update_work、get_network、get_networks、delete_network 等。对于其他资源，class Ml2Plugin 也实现了类似的接口。

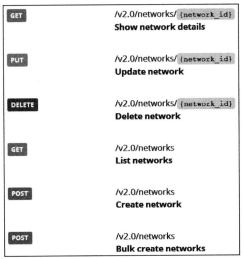

图 7-4　Network RESTful API

class Ml2Plugin 所继承的父类，第一眼看上去让人崩溃，代码如下：

```
# [neutron/plugins/ml2/plugin.py]
class Ml2Plugin(db_base_plugin_v2.NeutronDbPluginV2,
        dvr_mac_db.DVRDbMixin,
        external_net_db.External_net_db_mixin,
        sg_db_rpc.SecurityGroupServerRpcMixin,
        agentschedulers_db.DhcpAgentSchedulerDbMixin,
        addr_pair_db.AllowedAddressPairsMixin,
        vlantransparent_db.Vlantransparent_db_mixin,
        extradhcpopt_db.ExtraDhcpOptMixin,
        netmtu_db.Netmtu_db_mixin,
        address_scope_db.AddressScopeDbMixin):
```

这么多父类可以分为两大部分：一部分是 ML2 接口的主线，它们定义了 ML2 插件的接口；另一部分其实是一些工具类。定义 ML2 接口的一些类，它们的类图如图 7-5 所示：

图 7-5 提到，class Ml2Plugin 实现了 ML2 的所有接口。实际上 class Ml2Plugin 要实现这些功能，除了借助它的一些工具类性质的父类以外，还需要借助 Type Driver 和 Mechanism Driver 的能力。在正式介绍 ML2 的三个典型接口（create_network、create_subnet、create_port）之前，我们先来看看两类 Driver 的代码分析。

7.1.2 类型驱动

Neutron 当前支持的网络类型有 Local、Flat、VLAN、GRE、VXLAN、Geneve 6 种，

每种类型的网络都代表一种网络分片（Segment）技术（Local、Flat 网络也算作一种广义的分片），每种网络的分片规则（具体表现为 Segment ID 的分配）也不相同。类型驱动最主要的功能就是进行 Segment ID 的分配。因此 Neutron 每个类型的网络都对应了一个 Driver。每个 Driver 所对应的 class，定义在配置文件 neutron.egg-info/entry_points.txt 中：

```
# [neutron.egg-info/entry_points.txt]
[neutron.ml2.type_drivers]
flat = neutron.plugins.ml2.drivers.type_flat:FlatTypeDriver
geneve = neutron.plugins.ml2.drivers.type_geneve:GeneveTypeDriver
gre = neutron.plugins.ml2.drivers.type_gre:GreTypeDriver
local = neutron.plugins.ml2.drivers.type_local:LocalTypeDriver
vlan = neutron.plugins.ml2.drivers.type_vlan:VlanTypeDriver
vxlan = neutron.plugins.ml2.drivers.type_vxlan:VxlanTypeDriver
```

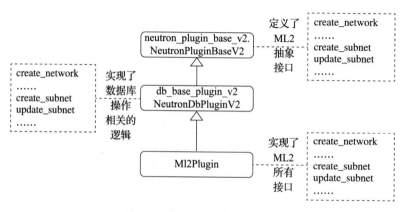

图 7-5　定义 ML2 接口的类图

这些 class 的类图如图 7-6 所示。

既然这些类的主要功能是分配 Segment ID，那么我们先来看看网络分片（Segment）的概念，然后再回头分析这些类的代码。

1. 网络分片简述

网络分片（Segment）在 Network 模型中是以 provider:segmentation_id 这个字段的形式，被附属于运营商网络特性中。provider extended 分为单运营商网络和多运营商网络。

 1. 以下为了行文和阅读的流畅，如无特别说明，网络分片一律以英文单词 Segment 称呼。

2. provider extended 虽然直译应该是 "运营商扩展"，但是结合第 4 章的讲述，称之为 "运营商网络" 似乎更顺口一些。

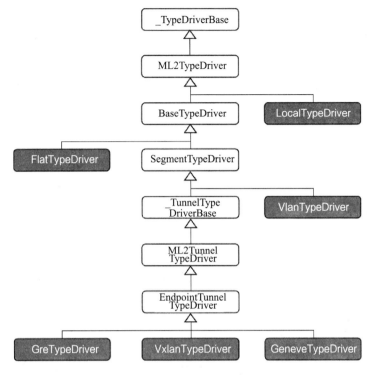

图 7-6　Type Driver 的类图

对应到 Network 模型里，Neutron 将单运营商网络称为 provider extended attributes，具体的字段就是 provider:network_type、provider:physical_network 和 provider:segmentation_id。我们可以看一个例子：

```
{
    "network": {
        # 网络类型是 "vlan"
        "provider:network_type": "vlan",
        "provider:physical_network": "public",
        # 因为网络类型是 "vlan",
        # 所以这里 "provider:segmentation_id" 的含义就是 VLAN ID
        "provider:segmentation_id": 2,
        ......
    }
}
```

这个例子表示的是一个 VLAN ID = 2 的 VLAN 网络。

对应到 Network 模型里，Neutron 将多运营商网络称为 multiple provider extension，具体字段就是 segments。segments 是一个数组（array），它的元素就是 provider:network_type、provider:physical_network、provider:segmentation_id。我们可以看一个例子：

```
{
    "network": {
        # segments 是一个数组，表示一个网络可以有多个分片
        "segments": [
            {
                "provider:segmentation_id": 2,
                "provider:physical_network": "public",
                "provider:network_type": "vlan"
            },
            {
                "provider:physical_network": "default",
                "provider:network_type": "flat"
            }
        ],
        ......
    }
}
```

 说明　在同一个 Network 中，两者只能选其一：provider extended attributes 或者 multiple provider extension。

Neutron 存储 Segments 的表的名字是：networksegments。这个表的表结构及其与 networks 的关系，如图 7-7 所示。

表 networksegments 有一个字段 network_id 关联到表 networks，表明一个 network 可以关联多个 segment。可以看到，虽然从 Network 模型来说，Neutron 还是通过不同的字段区分了单运营商网络和多运营商网络，但是从表结构设计

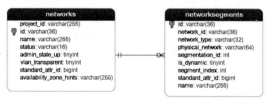

图 7-7　networksegments 表结构及其与 networks 的关系

来说，Neutron 并没有针对两者做区分。这是因为到底是"单"还是"多"，取决于入口（也就是模型对应的 RESTful API）和处理逻辑，对于后端存储而言，就没有必要再进行区分了。

第 4 章讲过，无论是单运营商网络还是多运营商网络，都是有权限控制的。从 API 调用的角度来说，只有管理员才能传入这些参数（provider:network_type、provider:segmentation_id），而租户（Tenant）是不能传入这些参数的。

Network Type（网络类型）和 Segment ID（网络分片 ID）可以说是网络的灵魂，当创建网络不能传入这两个参数的值，Neutron 该怎么办呢？这就需要 Type Driver 出马。

2. 网络类型和网络分片 ID 的分配

Type Driver 给 Network Type 和 Segment ID 这两个参数赋值，采用了这样的方案：首先是通过配置文件为这两个参数配置一个范围，然后通过代码再进行精确的分配。

（1）范围配置

租户创建网络时，不能传入网络类型这个参数，Neutron 的方案是将租户网络类型配置在文件 etc/neutron/plugins/ml2/ml2_conf.ini 中，举例如下：

```
# [etc/neutron/plugins/ml2/ml2_conf.ini]
tenant_network_types = vlan,gre,vxlan,geneve
```

tenant_network_types 是一个列表，它的值不止一个（vlan、gre、vxlan、geneve），也就是说它定义了网络类型的可选范围。但是当创建一个网络时，该选择哪一个呢？这个问题，我们将在后面的讲述中解答。

管理员创建网络时，可以传入参数 provider:network_type，但是也可以不传入。此时，Neutron 也需要通过配置信息来决定，举例如下：

```
# [etc/neutron/plugins/ml2/ml2_conf.ini]
# Router 外部网关网络类型
external_network_type = vlan
```

如果连这个配置项也没有配置，那么 external_network_type 的值就等于 tenant_network_types。

Neutron 在这个配置文件中不仅配置了网络类型的范围，也配置了 Segment ID 的范围，举例如下：

```
# [etc/neutron/plugins/ml2/ml2_conf.ini]
[ml2_type_vlan]
network_vlan_ranges = physnet1:1000:2999
[ml2_type_gre]
tunnel_id_ranges = 1:1000
[ml2_type_vxlan]
vni_ranges =1000:2000
[ml2_type_geneve]
vni_ranges =1:500
```

这里配置文件仅仅是配置了两个参数的范围，当具体创建一个网络时，这两个参数该取何值呢？这就需要 Type Driver 相关的代码进行精确分配。

（2）精确分配

我们这里暂时不谈代码的调用过程，而是直奔主题，讲述 Type Driver 中精确分配 Network Type 和 Segment ID 的代码。调用过程的代码分析，放在后面 ML2 接口分析的章节中讲述。

在文件 neutron/plugins/ml2/managers.py 中，class TypeManager 有这么两个函数：

```
# [neutron/plugins/ml2/managers.py]
class TypeManager
    # 为租户网络分配网络类型和 Segment ID
    def _allocate_tenant_net_segment(self, context):
```

```python
# self.tenant_network_types 是一个数组，它的值就是前面所说的配置文件配置的
for network_type in self.tenant_network_types:
    # 调用 self._allocate_segment 函数，进行分配
    segment = self._allocate_segment(context, network_type)
    # 只要分配成功，就返回，不管 self.tenant_network_types 后面还有多少值
    if segment:
        return segment
# 全都没有分配成功，则抛异常
raise exc.NoNetworkAvailable()

# 为 Router 外部网关网络（运营商网络的一种）分配网络类型和 Segment ID
def _allocate_ext_net_segment(self, context):
    # Router 外部网关网络类型，来源于配置文件
    network_type = cfg.CONF.ml2.external_network_type
    # 调用 self._allocate_segment 函数进行分配,
    # 与租户网络的分配调用的是同一个函数
    segment = self._allocate_segment(context, network_type)
    if segment:
        return segment
    raise exc.NoNetworkAvailable()
```

这里的两个函数，前者是创建租户网络时对网络类型和 Segment ID 进行分配；后者是创建 Router 外部网关网络（运营商网络的一种）时，如果没有传入参数"provider:network_type，provider:segmentation_id"，对网络类型和 Segment ID 进行分配。

创建租户网络时的分配函数里的 for 循环比较有意思。前面我们说过，tenant_network_types 可能有多个值，比如：tenant_network_types = vlan,gre,vxlan,geneve。这个 for 循环，就是按照配置文件的这个顺序选择一个网络类型进行 Segment ID 的分配：只要其中一个网络类型能够正确分配到 Segment ID，那么**就选择这个网络类型及分配的 Segment ID**。

无论是租户网络的分配还是 Router 外部网关网络的分配，两者最后都是调用 self._allocate_segment（context, network_type）这个函数进行 Segment ID 的分配。函数代码如下：

```python
# [neutron/plugins/ml2/managers.py]
class TypeManager
    def _allocate_segment(self, context, network_type):
        # 根据网络类型，选择对应的 Type Driver
        driver = self.drivers.get(network_type)
        # 忽略下面代码中的"if/else"，这个细节不是重点，只需理解为：
        # 两者都是调用 Type Driver 中的接口：allocate_tenant_segment
        if isinstance(driver.obj, api.TypeDriver):
            return driver.obj.allocate_tenant_segment(context.session)
        else:
            return driver.obj.allocate_tenant_segment(context)
```

我们看到，这个函数最终是调用 Type Dirver 的接口"allocate_tenant_segment"进行 Segment ID 的分配。不同的 Type Driver，其分配算法也不尽相同。

Flat Type Driver 不支持此功能，代码如下：

```
# [neutron/plugins/ml2/drivers/type_flat.py]
# [neutron/plugins/ml2/drivers/type_flat.py]
class FlatTypeDriver(helpers.BaseTypeDriver):
    def allocate_tenant_segment(self, context):
        # Tenant flat networks are not supported.(代码中原版的英文注释)
        return
```

Local Type Driver 没有资源分配 Segment ID，代码如下：

```
# [neutron/plugins/ml2/drivers/type_local.py]
class LocalTypeDriver(api.ML2TypeDriver):
    def allocate_tenant_segment(self, context):
        # No resources to allocate (代码中原版的英文注释)
        # api.NETWORK_TYPE = 'network_type'
        # p_const.TYPE_LOCAL = 'local'
        return {api.NETWORK_TYPE: p_const.TYPE_LOCAL}
```

VLAN Type Driver 对应的函数如下：

```
# [neutron/plugins/ml2/drivers/type_vlan.py]
class VlanTypeDriver(helpers.SegmentTypeDriver):
    def allocate_tenant_segment(self, context):
        # allocate_partially_specified_segment
        # 是父类 class SegmentTypeDriver 的函数
        alloc = self.allocate_partially_specified_segment(context)
        ......
        return ......
```

GRE、VXLAN、GENEVE 这 3 个 Tunnel 类型的 Type Driver 调用的都是如下代码：

```
# [neutron/plugins/ml2/drivers/type_tunnel.py]
class ML2TunnelTypeDriver(_TunnelTypeDriverBase):
    def allocate_tenant_segment(self, context):
        # allocate_partially_specified_segment
        # 是父类 class SegmentTypeDriver 的函数
        alloc = self.allocate_partially_specified_segment(context)
        ......
        return ......
```

可以看到，殊途同归，VLAN、GRE、VXLAN、GENEVE 这 4 个类型的 Type Driver 其实都是调用 class SegmentTypeDriver 的 allocate_partially_specified_segment 函数，代码如下：

```
# [neutron/plugins/ml2/drivers/helpers.py]
class SegmentTypeDriver(BaseTypeDriver):
    def allocate_partially_specified_segment(self, context, **filters):
        network_type = self.get_type()
        session = self._get_session(context)
        with session.begin(subtransactions=True):
            # self.model 在每个 Type Driver 的 class 的 __init__ 函数中初始化，
```

```python
# 代表着每个 Type Driver 所对应的数据库表
select = (session.query(self.model).
          filter_by(allocated=False, **filters))
......
# 从可选的 Segment ID 列表中，随机选择一个
alloc = random.choice(allocs)
......
return alloc
```

这个函数的算法很简单，就是从相应的数据库表中取出可以分配的 Segment ID，然后随机选择一个。不同 Type 的 Driver 有不同的数据库表。体现这个数据库表的就是 self.model。self model 在每个 Type Driver 的 class 的 __init__ 函数中初始化。VLAN Type Driver 的数据库表是 ml2_vlan_allocations，VXLAN Type Driver 的数据库表是 ml2_vxlan_allocations，GRE Type Driver 的数据库表是 ml2_gre_allocations，Geneve Type Driver 的数据库表是 ml2_geneve_allocations。它们的表结构如图 7-8 所示。

ml2_geneve_allocations					
名	类型	长度	小数点	不是 null	
geneve_vni	int	11	0	✓	🔑1
allocated	tinyint	1	0	✓	

ml2_gre_allocations					
名	类型	长度	小数点	不是 null	
gre_id	int	11	0	✓	🔑1
allocated	tinyint	1	0	✓	

ml2_vxlan_allocations					
名	类型	长度	小数点	不是 null	
vxlan_vni	int	11	0	✓	🔑1
allocated	tinyint	1	0	✓	

ml2_vlan_allocations					
名	类型	长度	小数点	不是 null	
physical_network	varchar	64	0	✓	🔑1
vlan_id	int	11	0	✓	🔑2
allocated	tinyint	1	0	✓	

图 7-8　4 个 Type Driver 的有效 Segment ID 池的表结构

4 张表存储的都是相应网络类型的有效的可分配的 Segment ID，并且通过一个字段 allocated 表示这个 ID 是否已经分配了——已经分配了的 Segment ID 不能再被分配。

> **说明**　ml2_vlan_allocations 表中还多了一个字段 physical_network，具体含义请参见第 4 章。

我们选取一个例子，ml2_vxlan_allocations，看一看它的部分内容，以便有一个直观感

受，如图 7-9 所示。

图 7-9 表明，这些 vxlan_vni（从 1 到 12）可以分配给一个 Segment 作为它的 SegmentID（因为 allocated 的值为 0）。

vxlan_vni	allocated
1	0
2	0
3	0
4	0
5	0
6	0
7	0
8	0
9	0
10	0
11	0
12	0

图 7-9 ml2_vxlan_allocations 的部分内容

但是，这些数据是怎么来的呢？这得从另外一个函数 initialize 说起。每一个 Type Driver 都有一个函数：initialize。这个函数的主要功能就是给各个表 ml2_*_allocations 初始化有效的 Segment ID。由于 Flat type 和 Local type 这两个类型的网络不需要 Segment ID，所以它们的这个函数就是一个空实现。另外 4 个 Type Driver 的 initialize 函数原理都是一样的，我们选取其中一个 VXLAN Type Driver 进行讲述：

```
# [neutron/plugins/ml2/drivers/type_vxlan.py]
class VxlanTypeDriver(type_tunnel.EndpointTunnelTypeDriver):
    ......
    def initialize(self):
        try:
            # 调用父类 class _TunnelTypeDriverBase 的函数 _initialize
            # cfg.CONF.ml2_type_vxlan.vni_ranges 就是前文所说的配置文件中的内容
            # 比如 vni_ranges =1:10000
            self._initialize(cfg.CONF.ml2_type_vxlan.vni_ranges)
        ......

# [neutron/plugins/ml2/drivers/type_tunnel.py]
class _TunnelTypeDriverBase(helpers.SegmentTypeDriver):
    def _initialize(self, raw_tunnel_ranges):
           self.tunnel_ranges = []
           self._parse_tunnel_ranges(raw_tunnel_ranges, self.tunnel_ranges)
           self.sync_allocations()
```

更细节的代码，没有必要再贴下去，这里简述它的基本算法。

1）首先从配置文件 ml2_conf.ini 中读取 VNI 的范围：

```
# [etc/neutron/plugins/ml2/ml2_conf.ini]
[ml2_type_vxlan]
vni_ranges = 1:10000
```

2）将这个范围，与表 ml2_vxlan_allocations 里面的数据相比较（当然，第一次的时候，ml2_vxlan_allocations 里面的数据为空）。

①如果数据在配置文件配置的 VNI 范围内，而不在表中，则将这些数据插入表中。

②如果数据在表中，而不在配置文件配置的 VNI 范围内，则将这些数据从表中删除。

其他三个类型的 Type Driver initialize 函数的原理，与这个基本相同，总结一句话就是：将配置文件 ml2_conf.ini 中配置的 Segment ID 范围写到对应的数据库表中。

以上说的都是用户创建网络没有传入网络类型和 Segment ID 的情形，如果用户（具备管理员权限）在创建网络时传入了这两个参数，这个又该怎么办呢？每一个 Type Driver 都有一个函数 reserve_provider_segment，为的就是应对这种场景。

这个函数比较简单，我们不再做详细分析，只是简单讲述一下它的算法：

1）创建网络时，用户传入的参数有：provider:network_type，provider:segmentation_id。

2）Neutron 通过 provider:network_type 找到对应的 Type Driver。

3）Type Driver 在自己的表中（ml2_*_allocations）查找 provider:segmentation_id 对应的记录。

4）如果找到，并且还没有被分配（allocated 的值为 "0"），则这个 ID 就分配给用户所创建的网络（allocated 赋值为 "1"）。

5）否则，Neutron 报错。

> **说明** 如果配置了多个网络类型，则针对所有的网络类型按顺序进行循环，只要有一个网络类型可以分配到正确的 Segment ID，则认准这个网络类型和 Segment ID，其他的网络类型就被忽略。

7.1.3　机制驱动

Mechanism Driver，虽然大家都翻译为"机制驱动"，但是怎么都感觉很别扭，这里面可能有中英文用语习惯不同的原因。如果把"机制"这个词理解为"实现机制"，可能一下子就感觉比较顺畅了。但是"实现机制"这个词该怎么理解呢？

首先是 Neutron 自身的独特实现机制。比如说，Neutron 的架构可以分为三层：服务层（Neutron Serve）、插件层（Neutron Plugin）、代理层（Neutron Agent），这是 Neutron 大的层面的实现机制。Neutron 的核心插件包括 Type Driver 和 Mechanism Driver，这是 Neutron 的核心插件实现机制。具体到 Mechanism Driver，它的实现机制体现在它的接口上，这个我们会在下面详细解释。

其次是各个厂商不同的实现机制。真正实现一个网络的转发功能，需要各个厂商具体的交换机（包括开源的交换机，比如 OVS）。不同厂商的交换机，从所支持的协议角度来讲基本一致，毕竟协议是标准的。但是从具体的交换机的虚拟化技术来说（在 Neutron 的范围内，主要是虚拟交换机），各个厂商还是有所不同。自从 Havana 版本以来，Neutron 采用了 ML2 这种核心插件架构，自此体现不同厂商差别的重任就落在了 Mechanism Driver（机制驱动）的肩上。

以上两点体现了"实现机制"这个词在 Neutron 中的含义。

 说明　Mechanism Driver 翻译为机制驱动读起来比较别扭。本书为了行文和理解的顺畅，以后就直接用英文名称 Mechanism Driver。

1. Mechanism Driver 简介

Mechanism Driver 有两个目的：体现 Neutron 自身的实现机制，体现不同厂商的实现机制。从代码角度来说，前者主要体现在公共的父 class 上，后者主要体现在不同厂商的子 class 上。每个厂商实现的 class，定义在配置文件中。

在配置文件"etc/neutron/plugins/ml2/ml2_conf.ini"中，配置了各类 Mechanism Driver 的信息，比如：

```
# [etc/neutron/plugins/ml2/ml2_conf.ini]
mechanism_drivers = openvswitch,brocade
```

mechanism_drivers 是一个数组，包含了 Neutron 可以接纳（加载）的具体厂家（含开源）的 Mechanism Driver 的名称。具体选择哪一个厂家的 Driver，下文会讲述，这里暂时先忽略这个问题。

文件 entry_points.txt 定义了这些 Driver 的具体实现（class name），比如：

```
# [neutron.egg-info/entry_points.txt]
[neutron.ml2.mechanism_drivers]
# Brocade 公司（已经被 Broadcom 公司收购）虚拟交换机的 Mechanism Driver
brocade =
    networking_brocade.vdx.ml2driver.mechanism_brocade:BrocadeMechanism
# 开源交换机 Open vSwitch 的 Mechanism Driver
openvswitch =
    neutron.plugins.ml2.drivers.openvswitch.mech_driver.mech_openvswitch:
    OpenvswitchMechanismDriver
```

无论哪家的 Mechanism Driver 都需要被 ML2 Plugin 调用才会发挥作用。要做到被 ML2 Plugin 调用，从架构的角度就要求所有的 Mechanism Driver 都得具备统一的接口。Neutron 在 class MechanismDriver 中定义了 Mechanism Driver 的所有接口，所有厂家的 Driver 都得继承这个类。Mechanism Driver 的类图如图 7-10 所示。

class MechanismDriver 的接口可以分为两大类（图 7-10 仅仅标识了部分接口）：

1）action_resource_xycommit

2）bind_port

action_resource_xycommit 指的是一系列接口，其中 action 指的是 create/update/delete，resource 指的是 network/subnet/port，xy 指的是 pre/post，这样算起来就会有 18 个接口。bind_port 不是指一系列接口，就是一个接口的名称。

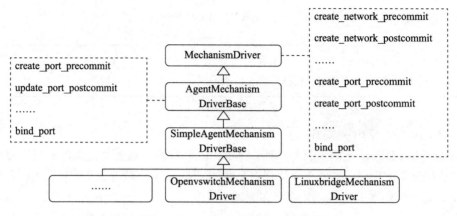

图 7-10　Mechanism Driver 的类图

这些接口具体的功能是什么？它们体现了什么样的实现机制？下面我们针对这两类接口分别展开描述。

2. action_resouce_xycommit 接口

（1）action_resouce_xycommit 接口概述

class MechanismDriver 一共定义了 18 个 action_resouce_xycommit 接口，如图 7-11 所示。

class MechanismDriver 对这些接口都提供了一个空函数实现。不过实际上，这 18 个接口真的是雷声大、雨点小，因为一共就只有两个具体实现，如图 7-12 所示。

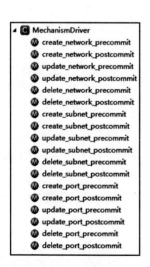

图 7-11　action_resouce_xycommit 接口

图 7-12　action_resouce_xycommit 的具体实现

从图 7-12 中我们看到，其实只有 class AgentMechanismDriverBase 实现了两个接口（create_ port_precommit 和 update_port_precommit），两个 Mechanism Driver（class Openvswitch-MechanismDriver 和 class LinuxbridgeMechanismDriver）好像压根就没操心这些接口的事情。为了探究这个原因，我们首先来看看这些接口定义的原始目的。

1）a_r_precommit 接口（比如：create_network_precommit）会在资源（network、subnet、port）操作（create、update、delete）数据库事务期间调用。因此如果 a_r_precommit 接口报错（raise exception），最终会触发数据库事务的回滚。

2）而 a_r_postcommit 接口（比如：create_network_postcommit）是在资源操作数据库完成以后再调用。因此如果 a_r_postcommit 接口报错（raise exception），还需要专门 delete 相关资源（需要显示写 delete 代码）。

从这些接口的原始目的来看，更主要是为了体现 Neutron 的实现机制，而不是厂商的实现机制。因为 Network、Subnet 这两个资源都是纯粹的逻辑资源，与厂商的实现机制无关。Port 这个资源虽然与具体厂商的实现机制（虚拟化技术）有关，但是体现厂商差异的重任落在了 bind_port 这个接口上（下文会详细讲述），而不是 action_resouce_xycommit 接口。

接口的原始目的是好的，不过很遗憾，也许是 Neutron 觉得实在不知道还需要再做什么，因为 ML2 插件本身关于资源的增删改已经做了很多（下文会详细描述），所以如前文所说，很多接口仅仅在父类做个空实现，子类并没有关心（重载这些函数）。

也正是从这一点来说，所有 Mechanism Driver 的顶级父类 class MechanismDriver 定义了这些接口，并且提供了一个空函数实现，而不是定义了一批纯抽象的接口，这真的是意味深长。比如 create_network_precommit 这个接口，在 class MechanismDriver 中就是一个空实现：

```
# [neutron/plugins/ml2/driver_api.py]
class MechanismDriver(object):
    # 定义了一个空函数，而不是定义一个抽象接口
    def create_network_precommit(self, context):
        pass
```

如果 class MechanismDriver 仅仅是定义一个抽象接口，这就得要求每一个 Mechanism Driver 都实现一遍所有的抽象接口。可是每一个具体的 Mechanism Driver 可能又不知道实现什么（因为与己无关），那就只能针对每一个接口写一个空函数实现。那样的话，每一个 Mechanism Driver 应该会怨声载道。笔者猜想，设计 Mechanism Driver 架构的那个人可能想到了这一点，所以他在 class MechanismDriver 中没有定义抽象接口，而是给每个接口都做了一个空函数实现。

> **说明** 以上文字，笔者带有一定的猜想，不一定正确，仅供参考。

在 Mechanism Driver 的架构体系中，action_resouce_xycommit 接口不全都是空函数实现，还是有两个接口（create_port_precommit 和 update_port_precommit）在 class AgentMechanismDriverBase （class MechanismDriver 的子类，其他 Mechanism Driver class 的次级父类）中得到了具体的实现。这两个接口的代码，蕴含了 Neutron 的 Provisioning Block 机制。

（2）Provisioning Block 机制

class AgentMechanismDriverBase 实现了两个接口：create_port_precommit 和 update_port_precommit。这两个函数的代码也很简单，如下：

```
# [neutron/plugins/ml2/drivers/mech_agent.py]
class AgentMechanismDriverBase
    def create_port_precommit(self, context):
        self._insert_provisioning_block(context)

    def update_port_precommit(self, context):
        if context.host == context.original_host:
            return
        self._insert_provisioning_block(context)
```

两个函数都调用了函数 _insert_provisioning_block。这个函数也比较简单：

```
# [neutron/plugins/ml2/drivers/mech_agent.py]
class AgentMechanismDriverBase
    def _insert_provisioning_block(self, context):
        ......
        # resources.PORT = 'port', provisioning_blocks.L2_AGENT_ENTITY = 'L2'
        # add_provisioning_component 就是在表 provisioningblocks 中增加一条记录
        provisioning_blocks.add_provisioning_component(
            context._plugin_context, port['id'], resources.PORT,
            provisioning_blocks.L2_AGENT_ENTITY)
```

示例代码中最主要的是上面加粗的代码，表示调用一个函数：**provisioning_blocks.add_provisioning_component**。这个函数就是在表 provisioningblocks 中添加一条记录，如图 7-13 所示。

provisioningblocks 一共就两个字段，entity 这个字段填写的值就是 L2，standard_attr_id 与表 standardattributes 关联，代表的是一个资源集的基本属性（资源类型、创建时间等），这个表不是关键，我们暂时先忽略，下文还会有提及。

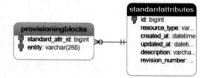

图 7-13　table provisioningblocks

总之一句话，class AgentMechanismDriverBase 实现的两个接口表就是向表 provisioningblocks 插入一条记录，如表 7-1 所示。

表 7-1　provisioningblocks 记录举例

standard_attr_id	entity
3	L2

可是插入这一条记录，到底意味着什么呢？我们先来看看这种做法到底想解决什么样的问题。

1）问题描述。

对于一个 Port 而言，只有当它的 status（状态）= ACTIVE 时，这个 Port 才可以使用。但是，当我们创建一个 Port 时，必须等到 L2 Agent（设置流表和安全组）和 DHCP Agent（为这个端口设置 IP / MAC 预留）做完相应工作以后，才能设置其 status = ACTIVE。

我们知道，L2 Agent 是一个独立的进程，DHCP Agent 也是一个独立的进程，那么我们怎么能知道这两个 Aagent 完成相应的工作了呢？

这个问题的抽象描述，如图 7-14 所示。

图 7-14 中，A 与 B1……Bn 分别是独立的进程或者线程。A 负责创建或修改资源，这个从时序的角度来讲，是首先完成的；然后，B1 ~ Bn 分别负责对这个资源做相应的配置，它们是并行做这个配置工作，也就是说，并不能事先知道各个进程 / 线程完成配置的先后顺序。

只有 B1 ~ Bn 全都配置完成以后，这个资源才能可用，即资源的状态才能是 ACTIVE。现在的问题是，如何知道 B1 ~ Bn 全都配置完成了呢？

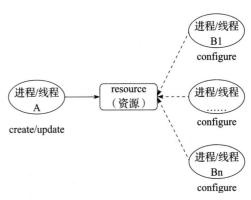

图 7-14 Provisioning Block 机制的问题描述

2）解决方案。

为了解决这个问题，Neutron 设计了 Provisioning Block（发放阻塞）机制。这个机制的核心实现是一个文件（neutron/db/provisioning_blocks.py）和一张表（table provisioningblocks）。

provisioning_blocks.py 文件中主要有两个函数。函数之一就是前面提到的 add_provisioning_component，它的代码如下：

```
# [neutron/db/provisioning_blocks.py]
def add_provisioning_component(context, object_id, object_type, entity):
    .......
    # 这个函数最重要的就是这一句话，它的功能就是向表 provisioningblocks 插入一条记录
    pb_obj.ProvisioningBlock(
        context, standard_attr_id=standard_attr_id, entity=entity).create()
```

add_provisioning_component 函数的功能就是向表 provisioningblocks 插入一条记录，其中的参数 entity 是一个字符串，标识各个 Agent，比如：

```
# [neutron/db/provisioning_blocks.py]
DHCP_ENTITY = 'DHCP'
L2_AGENT_ENTITY = 'L2'
```

provisioning_blocks.py 文件中另一个函数是 provisioning_complete，代码如下：

```
# [neutron/db/provisioning_blocks.py]
def provisioning_complete(context, object_id, object_type, entity):
    # 从表 provisioningblocks 删除一条记录
```

```
remove_provisioning_component(context, object_id, object_type, entity,
                    standard_attr_id)
......
# 如果表 provisioningblocks 没有该对象(standard_attr_id 代表一个对象)
# 的任何记录了
if not pb_obj.ProvisioningBlock.objects_exist(
        context, standard_attr_id=standard_attr_id):
    # 那么就通知其他模块
    registry.notify(object_type, PROVISIONING_COMPLETE,
                 'neutron.db.provisioning_blocks',
                 context=context, object_id=object_id)
```

这个函数从表 provisioningblocks 删除一条记录。删除以后，如果发现这个对象在这个表里没有记录了，那就意味着这个对象业务发放完成了（PROVISIONING_COMPLETE），它就通知相关模块这个消息（Registry.notify(object_type, PROVISIONING_COMPLETE,......)。相关模块收到这个消息以后，就可以做相应的处置，比如可以设置 status = ACTIVE。

我们以 Port 为例，把这个机制描述一遍，如图 7-15 所示。

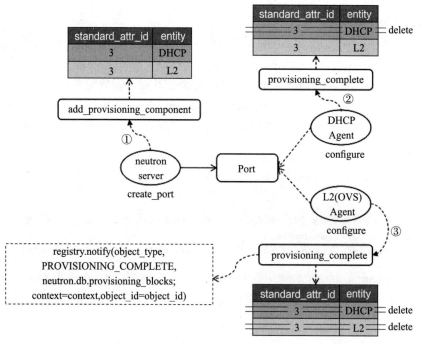

图 7-15　Provisioning Block 实现机制

图 7-15 所描述的算法如下。

① 创建 Port 时，Mechanism Driver 会调用函数 add_provisioning_component 两次，向表中插入两条记录（DHCP、L2）。

② DHCP Agent 完成相关配置工作以后，调用函数 provisioning_complete，删除表中

DHCP 那条记录（假设 DHCP Agent 先于 L2 Agent 完成配置工作）。

③ L2 Agent 完成相关配置工作以后，调用函数 provisioning_complete，删除表中 L2 那条记录。

④ 此时，表 provisioningblocks 已经没有关于这个 Port 的记录，所以，provisioning_complete 函数会调用 Register.Notify 函数，通知相应模块，该 Port 的业务发放已经完成（PROVISIONING_COMPLETE）。

provisioning_complete 函数通知其他模块业务发放完成的消息以后，会发生什么呢？下面我们就以 Create Port 的真实代码为例，看看 Provisioning Block 机制的一个完整过程。

3）Create Port 关于 Provisioning Block 实际代码分析。

我们来看看 class Ml2Plugin 的 create_port 函数，关于 Provisioning Block 机制的相关代码如下：

```
# [neutron/plugins/ml2/plugin.py]
class Ml2Plugin(...):
    def create_port(self, context, port):
        # 调用 _create_port_db 函数
        result, mech_context = self._create_port_db(context, port)
        ......

    def _create_port_db(self, context, port):
        ......
        # 与 Provisioning Block 机制的相关代码就是调用这两个函数
        self.mechanism_manager.create_port_precommit(mech_context)
        self._setup_dhcp_agent_provisioning_component(context, result)
```

self.mechanism_manager.create_port_precommit(mech_context)，这个函数的细节就不啰嗦了，它经过一系列的函数调用，最终会执行如下代码：

```
# [neutron/plugins/ml2/drivers/mech_agent.py]
# 向表 provisioningblocks 插入一条记录, entity = 'L2'
provisioning_blocks.add_provisioning_component(
            context._plugin_context, port['id'], resources.PORT,
            provisioning_blocks.L2_AGENT_ENTITY)
```

而 _setup_dhcp_agent_provisioning_component 的代码如下：

```
# [neutron/plugins/ml2/plugin.py]
def _setup_dhcp_agent_provisioning_component(self, context, port):
    ......
        # 向表 provisioningblocks 插入一条记录, entity = 'DHCP'
        provisioning_blocks.add_provisioning_component(
            context, port['id'], resources.PORT,
            provisioning_blocks.DHCP_ENTITY)
```

通过以上代码分析，我们看到，Creae Port 时，会向表 provisioningblocks 中插入两条记录。而 DHCP Agent、L2（OVS）Agent 也有相应的代码调用函数 provisioning_complete，删除表 provisioningblocks 中相应的两条记录，这里就不再详细描述了。

最后，我们再来看看 provisioning_complete 函数发现表 provisioningblocks 中没有相应记录以后，调用 Register.Notify 函数会发生的情况：

```
# [neutron/db/provisioning_blocks.py]
def provisioning_complete(context, object_id, object_type, entity):
    ......
    # 函数发现表 provisioningblocks 中没有相应记录以后，做一个消息发布
    # 消息的标识是 PROVISIONING_COMPLETE（'provisioning_complete'）
    registry.notify(object_type, PROVISIONING_COMPLETE,
                    'neutron.db.provisioning_blocks',
                    context=context, object_id=object_id)
```

有发布，就有订阅。订阅这个消息的函数有：

```
# [neutron/db/provisioning_blocks.py]
class Ml2Plugin(...):
    def __init__(self):
        ......
        # 订阅 PROVISIONING_COMPLETE 消息的函数是 _port_provisioned
        registry.subscribe(self._port_provisioned, resources.PORT,
                           provisioning_blocks.PROVISIONING_COMPLETE)
        ......
    # 订阅函数 _port_provisioned
    def _port_provisioned(self, ......):
        ......
        # 修改端口状态为 const.PORT_STATUS_ACTIVE（'ACTIVE'）
        self.update_port_status(context, port_id,
                                const.PORT_STATUS_ACTIVE)
```

可以看到，ML2 Plugin 的订阅函数 _port_provisioned 收到端口业务发放完成的消息（PROVISIONING_COMPLETE）后，所做的事情就是设置此端口状态为 'ACTIVE'。

3. bind_port 接口

Mechanism Driver 的第一类接口 action_resouce_xycommit 主要体现的是 Neutron 的实现机制，那么第二类接口 bind_port 实现的是什么机制呢？这个可以从 bind_port 函数所涉及的表结构中看出端倪。相关表结构如图 7-16 所示。

与 bind_port 函数相关的有两个表，其中一个表是 ml2_port_bindings，从字段定义来看，它与厂商的实现机制相关。我们看一个例子，以便有一个

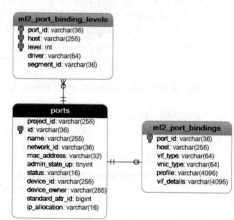

图 7-16　bind_port 函数相关的表结构

直观的感受，如图 7-17 所示。

port_id	host	vif_type	vnic_type	profile	vif_details
1ee0efa2-cb17-4a62-85a5...	u2	ovs	normal		{"port_filter": true, "ovs_hybrid_plug": true}
20e9cb03-996e-409f-a4fe...	u2	ovs	normal		{"port_filter": true, "ovs_hybrid_plug": true}
93e8d79e-920e-40cf-84a...	u2	ovs	normal		{"port_filter": true, "ovs_hybrid_plug": true}
ade74758-df98-4cbf-970b...	u2	ovs	normal		{"port_filter": true, "ovs_hybrid_plug": true}
d81fe483-4803-4284-9e5...	u2	ovs	normal		{"port_filter": true, "ovs_hybrid_plug": true}

图 7-17　表 ml2_port_bindings 内容举例

图 7-17 所列出的表 ml2_port_bindings 的内容，与厂商的具体实现机制（虚拟化技术）密切相关。比如网卡虚拟化技术当前有 normal、macvtap、direct、baremetal 和 direct-physical 等几种，vnic_ type = normal 表示选用的是 "normal" 技术。

与 bind_port 函数相关的另一个表是 ml2_port_binding_levels，我们看一下它的例子，如图 7-18 所示。

表中的其他字段都比较好理解，但是 level 这个字段表示什么意思呢？这个与 Neutron 的实现机制有关。

通过以上描述可以看到，bind_port 这个函数与两种实现机制都相关。厂商实现机制比较好理解，Neutron 实现机制具体指的是什么呢？下面我们先介绍 Neutron 实现机制，然后再介绍 bind_port 的代码。

（1）Neutron 实现机制

1）Neutron 实现机制的基本原理。

一个 Bridge（交换机）可以抽象地理解为：从某一个 Port 进入的报文，从另一个 Port 转发出去，并且针对报文的 Tag 进行转换。以 VLAN 交换机为例，Bridge 抽象示意图如图 7-19 所示。

port_id	host	level	driver	segment_id
1ee0efa2-cb17-4a62-85a5...	u2	0	openvswitch	04f69af6-e402-4c89-9184
20e9cb03-996e-409f-a4fe...	u2	0	openvswitch	04f69af6-e402-4c89-9184
93e8d79e-920e-40cf-84a...	u2	0	openvswitch	04f69af6-e402-4c89-9184
ade74758-df98-4cbf-970b...	u2	0	openvswitch	04f69af6-e402-4c89-9184
d81fe483-4803-4284-9e5...	u2	0	openvswitch	da2953f0-a405-4ac0-905...

图 7-18　表 ml2_port_binding_levels 内容举例

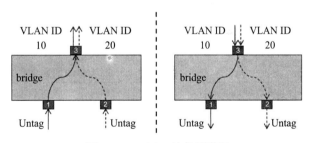

图 7-19　Bridge 抽象示意图

图 7-19 所示的交换规则，用表格描述的话，如表 7-2 所示。

表 7-2　Bridge 的交换规则

入端口	入 tag	出端口	出 tag
1	untag	3	10
2	untag	3	20
3	10	1	untag
3	20	2	untag

图 7-19 和表 7-2，都是以 VLAN 为例，讲述 Bridge 的抽象交换规则，如果把其中的 Tag 理解为 Segment ID，则对 VXLAN、GRE 等网络类型都生效。不同类型的交换机配置交换规则的细节有所不同，但是基本原理是一样的，那就是交换机的 Port 需要与 Network 的 Segment ID 挂上钩（绑定）。因此 Neutron 设计的 Port 与 Network、Segment 的数据库表三者之间是有关联的，如图 7-20 体现了这种绑定关系。

一个 Network 包含多个 Port，一个 Network 包含多个 Segment，这些分别是通过表 ports 的外键（network_id）和表 networksegments 的外键（network_id）来表达；一个 Port 与 Network Segment 之间的绑定关系通过表 ml2_port_biding_levels 中的外键 segment_id 来表达。

图 7-20 中，笔者将表 ml2_port_biding_levels 中的 level 字段加上了两道删除线。是的，如果不考虑 level 这个字段，这一切都比较好理解。但是，level 字段是什么含义呢？这个需要先从网络模型说起。

一般来说，Neutron 的 Network 这个单词，我们理解为一个**二层网络**。此时，一个 Network 是与一个 Segment ID 相对应的：一个二层网络代表一个网络分片，网络分片的 ID 就是 Segment ID。

但是，第 4 章中讲过，一个 Network 可以包含多个 Segment。我们将该章内容，浓缩为一张表，如表 7-3 所示。

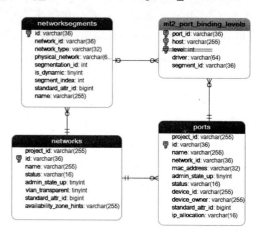

图 7-20　Port 与 Network、Segment 的数据库表之间的关系

表 7-3　一个 Network 包含多个 Segment 的分析

模型定义	适用场景举例	说明
Network 模型中的一个字段：segments	VTEP 位于在 TOR 上	①对于租户来说，Network 还是一个二层网络的概念，他能感受到的还是一个 Segment ID（这个 Segment ID 不在 segments 中，详见第 4 章） ②segments 体现的仅仅是内部组网方式，对租户透明（租户不可见），只对管理员可见
segment，单独一个模型，通过 network_id 字段与一个 Network 关联	Routed Network：一个租户的虚拟机太多，本来从当前技术限制的角度来说，应该划分为多个二层网络，但是从易用性角度来说，为了对租户做了一定的封装，而引出了这个独立模型（详见第 4 章）	①对于租户来说，Network 已经不是一个二层网络的概念，而是一批二层网络的集合。这一批二层网络的模型，就是 segment ②从易用性角度来说，Neutron 对各个 segment 的创建过程（以及前期的规划过程）做了封装

由表 7-3 可见，一个 Network 包含多个 Segment 分为两种情形，Neutron 针对这两种情

形，也分别建立了不同的模型，而且两种情形对应的网络 TOPO 也完全不相同。

VTEP 位于 TOR 上的抽象组网 TOPO，如图 7-21 所示。

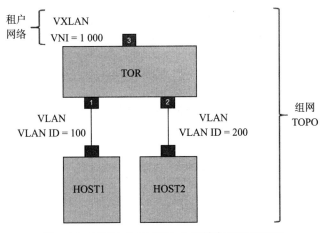

图 7-21　VTEP 位于 TOR 上的抽象组网 TOPO

这种场景，租户感知的是最外层网络（图 7-21 中的 VXLAN 网络，VNI = 1000），内层网络（图 7-21 中的 VLAN 网络，VLAN ID = 100/200）是内部实现机制，对租户不可见。这样的网络 TOPO 是分层的，它的网络模型实际上也是分层的，如图 7-22 所示。

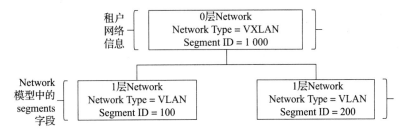

图 7-22　分层的网络模型

Routed Network 场景的 TOPO 与 VTEP 位于 TOR 上的 TOPO 相比，差别很大，如图 7-23 所示。

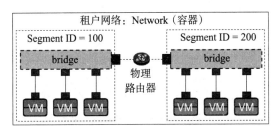

图 7-23　Routed Network 场景的抽象组网 TOPO

图 7-23 中的 Network 是租户创建的网络,但是它并不是代表一个二层网络,而是一批二层网络的容器,由不同的二层网络组成(图 7-23 中的 Segment),不同的二层网络之间通过物理路由器进行三层通信。

> **说明** 图 7-23 中的 Segment 是一个高度的抽象示意,实际上是由许多 Bridge 和 Host 组成的。

这样的网络 TOPO 是并列的(各个 Segment 之间是并列关系),它的模型也是并列的,如图 7-24 所示。

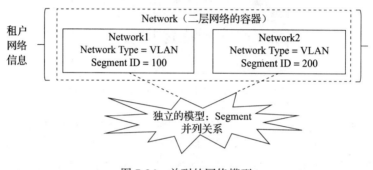

图 7-24 并列的网络模型

可以看到,为了适应不同的场景,Neutron 的模型设计可谓用心良苦。但是,Neutron 关于 Network 和 Segment 之间的数据表的设计,让笔者想起了一个笑话:

客人:来一碗牛肉面,不要葱花,多放姜丝,微辣,牛肉片要薄一些……

小二:好咧!(大声吆喝)5 号桌来一碗牛肉面!

Neutron 的模型设计,就相当于"客人",各种细节都想到了;Neutron 的表设计,就相当于"小二",一声吆喝,崩溃了"客人"那颗脆弱的心。Neutron 的表设计如图 7-25 所示。

Network 与 Segment,两者仅仅通过表 networksegments 的外键 network_id 关联到了表 networks。这种关联关系根本体现不出两种场景的区别。

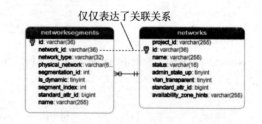

图 7-25 Network 与 Segment 的数据库表之间的关系

不过话又说回来,Neutron 也不会真的那么二。不仅不二,它的设计还非常巧妙。Neutron 正是利用了表 ml2_port_biding_levels 中的 level 字段来表达和区分这两种场景,如图 7-26 所示。

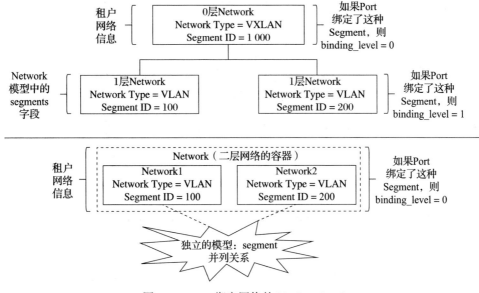

图 7-26 Port 绑定网络的 binding_level

对于分层的网络模型，顶层 Segment 的端口的 binding_level 等于 0，下一层的 binding_level 等于 1，以此类推。Neutron 最多支持 10（0～9）层 binding_level。对于并列的网络模型，所有的 Segment 的 binding_level 都等于 0。

Neutron 利用 binding_level 这个字段来表达和区分不同的场景，确实非常巧妙。binding_level 就是 Neutron 机制的一部分。bind_port 接口所实现的 Neutron 机制总结如下。

① Port 与 Segment ID 相绑定，构建 Bridge 交换规则。

② 基于应用场景和组网 TOPO，通过 binding_level 这个字段，与网络分层或并列模型相匹配。

介绍完 Neutron 实现机制的基本原理，下面我们来讲讲与此密切相关的代码。

2）Neutron 实现机制的代码分析。

① 数据结构。

与 Neutron 实现机制密切相关的数据结构是 class PortContext 中的三个属性。class PortContext 是 bind_port 接口的参数 context 的数据类型。bind_port 接口定义在 class MechanismDriver 中，代码如下：

```
# [neutron/plugins/ml2/driver_api.py]
class MechanismDriver(object):
    def bind_port(self, context):
        pass
```

class PortContext 位于文件 neutron/plugins/ml2/driver_context.py 中，它的类图如图 7-27 所示。

图 7-27 class PortContext 的类图

> 说明　class PortContext 的父类仍然叫 class PortContext，不过父类位于文件 neutron/plugins/ml2/driver_api.py 中。

class PortContext 与 Neutron 机制密切相关的三个属性是：_segments_to_bind、_new_bound_segment、_next_segments_to_bind。这三个属性的含义如表 7-4 所示。

表 7-4　class PortContext 三个属性的含义

字段	含义
_segments_to_bind	一个端口需要绑定的 Segment ID 列表，谁调用 bind_port 函数，谁填入这个字段的值
_new_bound_segment	bind_port 函数当前正在绑定的 Segment_ID，由 bind_port 函数赋值
_next_segments_to_bind	bind_port 函数绑定完 _segments_to_bind 定义的所有 Segment ID 以后，还需要继续绑定的下一层 Segment ID 列表，由 bind_port 函数赋值

② Segment 的绑定。

我们暂时不看代码的来龙去脉，而是直奔主题，从 class MechanismManager 的函数 _bind_port_level 开始介绍，代码如下：

```
# [neutron/plugins/ml2/managers.py]
class MechanismManager(stevedore.named.NamedExtensionManager):
    # segments_to_bind 就是待绑定的 Segment 列表。这些 Segment 是并列关系
    # （分层关系的 segment 在后面会介绍）
    def _bind_port_level(self, context, level, segments_to_bind):
        ......
        # for 循环每一个 Mechanism Drvier
        for driver in self.ordered_mech_drivers:
            try:
                # 将 segments_to_bind 赋值给 context
                # context 的类型就是 class PortContext
                context._prepare_to_bind(segments_to_bind)
                '''
                driver.obj.bind_port 就是调用 Mechanism Driver
                的 bind_port 函数。bind_port 函数本身没有什么特殊的，
                可以理解为做两件事情：
```

```
        1）判断这个 Mechanism Driver 是否合适（与厂商实现机制有关）。
        2）如果合适，则将 _new_bound_segment、_next_segments_to_bind
        赋值给 context
        '''
        driver.obj.bind_port(context)
        segment = context._new_bound_segment
        # 如果 Segment 有值，说明当前 Mechanism Driver 是合适的
        if segment:
            # 重点关注 models.PortBindingLevel，这里面的内容将来要被存储到
            # 数据库表 ml2_port_bindings 中。
            # context 中还有其他字段，与厂商实现机制有关，也会被存入
            # 数据库表 ml2_port_bindings 中。
            context._push_binding_level(
                models.PortBindingLevel(port_id=port_id,
                                        host=context.host,
                                        level=level,
                                        driver=driver.name,
                                        segment_id=segment))
        ......
```

这段代码涉及 Mechanism Driver 的选择，与厂商实现机制相关，阅读起来可能稍微有点困难。但是我们可以先忽略这个细节，假设就只有一个 Driver。在只有一个 Driver（并且这个 Driver 是合适的）的情况下，只须理解一点就可以：所谓 bind_port，就是将 Network 中 Segment 与 Port 之间的关系，存入数据库表 ml2_port_bindings 中。我们再来看看表 ml2_port_bindings 的定义，如表 7-5 所示。

表 7-5 表 ml2_port_bindings 的定义

字段	类型	说明
port_id	varchar(36)	当绑定端口时，这个值是知道的，因为先创建端口再绑定端口
host	varchar(255)	当绑定端口时，这个值是知道的，因为先创建端口再绑定端口
segment_id	varchar(36)	当绑定端口时，这个值是知道的，因为先创建端口再绑定端口。创建端口时，有一个参数是 network_id，知道了 network_id 就知道了这个 Network 的 Segment
level	int	下文会讲述如何设置 level 这个字段的值
driver	varchar(64)	这个 Port 背后是哪个 Mechanism Driver。下文会讲述如何选择这个 Driver

如表 7-5 所述，当 Neutron 调用 bind_port 函数时，Segment 是已知的，Port 也是已知的，只有 driver 的名称和 level 的值需要一定的算法获得（这两个下文都会讲述）。因此，Segment 的绑定这一段代码本质上比较简单。

③ binding_level。

Segment 的绑定，代码比较简单，binding_level 的代码则需要一定的算法。从表 7-3 可以看出，_next_segments_to_bind 定义的 Segment，就是 _segments_to_bind 定义的 Segment 的下一层 Segment，它们对应的 binding_level 应该加 1。Neutron 为了使 binding_level 加 1，采用的方法是函数递归调用。我们不看代码的细节和调用关系，只看递归调用这一个点，代

码如下:

```python
# [neutron/plugins/ml2/managers.py]
class MechanismManager(stevedore.named.NamedExtensionManager):
    def bind_port(self, context):
        ......
        # 第一次调用, level = 0
        if not self._bind_port_level(context, 0,
                                     context.network.network_segments):
            ......

    def _bind_port_level(self, context, level, segments_to_bind):
        ......
        # 前文介绍过, 如果 segment 有效, 说明当前的 driver 是合适的
        segment = context._new_bound_segment
        if segment:
            ......
            next_segments = context._next_segments_to_bind
            # 如果有下一级的 segments 需要绑定, 那么就递归调用
            # self._bind_port_level, 继续绑定
            if next_segments:
                # 这里是递归调用, 继续绑定, 注意: level + 1
                if self._bind_port_level(context, level + 1, next_segments):
                    return True
        ......
```

可以看到，Neutron 非常巧妙地在每次递归调用之前将 binding_level 加 1，实现了网络分层模型的层级增加。

（2）厂商实现机制

介绍了 Neutron 实现机制，再来看看厂商实现机制。厂商实现机制，表面上是选择 Mechanism Driver，实际是选择哪个厂商生成的 Bridge。因此，我们在表 ml2_port_biding_levels 中看到了 driver 字段，这个意味着 Mechanism Driver 的选择。同样，我们在表 ml2_port_bindings 中看到了 vif_type、vnic_type、profile、vif_details 等字段，这些意味着不同厂商的 Bridge 的虚拟化技术。

选择哪个厂商生产的 Bridge 是一个商业化行为，所以并不会体现在 Neutron 的代码中。Neutron 的代码，只会涉及 Mechanism Driver 的选择。而 Mechanism Driver 的选择，更多是依据 Agent 进程的部署情况，只有一个 Host 上部署了相应的 Agent 进程，才会选择对应的 Driver。厂商的 Agent 进程、厂商的 Mechanism Driver、厂商的 Bridge，三者是不可分割的。

下面我们就来介绍这个选择机制。

1）通过 Agent 选择 Mechanism Driver。

通过 Agent 选择 Mechanism Driver，这里的 Agent 不是第 5 章介绍的 Agent 进程，而是函数中涉及的一个数据结构，它的数据类型是 class Agent，代码如下：

```
class Agent(model_base.BASEV2, model_base.HasId):
    __table_args__ = (
        sa.UniqueConstraint('agent_type', 'host',
                    name='uniq_agents0agent_type0host'),

        model_base.BASEV2.__table_args__
    )
    ......
```

class Agent 反映的是 Neutron 数据表 agents 的模型。这个表的主键是 agent_type + host，它表达的是 Agent 进程在 Host 上的部署情况，如图 7-28 所示。

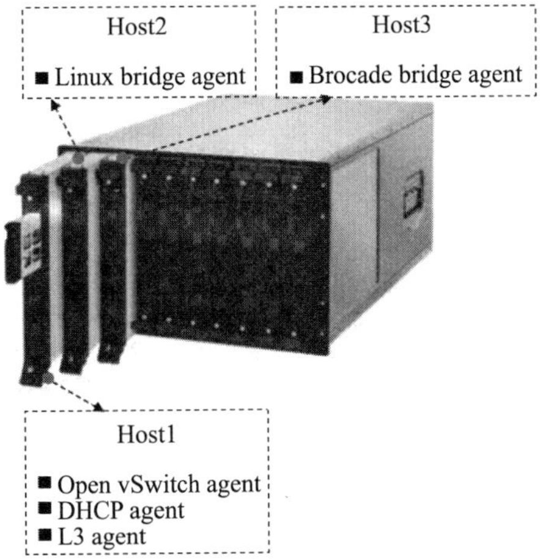

前文说过，Mechanism Driver 其中功能之一就是反映不同厂商实现机制的差异，而且不同厂商会提供不同的 MechanismDriver 的实现。但是，具体到一个 OpenStack 云，该选哪一家的 Bridge，Neutron 该采用哪一个 Driver 呢？这就涉及 Agent 进程的具体部署情况。

首先肯定需要一个规划，部署一个 OpenStack 云，准备选用哪几家 Bridge，在哪个 Host 上选用哪家的 Bridge。

规划好以后，需要在 Neutron 上做一个配置。就是前文说的，在配置文件"etc/neutron/plugins/ml2/ml2_conf.ini"中配置各类 Mechanism Driver 的信息，比如：

图 7-28　Agent 进程在 Host 中的部署示意

```
# [etc/neutron/plugins/ml2/ml2_conf.ini]
mechanism_drivers = openvswitch,brocade,linuxbridge
```

这些配置信息表示这个 OpenStack 云事先规划好的准备选用的 Bridge 厂家及 Mechanism Driver 的名称。

这些 Mechanism Driver 的配置信息本身就是部署的一部分，当然更复杂的是在每个 Host 上部署相应的 Agent 进程（这些涉及 OpenStack 的安装部署，超出本章范围，不再详细介绍）。

OpenStack（当然也包括 Agent 进程）安装部署完成以后，在运行过程中，如果运行到 bind_port 这个函数，就会涉及 Mechanism Driver 的选择，它的选择依据与 Agent 进程的部署密切相关。相应的代码如下：

```
# [neutron/plugins/ml2/drivers/mech_agent.py]
class AgentMechanismDriverBase(api.MechanismDriver):
    def bind_port(self, context):
        ......
        # 查询 Host 上部署所有的 Agent
        agents = context.host_agents(self.agent_type)
```

```python
        # 循环判断每一个 agent
        for agent in agents:
            # context.segments_to_bind 前文介绍过,就是需要绑定的所有 Segment
            for segment in context.segments_to_bind:
                # 下面这个函数会涉及判断
                if self.try_to_bind_segment_for_agent(context, segment,
                                                      agent):
                    ......

# [neutron/plugins/ml2/drivers/mech_agent.py]
class SimpleAgentMechanismDriverBase(AgentMechanismDriverBase):
    # try_to_bind_segment_for_agent 在 class AgentMechanismDriverBase 中
    # 只是一个抽象接口,在这里才有具体的实现
    def try_to_bind_segment_for_agent(self, context, segment, agent):
        # check_segment_for_agent 是真正判断 Agent 是否合适
        if self.check_segment_for_agent(segment, agent):

            # 如果 Agent 合适,则绑定这个 Segment。
            # 前文介绍过,绑定的本质不过是将相关字段存入数据库表。
            # 所以绑定没有什么神秘的,在这里不过是将下面三个参数设置进 context 而已
            context.set_binding(segment[api.ID],
                                self.vif_type,
                                self.vif_details)
            return True
        else:
            return False

    # 这个函数开始判断 Agent 是否合适
    def check_segment_for_agent(self, segment, agent):
        # mapping 就是第 4 章介绍的 "物理网络",比如:
        # "bridge_mappings": {"public": "br-ex"}
        mappings = self.get_mappings(agent)
        # allowed_network_types 是 Agent 支持的网络类型
        allowed_network_types = self.get_allowed_network_types(agent)
        # network_type 是本次要绑定的 Segment 的网络类型
        network_type = segment[api.NETWORK_TYPE]
        # 如果要绑定的 Segment 网络类型类型不在 Agent 支持的网络类型中,
        # 则该 Agent 不合适
        if network_type not in allowed_network_types:
            return False
        # 如果网络类型是 Flat、VLAN,如果要绑定的 Segment 的物理网络
        # 与 Agent 配置的物理网络不一致,则该 Agent 不合适
        if network_type in [p_constants.TYPE_FLAT, p_constants.TYPE_VLAN]:
            physnet = segment[api.PHYSICAL_NETWORK]
            if not self.physnet_in_mappings(physnet, mappings):
                return False
        return True
```

以上代码总结成一句话:如果 Agent 合适,则绑定。但是它们并没有提到 Agent 与 Mechanism Driver 之间的关系。这个关系体现在另外一段代码中,如下:

```
# [neutron/plugins/ml2/managers.py]
class MechanismManager(stevedore.named.NamedExtensionManager):
    # 这里介绍的重点是 Mechanism Driver 的选择
    def _bind_port_level(self, context, level, segments_to_bind):
        ......
        # for 循环每一个 Mechanism Drvier
        for driver in self.ordered_mech_drivers:
            try:
                '''
                driver.obj.bind_port 就是调用 Mechanism Driver 的 bind_port 函数。
                bind_port 函数前文介绍过，做了两件事情：
                1）判断这个 Mechanism Driver 是否合适。
                2）如果合适，则将 _new_bound_segment、_next_segments_to_bind
                  赋值给 context
                '''
                driver.obj.bind_port(context)
                segment = context._new_bound_segment
                # 如果 segment 有值，说明当前 Mechanism Driver 是合适的
                if segment:
                    ......
                    # 如果当前 Mechanism Driver 是合适的，则跳出 for 循环，
                    # 不再判断其他 Driver
                    return true
```

通过上述代码，我们可以总结出通过 Agent 选择 Mechanism Driver 的算法。

① 一个厂商的 Agent 进程与 Mechanism Driver 是密不可分的，只有一个 Host 上部署了该厂商的 Agent 进程，才会选择该厂商的 Mechanism Driver。

② 一个 Host 上部署了 Agent 进程以后，还需要判断该 Agent 是否支持 Segment 的类型。

③ 如果是 Flat、VLAN 网络，还需要判断 Segment 中的物理网络与 Agent 配置的物理网络是否一致。

④ 如果满足上述条件的不止一个 Mechanism Driver，则按照文件 etc/neutron/plugins/ml2/ml2_conf.ini 中配置的顺序，排序在前者优先选择。

选择了一个厂商的 Mechanism Driver，也就意味着选择了该厂商的 Bridge。这个 Bridge 的虚拟化信息定义在该厂商的 Mechanism Driver 中。

> **说明** Mechanism Driver 的选择还依赖于厂商支持的 vnic_type，下文会具体描述。

2）Mechanism Driver 中的厂商虚拟化信息。

厂商的虚拟化信息包括 vif_type、vnic_type、vif_details 等，定义在 Mechanism Driver 的 __init__ 函数中，以 class OpenvswitchMechanismDriver 为例，代码如下：

```
# [ml2/drivers/openvswitch/mech_driver/mech_openvswitch.py]
class OpenvswitchMechanismDriver(SimpleAgentMechanismDriverBase):
```

```python
        def __init__(self):
            # sg_enabled、hybrid_plug_required 是布尔值，不必在意取值的细节
            sg_enabled = securitygroups_rpc.is_firewall_enabled()
            hybrid_plug_required = ......
            # vif_details 的详细介绍请参考第 4 章
            vif_details = {'port_filter': sg_enabled,
                           'port_filter': hybrid_plug_required}
            super(OpenvswitchMechanismDriver, self).__init__(
                # agent_type = AGENT_TYPE_OVS = 'Open vSwitch agent'
                constants.AGENT_TYPE_OVS,

                # vif_type = VIF_TYPE_OVS = 'ovs'
                portbindings.VIF_TYPE_OVS,

                vif_details)

# [neutron/plugins/ml2/drivers/mech_agent.py]
class SimpleAgentMechanismDriverBase(AgentMechanismDriverBase):
    # 只须关注一点，如果厂商的 Driver 没有给 supported_vnic_types 赋值，
    # 那么 supported_vnic_types 取默认值：portbindings.VNIC_NORMAL('normal')
    def __init__(self, agent_type, vif_type, vif_details,
                 supported_vnic_types=[portbindings.VNIC_NORMAL]):
        ......
```

其他 Mechanism Driver 的 __init__ 函数也定义了它们自己的虚拟化信息，这里就不一一举例了。

最后再补充一下前文说的，Mechanism Driver 的选择还依赖于厂商支持的 vnic_type，代码如下：

```python
# [neutron/plugins/ml2/drivers/mech_agent.py]
class AgentMechanismDriverBase(api.MechanismDriver):
    def bind_port(self, context):
        # 如果没有指定 vnic_type，则取默认值 portbindings.VNIC_NORMAL('normal')
        vnic_type = context.current.get(portbindings.VNIC_TYPE,
                                        portbindings.VNIC_NORMAL)
        # 如果当前 Driver 没有支持要绑定的 vnic_type，则这个 Driver 无效
        if vnic_type not in self.supported_vnic_types:
            LOG.debug("Refusing to bind due to unsupported vnic_type: %s",
                      vnic_type)
            return
```

（3）bind_port 调用过程分析

前面分别对 bind_port 函数涉及的 Neutron 实现机制和厂商实现机制作了介绍，但是没有看到全貌，下面我们通过它的调用过程介绍它的全貌。

调用 bind_port 函数的源头，在 class Ml2Plugin 的函数 create_port，代码如下：

```python
# [neutron/plugins/ml2/plugin.py]
class Ml2Plugin(......)
```

```
# 调用 bind_port 函数的源头，在 class Ml2Plugin 的函数 create_port
def create_port(self, context, port):
    ......
    # _bind_port_if_needed 会调用 bind_port 函数
    bound_context = self._bind_port_if_needed(mech_context)
    ......

# self._bind_port_if_needed 函数调用 self._attempt_binding
# self._attempt_binding 函数调用 self._bind_port
def _bind_port(self, orig_context):
    # new_context 的类型是 class PortContext，前文介绍过
    new_context = driver_context.PortContext(......)

    # mechanism_manager 的类型是 class MechanismManager
    self.mechanism_manager.bind_port(new_context)
    return new_context

# [neutron/plugins/ml2/managers.py]
class MechanismManager(stevedore.named.NamedExtensionManager):
    def bind_port(self, context):
        ......
        # 重点是调用 _bind_port_level 函数，这个函数前面介绍过
        # 参数 0，表示 binding_level = 0，因为是第一次绑定，代表绑定顶层 Segment
        if not self._bind_port_level(context, 0,
                                     context.network.network_segments):
            binding.vif_type = portbindings.VIF_TYPE_BINDING_FAILED
            LOG.error(......)
```

代码从 class Ml2Plugin 的 create_port 函数，一直调用到 class MechanismManager 的 _bind_port_level 函数。_bind_port_level 函数前面也介绍过，这里不再重复。

4. Mechanism Driver 小结

Mechanism Driver 从实现机制的角度来说，实现了两种机制：Neutron 实现机制和厂商实现机制；从接口分类角度来说，包括两类接口：action_resource_xycommit 接口和 bind_port 接口。两类接口与两类机制的关系如表 7-6 所示。

表 7-6　两类接口与两类机制之间的关系

接口	实现机制	备注
action_resource_xycommit	主要是实现 Neutron 机制：Provisioning Block 机制	action_resource_xycommit 指的是一系列接口，其中 action 指的是 "create/update/delete"，resource 指的是 "network/subnet/port"，xy 指的是 "pre/post"，一共 18 个接口
bind_port	实现了两种机制。 ① Neutron 实现机制：Port 与 Segment 的绑定，及 Segment 的 binding_level。 ② 厂商实现机制：厂商交换机的虚拟化技术	

action_resource_xycommit 基本上都是空函数，仅仅是 create_port_precommit 和 update_port_precommit 有具体的实现，而这个具体实现其实是调用函数"_insert_provisioning_block"，本质上是利用 Provisioning Block 机制，暂时将新创建的 Port 阻塞，直到 DHCP Agent、L2 Agent 等都完成相应工作以后，才会将 Port 的状态设置为 ACTIVE。

bind_port 是 Mechanism Driver 的接口，但是绑定端口这个动作需要从 Ml2Plugin 到 MechanismManager，再到 Mechanism Driver，这一系列的代码联合才能完成 Neutron 实现机制和厂商实现机制。

一个抽象的 Bridge 需要知道其 Port 与 Segment ID 的绑定关系，才能正确实现二层转发。Neutron 不仅支持普通的二层交换，还支持复杂的二层 TOPO：Segment 分层 TOPO 和并列 TOPO。Neutron 的端口绑定实现的就是这种机制：Port 与 Segment 的绑定，并且利用 binding_level 这个字段体现不同的网络 TOPO。

一个具体的 bridge 还与各个厂商的虚拟化技术相关，不同的厂商提供了"虚拟 bridge/Agent 进程/Mechanism Driver"三位一体的交付件。一个 OpenStack 云选择了具体厂家的 Bridge 以后，就得在相应 Host 上部署该厂商的 Agent 进程。Neutron 正是利用这一事实，基于 Agent 进程的部署情况来选择正确的 Mechanism Driver，并通过选择的 Driver，得知 Bridge 的 Port 的虚拟化信息。

bind_port 既实现了 Neutron 机制，又实现了厂商机制，表面上看很复杂，但是实际上只是将相关信息存入数据库表 ml2_port_biding_levels 和 ml2_port_bindings 中，这一点一定要清楚，否则会将 bind_port 神秘化和复杂化。

在介绍了 Type Driver 和 Mechanism Driver 以后，我们就可以正式开启 ML2 插件之旅了。简单地说，ML2 插件就是实现了核心资源 Network、Subnet、Port 的增删改查四类函数。由于篇幅原因，下面我们选取 create_port、create_subnet、create_port 三个典型函数进行介绍。

这三个函数的代码都比较多，笔者将采取主干剖析法进行介绍：介绍函数的主干流程，并对主干流程进一步剖析，而对函数的旁支细节的代码忽略不计。

7.1.4 ML2 插件 create_network 函数剖析

正如本章开头对 ML2 插件的功能描述，ML2 插件 create_network 函数主要完成的工作有：

1）分配待创建的 Network 的 Segment ID。
2）将待创建的 Network 的信息（含 Segment ID）存入对应的数据库表中。
3）通过 RPC 调用相应的代理做具体的配置工作。

第 3 步下文会开辟专门的一节讲述，本节将详细讲述前两个步骤。

与 Network 相关的表之间的关系如图 7-29 所示：

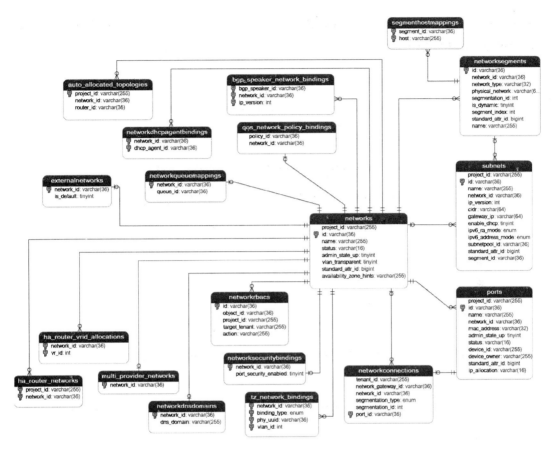

图 7-29　Network 相关的表之间的关系

后面的代码介绍中会涉及这其中的某些表，届时再做介绍，这里暂不一一讲述。
create_network 函数的主干流程如下：

```
# [neutron/plugins/ml2/plugin.py]
class Ml2Plugin(......)
    # 从表面上看，create_network 函数有两个主干步骤，见加粗的两句代码
    def create_network(self, context, network):
        ......
        # 下文会详细介绍这个函数
        result, mech_context = self._create_network_db(context, network)
        ......
        # 如前文 Mechanism Driver 的介绍，这个函数最终会调用一个空函数，
        # 因此，这是一个假的主要步骤。下文也不会再对其进行介绍。
        self.mechanism_manager.create_network_postcommit(mech_context)
        ......
        return result
```

create_network 函数的主干流程只有一步，那就是调用 _create_network_db 函数，这也

充分体现了前文说的，create_network 函数的主要功能之一就是将相关信息入库。_create_network_db 函数的代码如下：

```python
# [neutron/plugins/ml2/plugin.py]
class Ml2Plugin(......)
    # 这个函数的主干流程分为三大步，见加粗的代码
    def _create_network_db(self, context, network):
        ......
        with session.begin(subtransactions=True):
            net_db = self.create_network_db(context, network)
            ......
            self._process_l3_create(context, result, net_data)
            ......
            self.type_manager.create_network_segments(context, net_data,
                                                      tenant_id)
            ......
        # 如前文所说，这个函数本质是调用 Mechanism Driver 的一个空函数，
        # 下文不再介绍这个函数。
        self.mechanism_manager.create_network_precommit(mech_context)
        ......
        return result, mech_context
```

_create_network_db 函数的主干流程分为三大步，下面我们就逐个介绍。

1. create_network_db 函数

_create_network_db 函数主干流程的第 1 步是调用 create_network_db 函数。create_network_db 的代码如下：

```python
# [neutron/plugins/ml2/plugin.py]
class Ml2Plugin(......)
    def create_network_db(self, context, network):
        n = network['network']
        tenant_id = n['tenant_id']
        # with context.session.begin 表示启动一个数据库事务:begin transaction
        with context.session.begin(subtransactions=True):
            args = {'tenant_id': tenant_id,
                    'id': n.get('id') or uuidutils.generate_uuid(),
                    'name': n['name'],
                    ......
            # models_v2.Network 是数据表 networks 的模型
            network = models_v2.Network(**args)
            # external 对应 Network 模型中的 shared 字段
            if n['shared']:
                # rbac_db.NetworkRBAC 是数据表 networkrbacs 的模型
                entry = rbac_db.NetworkRBAC(
                    network=network, action='access_as_shared',
                    target_tenant='*', tenant_id=network['tenant_id'])
                # 将 entry 存入表 networkrbacs
                context.session.add(entry)
```

```
    # 将 network 存入表 networks
    context.session.add(network)
return network
```

这个函数做了两件事情：

1）将 Network 基本信息存入表 networks 中；

2）如果这个 network 是共享的（shared = true），那么在表 networkrbacs 中存入相关信息，并且字段 action = 'access_as_shared'。

代码中"n['shared']"对应的就是 Network 模型中的"shared"字段：一个布尔值，如果为 true，则表示这个网络可以被所有租户共享。

两个表（networks、networkrbacs）之间的关系如图 7-30 所示。

表 networkrbacs 表示网络操作权限，其中的 object_id 是外键，指向表 networks 中的主键 id；若字段 action = 'access_as_shared' 表示 object_id 所代表的 Network 是全租户共享的。

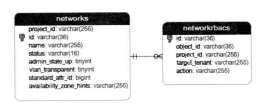

图 7-30 表 networks 与 networkrbacs 之间的关系

2. _process_l3_create 函数

_create_network_db 函数主干流程的第 2 步是调用 _process_l3_create 函数。_process_l3_create 的代码如下：

```
# [neutron/plugins/ml2/plugin.py]
class Ml2Plugin(......)
    def _process_l3_create(self, context, net_data, req_data):
        external = req_data.get(external_net.EXTERNAL)
        ......
        # external 对应 Network 模型中的 router:external 字段
        if external:
            ......
            # 向表 externalnetworks 添加记录
            context.session.add(
                ext_net_models.ExternalNetwork(network_id=net_data['id']))

            # 向表 networkrbacs 添加记录
            context.session.add(rbac_db.NetworkRBAC(
                object_id=net_data['id'], action='access_as_external',
                target_tenant='*', tenant_id=net_data['tenant_id']))
            ......
        net_data[external_net.EXTERNAL] = external
```

这段代码涉及 4.6.1 节讲述的 Router 外部网关信息中的字段 network_id。该 network_id 就是指向这里所创建的 Network（详细信息请参见 4.6 节，这里就不再啰嗦）。

这段代码中的 external 就是 network model 中的 router:external 字段，当它等于 true 时，表示这个网络是关联到 Router 上的外部网络。

这段代码中所涉及的三个表之间的关系如图 7-31 所示。

图 7-31　三个表之间的关系

3. self.type_manager.create_network_segments 函数

_create_network_db 函数主干流程的第 3 步是调用 self.type_manager.create_network_segments 函数。self.type_manager 就是 class TypeManager 的实例。create_network_segments 代码如下：

```
# [neutron/plugins/ml2/managers.py]
class TypeManager(stevedore.named.NamedExtensionManager):
    def create_network_segments(self, context, network, tenant_id):
        # 从传入的参数 network 中获取 segments,
        # 传入参数 network 是指用户调用创建网络的 RESTful API 传入的参数
        segments = self._process_provider_create(network)
        session = context.session
        with session.begin(subtransactions=True):
            network_id = network['id']
            # 如果传入参数中有 segments，则说明：
            # (1) 用户具备管理员权限。(2) 创建的是运营商扩展网络
            if segments:
                for segment_index, segment in enumerate(segments):
                    # self.reserve_provider_segment 函数调用的是
                    # Type Driver 的 reserve_provider_segment 函数，意思是
                    # 将这个 segment 分配下来，请参见 7.1.2 节
                    segment = self.reserve_provider_segment(
                        context, segment)
                    # _add_network_segment 的意思是将 segment 信息
                    # 存入表 networksegments
                    self._add_network_segment(context, network_id,
                        segment, segment_index)

            # 如果创建的是 Router 外部网关网络，并且配置了网络类型
            elif (cfg.CONF.ml2.external_network_type and
                self._get_attribute(network, external_net.EXTERNAL)):
                # self._allocate_ext_net_segment 函数在 7.1.2 节介绍过，
                # 简单地说，就是调用 Type Driver 分配 Segment
                segment = self._allocate_ext_net_segment(context)
                # 将分配的 Segment 存入表 networksegments
                self._add_network_segment(context, network_id, segment)
            else:
```

```
# self._allocate_tenant_net_segment 函数在 7.1.2 节介绍过，
# 简单地说，就是调用 Type Driver 分配 Segment
segment = self._allocate_tenant_net_segment(context)
# 将分配的 Segment 存入表 networksegments
self._add_network_segment(context, network_id, segment)
```

这个函数的三个分支与 7.1.2 节讲述的内容完全吻合，如表 7-7 所示。

表 7-7 创建 network_segment 的三个分支

代码分支	说　　明
if segments:	管理员创建运营商网络，传入了 segments 相关参数
elif (cfg.CONF.ml2.external_network_type and self._get_attribute(network, external_net. EXTERNAL))	管理员创建 Router 外部网关网络（运营商网络的一种），但是没有传入 segments 相关参数
else	租户创建网络，没有（也不能）传入 segments 相关参数

关于这三个分支的创建（分配）segment 的方法 7.1.2 节中已经描述，这里不再重复。

4. create_network 函数小结

create_network 函数涉及的表有：networks、networkrbacs、externalnetworks、networksegments，它的功能总结如下。

1）将用户传入的 Network 参数（调用创建网络的 RESTful API 所传入的 Request 参数）存入表 networks 中。

2）如果传入的参数 shared = true，表明这个网络是所有租户共享的，则在表 networkrbacs 中添加一条相应记录，其中字段 action = 'access_as_shared'。

3）如果传入的参数 external = true，表明要创建的是一个 Router 外部网关网络，则在表 networkrbacs 中添加一条相应记录，其中字段 action = 'access_as_external'，同时在表 externalnetworks 中添加一条相应记录。

4）再调用 Type Manager 的 create_network_segments 函数（本质上是调用 Type Driver 相应的函数）进行网络的 Segment 的分配，并将分配的 Segment 存入表 networksegments。

7.1.5　ML2 插件 create_subnet 函数剖析

正如本章开头对 ML2 插件的功能描述，ML2 插件 create_subnet 函数主要完成的工作有：

1）分配待创建的 Subnet 的子网网段；

2）将待创建的 Subnet 的信息（含分配的子网网段）存入对应的数据库表中；

3）如果需要，更新 Router 的 external_fixed_ips 信息（这个单纯从字面上不太好理解，下文会详细描述）。

4）通过 RPC 调用相应的代理做具体的配置工作。

第 4 步下文会开辟专门的一节讲述，本节将详细讲述前 3 个步骤。

Subnet 相关表之间的关系如图 7-32 所示。

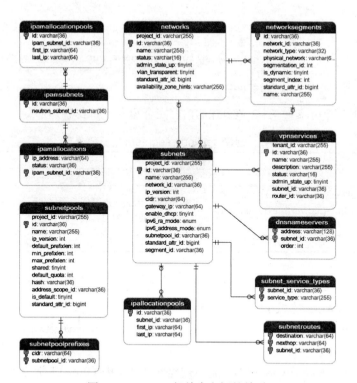

图 7-32 Subnet 相关表之间的关系

后面的代码介绍中会涉及这其中的某些表，届时再做介绍，这里暂不一一讲述。create_subnet 函数的主干流程如下：

```
# [neutron/plugins/ml2/plugin.py]
class Ml2Plugin(......)
    # 从表面上看，create_network 函数有两个主干步骤，见加粗的两句代码
    def create_subnet(self, context, subnet):
        # 下文会详细介绍这个函数：_create_subnet_db
        result, mech_context = self._create_subnet_db(context, subnet)
        ......
        # 如前文 Mechanism Driver 的介绍，这个函数最终会调用一个空函数，
        # 因此，这是一个假的主要步骤。下文也不会再对其进行介绍。
        self.mechanism_manager.create_subnet_postcommit(mech_context)
        ......
        return result
```

create_subnet 函数的主干流程只有一步，那就是调用 _create_subnet_db 函数，这也充分体现了前文说的，create_subnet 函数的主要功能之一就是将相关信息入库。_create_subnet_db 函数的代码如下：

```
# [neutron/plugins/ml2/plugin.py]
class Ml2Plugin(......)
    def _create_subnet_db(self, context, subnet):
```

```
......
with session.begin(subtransactions=True):
    result, net_db, ipam_sub = self._create_subnet_precommit(
        context, subnet)
    ......
    # 如前文 Mechanism Driver 的介绍，这个函数最终会调用一个空函数，
    # 因此，这个函数下文也不会再对其进行介绍
    self.mechanism_manager.
        create_subnet_precommit(mech_context)

self._create_subnet_postcommit(context, result, net_db, ipam_sub)

return result, mech_context
```

_create_subnet_db 函数的主干流程分为两大步：self._create_subnet_precommit、self._create_subnet_postcommit。下面我们就逐个介绍。

1. _create_subnet_precommit 函数

这个函数不是 self.mechanism_manager.create_subnet_precommit，而是 self._create_subnet_precommit。前者是个空函数，后者则要复杂得多。

一个 Subnet 最重要的是它的子网网段，比如 10.10.10.0/24。_create_subnet_precommit 函数的功能，就是在创建一个 Subnet 时，对它的子网网段进行分配。第 4 章中提到，为了对子网网段进行管理和分配，业界引入了 Subnet Pool（子网网段池）和 IPAM（IP Address Management，IP 地址管理）。Neutron 也不例外，_create_subnet_precommit 函数正是利用了这两点，对待建的 Subnet 进行子网网段分配。下面我们先看看代码中所涉及的这两个概念。

（1）Subnet Pool

_create_subnet_precommit 函数中，有一句代码是获取 subnetpool_id，即与 Subnet Pool 有关，代码如下：

```
# [neutron/plugins/ml2/plugin.py]
class Ml2Plugin(......)
    def _create_subnet_precommit(self, context, subnet):
        ......
        # subnetpool_id 标识 Subnet Pool 中的一条记录
        subnetpool_id = self._get_subnetpool_id(context, s)
```

subnetpool_id 标识 Subnet Pool 中的一条记录，Neutron 使用了两张表来存储 Subnet Pool 的信息，如图 7-33 所示。

表 subnetpoolprefixes 中的外键 subnetpool_id 关联到表 subnetpools 中的主键 id。两张表互相配合，完成了一个 Subnet Pool 的定义。

1）表 subnetpoolprefixes 中的 cidr 字段定义了

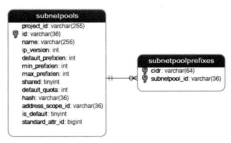

图 7-33　Subnet Pool 的两个表

一个可以分配的“大”的子网网段，这个“大”网段，可以分配给很多新建的 Subnet，每个 Subnet 分得其中一个“小”网段。

2）表 subnetpools 的字段定义了一个“大”的子网网段的分配规则。关于分配规则的详细信息，请参见 4.4.2 节，这里不再重复。

我们可以看一下表 sunetpoolprefixes、表 subnetpools 的具体记录，以便有个直观认识，如图 7-34、图 7-35 所示。

cidr	subnetpool_id
2001:db8:8000::/48	53647907-917b-490c-b3c2-3a8bf58587ec
10.0.0.0/8	836b87c5-ce07-4c0d-982a-6544f28ca4b3

图 7-34　表 sunetpoolprefixes 的具体记录

project_id	id	name	ip_version	default_prefixlen	min_prefixlen	max_prefixlen	shared	default_quota	hash	address_scope_id	is_default	standard_attr_id
b0b40c3cb0d24c9b897c1f	53647907-917b-490c-b3c	shared-default-subnetpool	6	64	64	128	1	(Null)		(Null)	1	13
b0b40c3cb0d24c9b897c1f	836b87c5-ce07-4c0d-982	shared-default-subnetpool	4	24	8	32	1	(Null)		(Null)	1	12

图 7-35　表 subnetpools 的具体记录

图 7-34 定义了两个“大”的子网网段，图 7-35 定义了两个子网的分配规则。

（2）IPAM

IPAM 之于 Subnet，犹如 Type Driver 之于 Network，两者的对比关系如表 7-8 所示。

表 7-8　IPAM 与 Type Driver 的对比关系

部件	主要功能	分配资源池
Type Driver	为新建 Network 分配 Segment ID	可分配的 Segment ID，位于表 ml2_*_allocations 中（详见 7.1.2 节）
IPAM	为新建 Subnet 分配子网网段	可分配的子网网段位于表 sunetpoolprefixes 中（表 subnetpools 存储的分配规则）

两者不仅在主要功能方面有非常相似的可类比的关系，而且它们的实现方案也是一致的。Neutron 实现 IPAM 的方法也是采用 Driver 方案，也就是说，你可以通过 Driver 引入你期望的 IPAM 服务。在配置文件 etc/neutron.conf 中，可以配置 IPAM Driver 的名称，如下：

```
# [etc/neutron.conf]
ipam_driver = your_driver_name   # your_driver_name 是一个示例
```

同时，Neutron 还提供了一个默认的 IPAM 实现。如果要使用这个默认实现，就配置 ipam_driver = internal。internal 是 IPAM Driver 的名称，它的具体定义位于 neutron.egg-info/entry_points.txt 文件中，如下：

```
# [neutron.egg-info/entry_points.txt]
[neutron.ipam_drivers]
fake = neutron.tests.unit.ipam.fake_driver:FakeDriver
internal = neutron.ipam.drivers.neutrondb_ipam.driver:NeutronDbPool
```

这就表明 class NeutronDbPool 是 Neutron 默认 IPAM Driver 的实现。class NeutronDbPool 的类图如图 7-36 所示。

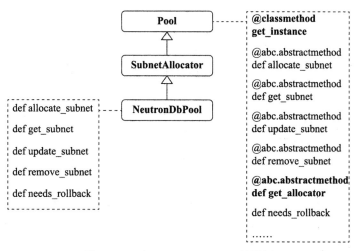

图 7-36　class NeutornDbPool 的类图

通过图 7-36 所标识的接口，我们能深深地感受到 class NeutronDbPool 为了子网网段操碎了心。

class NeutronDbPool 及其相关的一系列代码，简单总结它的功能：用户创建 subnet 时，如果同时传入 subnetpool_id 和 cidr，NeutronDbPool 负责保证这两个参数不冲突，即 cidr 所代表的网段应该是 subnetpool_id 所代表的网段的子集。

（3）代码分析

现在我们再来看看 _create_subnet_precommit 函数的代码，如下：

```
# [neutron/plugins/ml2/plugin.py]
class Ml2Plugin(......)
    def _create_subnet_precommit(self, context, subnet):
        # 打省略号的这段代码，主要是对参数合法性进行判断，下文会解释
        ......

        with context.session.begin(subtransactions=True):
            ......
            # IPAM 分配子网网段并且存储在相应的数据库表里
            subnet, ipam_subnet = self.ipam.allocate_subnet(......)
            ......
```

代码分为两大部分：参数合法性判断、子网网段的分配和保存，下面将逐个介绍。

1）参数合法性判断。

根据前面描述，_create_subnet_precommit 函数的第一步就是合法性判断。合法性判断的基本流程如图 7-37 所示。

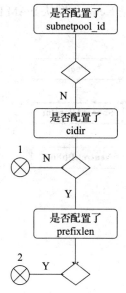

图 7-37　参数合法性判断

图 7-37 中，第 1 个画 × 处指的是参数中既没有传递 subnetpool_id，也没有传入 cidr。这时，Neutron 就没有办法知道这个 subnet 的子网网段到底该是什么。

第 2 个画 × 处指的是既传入 cidr，又传入 prefixlen。因为 cidr 本来就包含 prefixlen，比如：10.10.10.0/24，它表示 prifixlen = 24，此时，若再传入一个 prefixlen 参数，也会让 Neutron 犯傻。

这两个合法性判断，对应的代码如下：

```python
# [neutron/plugins/ml2/plugin.py]
class Ml2Plugin(......):
    def _create_subnet_precommit(self, context, subnet):
        ......
        # 既有 cidr 又有 prefixlen，非法。对应图 7-37 第 2 个画 × 处
        if has_cidr and has_prefixlen:
            msg = _('cidr and prefixlen must not be supplied together')
            raise exc.BadRequest(resource='subnets', msg=msg)
        ......
        if subnetpool_id:
            ......
        # else 的意思，就是没有 subnetpool_id
        else:
            # 在 else(没有 subnetpool_id)的条件下，再加上没有 cidr，非法
            # 对应图 7-37 第 1 个画 × 处
            if not has_cidr:
                msg = _('A cidr must be specified in the absence of a '
                        'subnet pool')
                raise exc.BadRequest(resource='subnets', msg=msg)
```

2）子网网段的分配和保存。

self.ipam.allocate_subnet（......）函数的功能，涉及子网网段的分配和保存。其中网段分配这一块代码非常非常晦涩，我们就不详细介绍了。

我们介绍一下子网网段保存的相关代码，self.ipam.allocate_subnet（......）函数最终会调用函数 self._save_subnet（context, network, ...）进行保存。这个函数的细节也不是重点，重点是我们从这个函数中看到哪些数据表与此相关。代码如下：

```
# [neutron-10.0.2/neutron/db/ipam_backend_mixin.py]
class IpamBackendMixin(db_base_plugin_common.DbBasePluginCommon):
    # 重点关注这个函数涉及哪些表，见下面加粗的代码
    def _save_subnet(self, context,network,subnet_args,dns_nameservers,
                    host_routes,subnet_request):
        ......
        # 涉及表: subnets
        subnet = models_v2.Subnet(**subnet_args)
        # 获取这个 subnet 所关联的 Segment ID
        segment_id = subnet_args.get('segment_id')
        ......
            context.session.add(subnet)
            context.session.flush()
        ......
        # 涉及表 dnsnameservers
        if validators.is_attr_set(dns_nameservers):
            for order, server in enumerate(dns_nameservers):
                dns = subnet_obj.DNSNameServer(......)
                dns.create()

        # 涉及表 subnetroutes（子网的路由表）
        if validators.is_attr_set(host_routes):
            for rt in host_routes:
                route = subnet_obj.Route(......)
                route.create()

        # 涉及表 subnet_service_types
        if validators.is_attr_set(service_types):
            for service_type in service_types:
                service_type_obj = subnet_obj.SubnetServiceType(......)
                service_type_obj.create()

        # 涉及表 ipallocationpools，表示这个子网已经分配的 IP 地址段
        self.save_allocation_pools(......)

        return subnet
```

上述涉及的数据库表及其之间的关系如图 7-38 所示。

2. _create_subnet_postcommit 函数

注意，这个函数不是 self.mechanism_manager.create_subnet_postcommit，而是 self._create_ subnet_postcommit。前者是个空函数，后者代码如下：

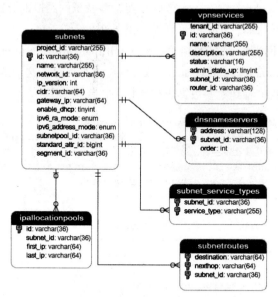

图 7-38　sunbet 数据存入相关数据库表中

```
# [neutron-10.0.2/neutron/db/db_base_plugin_v2.py]
# class NeutronDbPluginV2 是 class Ml2Plugin 的父类
class NeutronDbPluginV2(......):
    def _create_subnet_postcommit(......):
        # 如果 Subnet 关联的 Network 是 Router 外部网关网络
        if hasattr(network, 'external') and network.external:
            # 更新 Router 的外部网关端口信息
            self._update_router_gw_ports(......)

        # 与 IPv6 相关，不是本章关注重点，忽略之。
        if ipv6_utils.is_auto_address_subnet(result):
            ......
```

Router 的外部网关端口在 Router 模型中对应的字段是 external_fixed_ips，这个稍微有点绕，不是很直接。举例说明如下：

```
# router 模型举例
"router": {
    ......
    # 外部网关信息
    "external_gateway_info": {
        "enable_snat": true,
        # external_fixed_ips 的潜台词是
        # 表示一个 gw_port 的 IP 地址信息: ip_address, subnet_id
        "external_fixed_ips": [
            {
                "ip_address": "182.24.4.6",
```

```
                "subnet_id": "b930d7f6-ceb7-40a0-8b81-a425dd994ccf"
            },
        ],
        "network_id": "ae34051f-aa6c-4c75-abf5-50dc9ac99ef3"
    }
}
```

因此，_update_router_gw_ports 函数从函数名上来看，是更新 Router 的 gw_port，但从内容上来看，是更新 Router 的 external_fixed_ips 字段。7.1.4 节 "create_network 函数中" 涉及 Router 的外部网关网络。这里，create_subnet 又涉及 Router 外部网关网络。看来，Router 与 ML2 插件缘分很深。下面我们就继续来看 _update_router_gw_ports 函数的代码：

```python
# [neutron-10.0.2/neutron/db/db_base_plugin_v2.py]
# class NeutronDbPluginV2 是 class Ml2Plugin 的父类
class NeutronDbPluginV2(......):
    def _update_router_gw_ports(self, context, network, subnet):
        # l3plugin 就是 class L3RouterPlugin（下文会介绍）
        l3plugin = directory.get_plugin(constants.L3)
        if l3plugin:
            # 此处的 Network 是 Router 外部网关网络，
            # 查询这个 Network 关联的外部网关端口
            gw_ports = self._get_router_gw_ports_by_network(context,
                       network['id'])
            # 通过外部网关端口，查询这个端口关联的 Router，
            # device_id 是 Port 的一个属性，4.5 节介绍过，指的是：
            # 使用这个 Port 的设备 ID，比如一个服务实例或者一个虚拟路由器
            router_ids = [p['device_id'] for p in gw_ports]
            # 针对每一个 Router，更新它的外部网关端口信息
            for id in router_ids:
                try:
                    self._update_router_gw_port(context, id, network, subnet)
                except l3.RouterNotFound:
                    ......
```

创建一个 Subnet 时，必须关联一个 Network。如果这个 Network 是 Router 的外部网关网络，那么就反查这个 Network 关联的外部网关 Port，并通过这些 Port 再反查到 Router。然后针对每一个 Router，更新它们的外部网关端口信息，也就是 external_fixed_ips。代码如下：

```python
# [neutron-10.0.2/neutron/db/db_base_plugin_v2.py]
# class NeutronDbPluginV2 是 class Ml2Plugin 的父类
class NeutronDbPluginV2(......):
    def _update_router_gw_port(self, context, router_id, network, subnet):
        # 用省略号代替 "合法性" 判断的代码，下文会描述，
        # 这里重点关注更新 router 的 external_fixed_ips 字段的代码：
        ......
        # 通过 router_id 获取 router 对象
        router = l3plugin.get_router(ctx_admin, router_id)
        # 获取 router 的外部网关信息对象 external_gateway_info
        external_gateway_info = router['external_gateway_info']
```

```
# 为外部网关信息赋值：'subnet_id' = subnet['id']
external_gateway_info['external_fixed_ips'].append(
                     {'subnet_id': subnet['id']})
info = {'router': {'external_gateway_info':
     external_gateway_info}}
# 调用 l3plugin 更新 Router 的外部网关信息
l3plugin.update_router(context, router_id, info)
```

通过以上代码介绍，_create_subnet_postcommit 其实可以总结为如下算法。

1）如果创建的 Subnet 所关联的 Network 是 Router 的外部网关网络，那么查询这个 Network 关联的所有外部网关端口；

2）通过关联的外部网关端口，反查它们所属的 Router；

3）针对每一个 Router，如果条件合适，就设置这个 Router 的外部网关信息，设置的内容是：external_gateway_info['external_fixed_ips'].append({'subnet_id':subnet['id']})。

这里面有个问题，external_fixed_ips 包含两个字段：ip_address、subnet_id，为什么只设置其中一个字段 subnet_id？答案在这个函数里：l3plugin.update_router(context, router_id, info)。这个函数会最终设置 ip_address！

在上面的总结中，提到了"针对每一个 Router，如果条件合适，就设置这个 Router 的外部网关信息"。什么叫"如果条件合适"？这就要从 Router 外部网关端口的 IP 地址限制说起。4.5 节提到：1 个 Network 可以有多个 Subnet，相应地，1 个 Network 所关联的 Port 就可以有多个 IP 地址，其中的 IP 地址与 Subnet ——对应。那么一个 Router 的外部网关端口是否可以有多个 external_fixed_ip 呢？如图 7-39 所示。

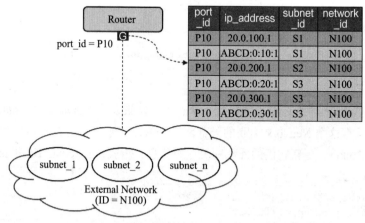

图 7-39　一个外部网关端口有多个 external_fixed_ip 示意

从表 ipallocations 的设计和 routers 的模型来说，这都是可以的（external_fixed_ips 的数据类型被设计成一个 array）。不过，这种情形在 OpenStack Kilo 版本被限制了，它只允许一个 Router 的外部网关端口有一个 IPv4 和一个 IPv6 地址。因为 IPv4 这些外部网络 IP 地址（公网 IP）比较稀缺，且价格昂贵（This could be pretty bad for IPv4 networks where the addresses are scarce and therefore valuable），所以，Neutron 就限制了外部网关端口能绑定的 IPv4 地址的数量（最多有 1 个），同时，它也相应地限制了 IPv6 地址的数量（最多有 1 个）。具体可以参见：https://bugs.launchpad.net/neutron/+bug/1438819。

因此，我们在代码中看到如下判断代码：

```
# [neutron-10.0.2/neutron/db/db_base_plugin_v2.py]
# class NeutronDbPluginV2 是 class Ml2Plugin 的父类
class NeutronDbPluginV2(......):
    def _update_router_gw_port(self, context, router_id, network, subnet):
        ......
        # 以下就是前面用省略号代替的 "合法性" 判断的代码

        # 获取 router 对象
        router = l3plugin.get_router(ctx_admin, router_id)
        # 获取 router 的 external_gateway_info
        external_gateway_info = router['external_gateway_info']

        # 获取所有 stateful fixed ips（比如：non-SLAAC/DHCPv6-stateless)
        # 这里面涉及 IPv6 的细节，可以不关注
        fips = [f for f in external_gateway_info['external_fixed_ips']
                if not ipv6_utils.is_auto_address_subnet(
                    ext_subnets_dict[f['subnet_id']])]

        # 当前外部网关端口的 external_fixed_ips 数量
        num_fips = len(fips)

        # 因为只能有一个 IPv4 地址和一个 IPv6 地址，
        # num_fips > 1, 说明已经有一个 IPv4 地址和一个 IPv6 地址
        # 因此, 如果 num_fips > 1, 则意味着不能再给外部网关端口绑定 IP 地址了
        if num_fips > 1:
            return

        # 如果已经绑定了一个 IP 地址，并且这个 IP 地址的 IP 版本
        # 与此 Subnet 的版本相同，那么也不能再绑定了，
        # 因为一个 IP 版本（v4 or v6）只能有一个 IP 地址
        if num_fips == 1 and netaddr.IPAddress(
                fips[0]['ip_address']).version == subnet['ip_version']:
            return
```

以上代码就是为了保证一个外部网关端口只能绑定一个 IPv4 地址和一个 IPv6 地址。

3. create_subnet 函数小结

create_sub 函数的功能可以分为两大部分：

1）为待创建的 Subnet 分配子网网段，并将 Subnet 信息（含分配的子网网段）存储在相应的数据库表中；

2）如果待创建的 Subnet 所关联的 Network 是 Router 的外部网关，那么就查询这个 Network 所关联的所有 Router，如果需要的话，还需设置它们的外部网关信息。

（external_gateway_info['external_fixed_ips']）。

承载第 1 个功能的函数是 _create_subnet_precommit，这个函数利用了 Subnet Pool 和 IPAM 的功能，为一个待创建的 Subnet 分配子网网段。

承载第 2 个功能的函数是 _create_subnet_postcommit，这个函数最终调用了 L3 Plugin 的接口 update_router，对 Router 的外部网关信息进行设置。设置的具体内容是 Router 的 external_gateway_info 字段中的 external_fixed_ips。需要特别指出的是，从 OpenStack Kilo 版本开始，Neutron 规定对 Router 的外部网关端口的 external_fixed_ips 只能绑定 1 个 IPv4 地址和 1 个 IPv6 地址。

7.1.6　ML2 插件 create_port 函数剖析

正如本章开头对 ML2 插件的功能描述，ML2 插件 create_subnet 函数主要完成的工作有：
1）为待创建的 Port 分配 IP 地址。
2）将待创建的 Port 的信息（含分配的 IP 地址）存入对应的数据库表中。
3）绑定端口（就是 7.1.3 节 Mechanism Driver 介绍的 bind_port 函数所涉及的相关内容）。
4）通过 RPC 调用相应的代理（Agent）做具体的配置工作。
第 4 步会有专门的一节讲述，本节将详细讲述前三个步骤。
Port 相关表之间的关系如图 7-40 所示。
在后面的代码介绍中会涉及这其中的某些表，届时再做介绍，这里暂不一一讲述。

对于一个 Port 而言，可能最重要的属性就是它的 IP 地址。ML2 Plugin 的 create_port 函数的一个重要功能也是分配 Port 的 IP 地址，而且这段代码还比较复杂，下面我们就先介绍 Port 的 IP 地址的分配，然后再整体介绍 create_port 函数。

1. create_port 函数中的 IP 地址分配

提起 Port，可能最先想到的就是它的 IP 地址。Neutron 使用表 ipallocations 来存储一个 Port 的 IP 地址，如图 7-41 所示。

从图 7-41 可以看到，这张不起眼的表竟然关联了 Neutron 的三大核心资源：Network、Subnet、Port。而且表 port 与表 ipallocations 是一对多的关系，也就是说，一个 Port 可以有多个 IP 地址。图 7-41 所描述的 Port 的 IP 地址与 Network、Subnet、Port 之间的关系在前面 4.5 节也提到了：1 个 Network 可以有多个 Subnet，相应地，1 个 Network 所关联的 Port 就可以有多个 IP 地址，其中的 IP 地址与 Subnet 一一对应。基于这个原则，create_port 函数分配 IP 地址的算法如下：

1）创建 Port 时，传入的参数 fixed_ips 与 IP 地址相关。fixed_ips 是一个数组（array），它的元素是 [ip_address, subnet_id]。

2）如果同时指定了 subnet_id 和 ip_address，那么 Neutron 将尝试在相应的 Subnet 上分配该 ip_address 给对应的 port。

3）如果仅仅指定了一个 subnet_id，那么 Neutron 将从该 Subnet 中分配一个有效的 IP

给对应的 Port。

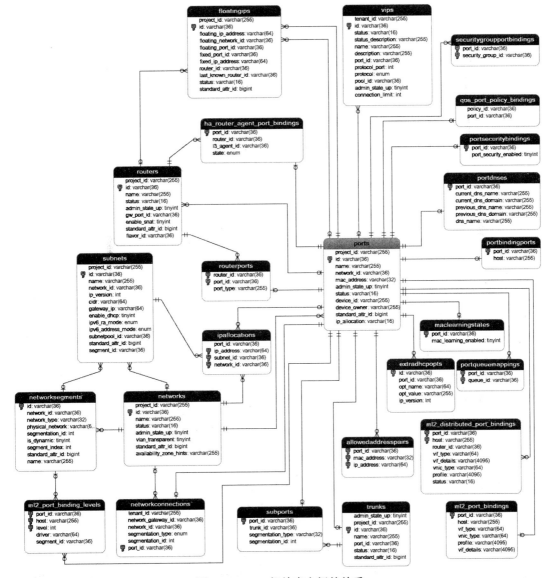

图 7-40　Port 相关表之间的关系

4）如果仅仅指定了一个 ip_address，那么 Neutron 将选择一个合适的 Subnet，并将这个 IP 分配给对应的 Port。

这个算法看起来比较简单，因为算法描述中用了一些模糊的词语：有效的、合适的。实际的代码为了"精确"地实现这些模糊的词语，非常复杂。我们来看具体的代码。

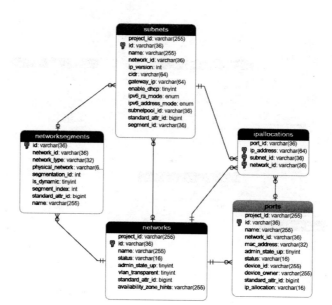

图 7-41　表 ipallocations

Neutron 代码中，针对 Port 的 IP 地址分配的函数如下：

```
# [neutron-10.0.2/neutron/db/ipam_pluggable_backend.py]
# ML2 Plugin 调用的是 class IpamPluggableBackend 的函数
# allocate_ips_for_port_and_store 进行 Port 的 IP 地址分配
# 这也体现了 Neutron 使用了 IPAM 对 IP 地址的管理
class IpamPluggableBackend(ipam_backend_mixin.IpamBackendMixin):
    def allocate_ips_for_port_and_store(self, context, port, port_id):
        # 基于代码主干分析的原则，这个函数只需关注如下加粗的两句代码
        ......
        try:
            ips = self._allocate_ips_for_port(context, port_copy)
            for ip in ips:
                ip_address = ip['ip_address']
                subnet_id = ip['subnet_id']
                IpamPluggableBackend._store_ip_allocation(......)
            return ips
        except Exception:
            ......
```

allocate_ips_for_port_and_store 函数的主干流程有两步：self._allocate_ips_for_port、IpamPluggableBackend._store_ip_allocation，下面逐个进行介绍。

（1）_allocate_ips_for_port 函数

_allocate_ips_for_port 函数代码如下：

```
# [neutron-10.0.2/neutron/db/ipam_pluggable_backend.py]
class IpamPluggableBackend(ipam_backend_mixin.IpamBackendMixin):
    def _allocate_ips_for_port(self, context, port):
        # port['port'] 是创建 Port 时传入的参数
        p = port['port']
```

```
......
# 判断创建 Port 时是否传入了 'fixed_ips' 参数。fixed_ips 是一个数组，
# 每一个元素由两个字段组成: ip_address、subnet_id
fixed_configured = p['fixed_ips'] is not constants.ATTR_NOT_SPECIFIED

# 如果传入了 'fixed_ips' 参数，则对 'fixed_ips' 进行合法性判断
# self._test_fixed_ips_for_port 函数比较复杂，下文会继续介绍
if fixed_configured:
    # 如果 fixed_ips 合法，ips 实际上就等于 fixed_ips
    ips = self._test_fixed_ips_for_port(......)
# 如果没有传入 'fixed_ips' 参数，则根据关联的 Subnet 构建 ips
else:
    ips = []
    version_subnets = [v4, v6_stateful]
    for subnets in version_subnets:
        if subnets:
            ips.append([{'subnet_id': s['id']}
                        for s in subnets])
......
# 调用 _ipam_allocate_ips，进行 IP 地址分配
return self._ipam_allocate_ips(context, ipam_driver, p, ips)
```

代码中的 ips 是一个 array，其中的元素是一个 dictionary，形式如下。

`{'subnet_id': ***, 'ip_address': ***}`

这段代码比较长，总结起来分为三部分，如表 7-9 所示。

表 7-9 _allocate_ips_for_port 代码分析

步骤	相关代码	分析
第一部分	if fixed_configured: ips = self._test_fixed_ips_for_port(...)	如果配置了 fixed_ips，则对其进行合法性校验，如果合法，则将 fiexed_ips 转换为 ips 数据结构
第二部分	else: ips = [] ips.append([{'subnet_id': s['id']}, for s in subnets])	如果没有配置 fixed_ips，则将 Port 关联的 Network 下所有的 Subnet 转换为 ips
第三部分	self._ipam_allocate_ips(context, ipam_driver, p, ips)	针对 ips 进行 IP 地址分配

下面我们就来讲述 _test_fixed_ips_for_port 和 _ipam_allocate_ips 函数。

1）_test_fixed_ips_for_port 函数。

这个函数的名字取得不大好，容易令人唏嘘。实际上它是校验创建 Port 时所输入的参数 fixed_ips 是否合法，并不是如它名字所暗示的那样做一个测试（test）。函数代码如下：

```
# [neutron-10.0.2/neutron/db/ipam_pluggable_backend.py]
class IpamPluggableBackend(ipam_backend_mixin.IpamBackendMixin):
    def _test_fixed_ips_for_port(self, context, network_id, fixed_ips,
                                 device_owner, subnets):
        # 这个函数笔者做了很多裁剪，只保留了主干的部分。函数代码比较复杂，难以通过
        # 代码注释加讲解进行讲述，所以笔者在下面画了代码的流程图，以便能更准确地解释
        # subnets
```

```
fixed_ip_list = []
for fixed in fixed_ips:
    # subnets 是待创建 Port 所关联的 Network 中的所有关联的 Subnet
    subnet = self._get_subnet_for_fixed_ip(context, fixed, subnets)
    .......
    # 下面的 if/else 是对传入参数 fixed_ip 进行合法性判断，如果合法，就保存下来
    if ('ip_address' in fixed and
            subnet['cidr'] != n_const.PROVISIONAL_IPV6_PD_PREFIX):
        ......
        fixed_ip_list.append({'subnet_id': subnet['id'],
                              'ip_address': fixed['ip_address']})
    else:
        ......
        fixed_ip_list.append({'subnet_id': subnet['id']})

# 最后一步，判断所有合法的 fixed_ip(fixed_ip_list) 的数量是否超过一个 Port 所
# 能绑定的 IP 地址的最大数量
self._validate_max_ips_per_port(fixed_ip_list, device_owner)
return fixed_ip_list
```

这段代码比较复杂，我们还是看它的流程图，如图 7-42 所示。

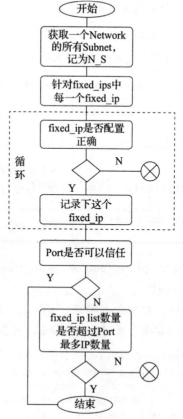

图 7-42 _test_fixed_ips_for_port 函数流程图

首先判断 fixed_ips 是否配置正确，如果配置正确，还得判断其数量，它的数量不能超过一个 Port 能绑定的 IP 地址数量的上限。这个上限配置在配置文件 ect/neutron.conf 中，比如：

```
# [ect/neutron.conf]
max_fixed_ips_per_port = 5      # 表示一个端口最多只能配置 5 个 IP 地址
```

不过，Neutron 认为，如果这个 Port 可以信任，则不受此限制。所谓可以信任，就是这个 Port 的 device owner 以 "network:" 开头：

```
# [neutron/common/utils.py]
def is_port_trusted(port):
    return port['device_owner'].startswith("network:")
```

Neutron 判断 fixed_ips 是否配置正确，是针对其中每一个 fixed_ip 进行判断，判断流程如图 7-43 所示。

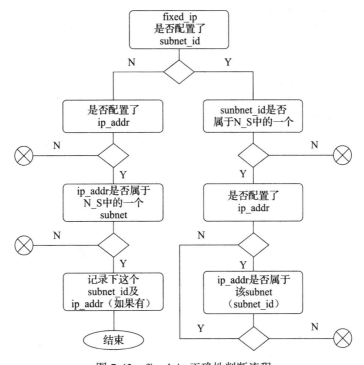

图 7-43　fixed_ip 正确性判断流程

_test_fixed_ips_for_port 函数经过一系列的判断，将合法的值存入 ips 中，然后调用 _ipam_allocate_ips 函数进行 IP 地址分配。

2）_ipam_allocate_ips 函数。

_ipam_allocate_ips 函数代码如下：

```
# [neutron-10.0.2/neutron/db/ipam_pluggable_backend.py]
```

```python
class IpamPluggableBackend(ipam_backend_mixin.IpamBackendMixin):
    def _ipam_allocate_ips(self, context, ipam_driver, port, ips,
                    revert_on_fail=True):
        ......
        # 针对 ips 中的每一个元素，调用 ipam_allocator.allocate 函数进行 IP 地址分配
        for ip in ips:
            ......
            ip_address, subnet_id = ipam_allocator.allocate(ip_request)
            ......
```

ipam_allocator.allocate 函数又调用其他函数，最终调用的代码如下：

```python
# [neutron/ipam/drivers/neutrondb_ipam/driver.py]
class NeutronDbSubnet(ipam_base.Subnet):
    # ipam_allocator.allocate 最终调用的是这个函数：allocate
    def allocate(self, address_request):
        # 下面的代码可以先浏览一遍。下文有详细的解释
        all_pool_id = None
        if isinstance(address_request, ipam_req.SpecificAddressRequest):
            ip_address = str(address_request.address)
            self._verify_ip(self._context, ip_address)
        else:
            prefer_next = isinstance(address_request,
                            ipam_req.PreferNextAddressRequest)
            ip_address, all_pool_id = self._generate_ip(self._context, prefer_next)
        ......
        self.subnet_manager.create_allocation(self._context, ip_address)
        ......
        return ip_address
```

这个函数与如下三张表密切相关，或者说，这个函数就是围绕这三张表展开的，如图 7-44 所示。

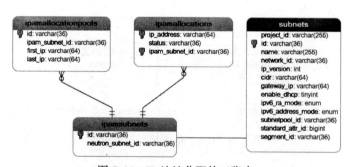

图 7-44　IP 地址分配的三张表

表 ipamallocationpools 表示一个 Subnet 可以分配的 IP 地址，示例如图 7-45 所示。

图 7-45 中的 first_ip 和 last_ip 标识一个 Subnet 可以分配的 IP 地址范围。比如第一行就意味着 ID = 4e082b77-820a-478d-ba4f-a7844613ef89 的 Subnet，可以分配的范围是 [10.0.0.2, 10.0.0.254]。

id	ipam_subnet_id	first_ip	last_ip
2c63cfe7-9329-4fb7-996e-925c3ede676c	4e082b77-820a-478d-ba4f-a7844613ef89	10.0.0.2	10.0.0.254
5363d7ec-dfdd-4918-b5b4-41cdec34adb0	19405bda-c11a-46a0-92cc-dd5fdd98d75a	2001:db8::3	2001:db8::ffff:ffff:ffff:ffff
99587657-301a-426f-83d1-c788c85b19e0	19405bda-c11a-46a0-92cc-dd5fdd98d75a	2001:db8::1	2001:db8::1
acce6036-c645-45b0-88a9-b5298ea25c04	b3998722-dcf0-4bf7-8c44-981292e1f393	fd58:4d64:8f0f::2	fd58:4d64:8f0f:0:ffff:ffff:ffff:ffff
d16953dc-a353-45c9-b275-ccda2bec8db1	5732067f-18f7-4b69-9e74-dc3e1fa35e38	172.24.4.2	172.24.4.254

图 7-45　表 ipamallocationpools 示例

表 ipamallocations 表示 Subnet 已经分配的 IP 地址，示例如图 7-46 所示。

ip_address	status	ipam_subnet_id
10.0.0.1	ALLOCATED	4e082b77-820a-478d-ba4f-a7844613ef89
10.0.0.2	ALLOCATED	4e082b77-820a-478d-ba4f-a7844613ef89
10.0.0.5	ALLOCATED	4e082b77-820a-478d-ba4f-a7844613ef89
172.24.4.2	ALLOCATED	5732067f-18f7-4b69-9e74-dc3e1fa35e38
2001:db8::9	ALLOCATED	19405bda-c11a-46a0-92cc-dd5fdd98d75a
fd58:4d64:8f0f:0:f816:3eff:	ALLOCATED	b3998722-dcf0-4bf7-8c44-981292e1f393
fd58:4d64:8f0f:0:f816:3eff:	ALLOCATED	b3998722-dcf0-4bf7-8c44-981292e1f393
fd58:4d64:8f0f::1	ALLOCATED	b3998722-dcf0-4bf7-8c44-981292e1f393

图 7-46　表 ipamallocations 示例

图 7-46 的前三行意味着 ID = 4e082b77-820a-478d-ba4f-a7844613ef89 的 Subnet，其中的 IP 地址：10.0.0.1、10.0.0.2、10.0.0.5，已经被分配了。

我们再回头看看 allocate 这个函数，其主要代码就是三个部分，如表 7-10 所示。

表 7-10　allocate 函数代码分析

步骤	代　码	分　析
第一部分	if isinstance(...): self._verify_ip(self._context, ip_address)	如果传入的参数中包含 IP 地址，那么就做一个校验，如果校验通过，则这个 IP 地址就可以分配给对应的 Port。校验算法： ① 校验这个 IP 地址，是否已经被分配了（已经存在于 ipamallocations 表中） ② 校验这个 IP 地址，是否是传入参数的 Subnet 的一个合法 IP 地址
第二部分	else: self._generate_ip(self._context,prefer_next)	如果传入参数中没有 IP 地址，那么要生成一个 IP 地址。生成算法是： ① 构建候选 IP 列表：这个 IP 地址在 ipamallocation-pools 定义的范围内，并且没有被分配过（没有位于 ipamallocations 表中） ② 在这些候选 IP 列表中随机选择一个
第三部分	self.subnet_manager.create_allocation(self._context, ip_address)	将上述 IP 地址（或者是传入，或者是生成）存入 ipamallocations 表中，表示这个 IP 地址已经被分配了

以上就是 _allocate_ips_for_port 函数的全部内容，它为一个 Port 分配了 IP 地址，下一步就需要调用 _store_ip_allocation 函数。

（2）_store_ip_allocation 函数

_store_ip_allocation 函数代码如下：

```python
# [neutron/db/db_base_plugin_common.py]
class DbBasePluginCommon(common_db_mixin.CommonDbMixin):
    @staticmethod
    def _store_ip_allocation(context, ip_address, network_id, subnet_id,
                    port_id):
        ......
        # models_v2.IPAllocation 就是表 ipallocations 的模型
        allocated = models_v2.IPAllocation(......)
        # 在表 ipallocations 中增加一条记录
        context.session.add(allocated)
        ......
```

这个函数就是将函数 _allocate_ips_for_port 分配的 IP 地址存入表 ipallocations 中，示例如图 7-47 所示。

port_id	ip_address	subnet_id	network_id
1ee0efa2-cb17-4a62-85a9-4b56244d6523	10.0.0.2	8b30c07a-191f-46f9-bd3c	fcfb13e6-579e-462c-90f5-6d93742
1ee0efa2-cb17-4a62-85a9-4b56244d6523	fd58:4d64:8f0f:0:f816:3eff:	fa7dcd07-2d80-4608-baa	fcfb13e6-579e-462c-90f5-6d93742
20e9cb03-996e-409f-a4fe-ef4512b7efb8	10.0.0.5	8b30c07a-191f-46f9-bd3c	fcfb13e6-579e-462c-90f5-6d93742
20e9cb03-996e-409f-a4fe-ef4512b7efb8	fd58:4d64:8f0f:0:f816:3eff:	fa7dcd07-2d80-4608-baa	fcfb13e6-579e-462c-90f5-6d93742
93e8d79e-920e-40cf-84ab-dd1a8fa48621	10.0.0.1	8b30c07a-191f-46f9-bd3c	fcfb13e6-579e-462c-90f5-6d93742
ade74758-df98-4cbf-970b-7817c0165d07	fd58:4d64:8f0f::1	fa7dcd07-2d80-4608-baa	fcfb13e6-579e-462c-90f5-6d93742
d81fe483-4803-4284-9e5c-a75267bfe051	172.24.4.2	0a6f3498-9b85-4a77-943	e09abab2-066b-4df1-a785-e3409
d81fe483-4803-4284-9e5c-a75267bfe051	2001:db8::9	c06ca312-151f-4e9d-a42	e09abab2-066b-4df1-a785-e3409

图 7-47　表 ipallocations 示例

2. create_port 代码分析

create_port 函数如下：

```python
# [neutron/plugins/ml2/plugin.py]
class Ml2Plugin(......):
    def create_port(self, context, port):
        # 下文会详细介绍
        result, mech_context = self._create_port_db(context, port)
        ......
        # 如前文 Mechanism Driver 的介绍，这个函数最终会调用一个空函数，
        # 因此，这是一个假的主要步骤。下文也不会再对其进行介绍
        self.mechanism_manager.create_port_postcommit(mech_context)
        ......
        # 绑定端口
        bound_context = self._bind_port_if_needed(mech_context)
        ......
        return bound_context.current
```

bind_port 代码分为两大步骤：_create_port_db、_bind_port_if_needed。其中第二个步骤的代码在 7.1.3 节已经完整详细地介绍过，本节不再赘述。_create_port_db 的代码如下：

```python
# [neutron/plugins/ml2/plugin.py]
class Ml2Plugin(......):
    def _create_port_db(self, context, port):
        ......
        with session.begin(subtransactions=True):
```

```
# 真心觉得 Neutron 的函数名字取得不咋地,
# 一会是 _create_port_db, 一会是 create_port_db,
# 这是属于毫无必要地增加代码复杂度
# 这个函数的功能是:分配 Port 的 IP 地址,相关信息存入数据库表:
# ports、ipallocations
port_db = self.create_port_db(context, port)

# 从主干流程的角度,以下代码用省略号代替,不必关注细节。
# 以下代码与 Port 的 allowed_address_pairs、extra_dhcp_opts 等属性相关
......

# 以下代码与 Provisioning Block 机制相关,7.1.3 节已经详细介绍过
self.mechanism_manager.create_port_precommit(mech_context)
self._setup_dhcp_agent_provisioning_component(context, result)

......
return result, mech_context
```

_create_port_db 函数主要分为三大部分,如表 7-11 所示。

表 7-11 _create_port_db 函数分析

序号	代 码	说 明
第一部分	create_port_db	分配 Port 的 IP 地址,相关数据存入表 ports、ipallocations
第二部分	......（以省略号代替的部分,不是主干步骤）	与 Port 的 allowed_address_pairs、extra_dhcp_opts 等属性相关,相应的数据存入表 allowedaddressparis、dhcp_opts
第三部分	self.mechanism_manager.create_port_precommit self._setup_dhcp_agent_provisioning_component	与 Provsioning Block 机制相关,相应的数据存入表 provisioningblocks

_create_port_db 函数涉及的几张表的关系如图 7-48 所示。

第一部分代码 create_port_db 中相对比较复杂的是"self.ipam.allocate_ips_for_port_and_store",这个我们已经在前面介绍过,这里就不再重复。

第二部分代码,不是主干步骤（从理解 Neutron 原理的角度来讲）,本节不再深入介绍。

第三部分代码,主要涉及 Provisioning Block 这个概念,这个已经在 7.1.3 节中介绍过,这里不再重复。

7.2 业务插件

Neutron 把 networks、subnets、subnetpools、ports 等资源称为 Core Services,而把其他资源称为 Extensions（Services）。同时,它又把 Core Services

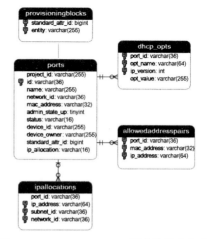

图 7-48 _create_port_db 所涉及的几张表

的 Plugin 称为 ML2 Core Plugin，把 Extensions（Services）的 Plugin 称为 Services Plugin（业务插件）。这些从它的目录结构中可以看到，如图 7-49 所示。

图 7-49 左边表示的是 Neutron 的 Extension Service 的代码目录，右边表示的是 Neutron 的 Extension Service 的 Plugin 的代码目录。

Neutron 的 Service Plugin 数量众多，本节我们只选择最典型的资源 Router 的 Plugin 进行讲述。在配置文件 etc/neutron.conf 中，关于 Router 的 Plugin 是这样配置的：

```
# [etc/neutron.conf]
# router 是 Router 资源的 Service Plugin
    的名称
service_plugins = router,firewall,lbaas,
    vpnaas,metering,qos # Example
```

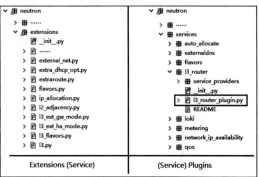

图 7-49　Neutron 关于 Extension Service 与 Core Service 的 Plugin 的代码目录

在配置文件 neutron.egg-info/entry_points.txt 中，关于 router 是这样定义的：

```
# [neutron.egg-info/entry_points.txt]
[neutron.service_plugins]
router = neutron.services.l3_router.
    l3_router_plugin:L3RouterPlugin
```

这个表明实现 Router Plugin 的 class 就是上述的 class L3RouterPlugin。Router Plugin 为 Router Service 服务，Neutron 关于 Router 的服务接口如图 7-50 所示。

与之对应的，class L3RouterPlugin 也有相应的接口。class L3RouterPlugin 的类图如图 7-51 所示，其中就标识了相关接口。

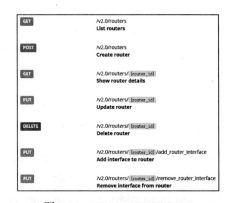

图 7-50　Router RESTful API

图中并没有非常完整地将 class L3RouterPlugin 的继承关系完整地画出来，而是标识了一些比较重要的 class。class l3.RouterPluginBase 定义了 Router Plugin 的接口，从接口这条线来说，类的传承是这样的：l3.RouterPluginBase → l3_db.L3_NAT_dbonly_mixin → l3_db.L3_NAT_db_mixin → extraroute_db.ExtraRoute_db_mixin → L3RouterPlugin。

Router 相关的表结构如图 7-52 所示。

后面的代码介绍中会涉及这其中的某些表，届时再做介绍，这里暂不一一讲述。本节将选取 class L3RouterPlugin 两个典型接口：create_router 和 add_router_interface 进行分析。

7.2.1　Router Plugin 的 create_router 函数分析

Class L3RouterPlugin 的 create_router 代码如下：

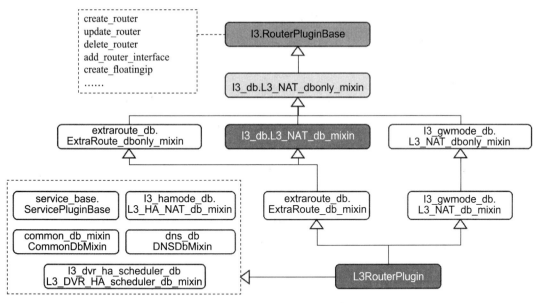

图 7-51 class L3RouterPlugin 类图

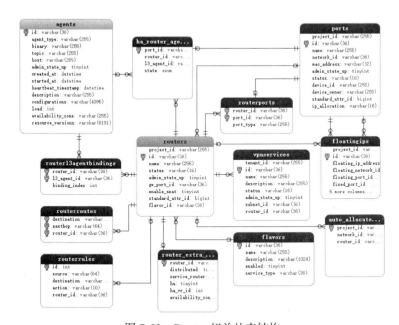

图 7-52 Router 相关的表结构

```
# [neutron/db/l3_db.py]
# class L3_NAT_db_mixin 是 class L3RouterPlugin 父类,
# create_router 的接口定义在 class L3_NAT_db_mixin 中
class L3_NAT_db_mixin(L3_NAT_dbonly_mixin, L3RpcNotifierMixin):
```

```python
    def create_router(self, context, router):
        # 调用父类 class L3_NAT_dbonly_mixin 的接口 create_router
        router_dict = super(L3_NAT_db_mixin, self).create_router(context,
                                                                  router)
        # 如果创建的 Router 中包含外部网关信息 (external_gateway_info),
        # 则通过 RPC 通知 L3 Agent。RPC 相关代码放在 7.3 节中介绍，本节不涉及
        if router_dict.get('external_gateway_info'):
            self.notify_router_updated(context, router_dict['id'], None)

        return router_dict
```

create_router 函数分为两个主要步骤：调用父类 class L3_NAT_dbonly_mixin 的接口 create_router、调用 notify_router_updated 函数，RPC 通知 L3 Agent。其中第二步的相关代码，放在 7.3 节介绍，本节只介绍第一个步骤。class L3_NAT_dbonly_mixin 的 create_router 代码如下：

```python
# [neutron/db/l3_db.py]
class L3_NAT_dbonly_mixin(......):
    @db_api.retry_if_session_inactive()
    def create_router(self, context, router):
        # router['router'] 是创建 Router 时传入的参数，
        # gw_info 是 router['router'] 中的外部网关信息
        r = router['router']
        gw_info = r.pop(EXTERNAL_GW_INFO, None)

        # 以下三个加粗字体: create、delete、update_gw
        # 涉及 functools.partial 算子
        create = functools.partial(self._create_router_db, context, r,
                                   r['tenant_id'])
        delete = functools.partial(self.delete_router, context)
        update_gw = functools.partial(self._update_gw_for_create_router,
                                      context, gw_info)

        # 调用 common_db_mixin.safe_creation, 创建 Router
        router_db, _unused = common_db_mixin.safe_creation(context, create,
                    delete, update_gw, transaction=False)
        ......
        # 通知其他模块，Router 创建完毕。registry.notify 会在 7.3 节中描述，本节不涉及
        registry.notify(resources.ROUTER, events.AFTER_CREATE, ......)

        return new_router
```

class L3_NAT_dbonly_mixin 的 create_router 函数，分为两大步：调用 common_db_mixin.safe_creation 创建 Router、调用 registry.notify 通知其他模块，Router 创建完毕。其中第二步的相关代码放在 7.3 节介绍，本节只介绍第一个步骤。

第一步的代码中，用到了 functools.partial 算子，具体请参见 https://docs.python.org/2/library/functools.html#functools.partial。这里可以简单理解为将 self._create_router_db、self.delete_router、self._update_gw_for_create_router 做一个封装，传递给 common_db_mixin.safe_ creation 函数调用。

common_db_mixin.safe_creation 最终调用的函数如下：

```python
# [neutron/db/_utils.py]
# safe_creation 是一个独立的函数，不是某一个 class 的成员函数
def safe_creation(context, create_fn, delete_fn, create_bindings,
            transaction=True):
    cm = (context.session.begin(subtransactions=True)
        if transaction else _noop_context_manager())
    with cm:
        # create_fn 就是上一段代码传入的 functools.partial 算子 create，
        # 本质上是 class L3_NAT_dbonly_mixin 的 _create_router_db 函数
        obj = create_fn()
        try:
            # create_bindings 就是上一段代码传入的 functools.partial 算子
            # update_gw 本质上是 class L3_NAT_dbonly_mixin 的
            # _update_gw_for_create_router 函数
            value = create_bindings(obj['id'])
        except Exception:
            with excutils.save_and_reraise_exception():
                try:
                    # delete_fn 就是上一段代码传入的 functools.partial 算子 delete，
                    # 本质上是 class L3_NAT_dbonly_mixin 的 delete_router 函数
                    delete_fn(obj['id'])
                except Exception as e:
                    ......
    return obj, value
```

像 safe_creation 函数的这种写法是一种模式，具体可以参见：https://docs.openstack.org/developer/neutron/devref/effective_neutron.html。

safe_creation 函数分为两个步骤、三个函数。两个步骤是：Router 的数据入库、更新 Router 的外部网关端口。三个函数都是 class L3_NAT_dbonly_mixin 的成员函数：_create_router_db（对应第一步）、_update_gw_for_create_router（对应第二步）、delete_router（如果前两步中任何一步出现异常，则删除 Router，实际上也就是删除数据库里相关信息）。

下面我们针对这三个函数，分别展开描述。

1. create_router_db 函数

class L3_NAT_dbonly_mixin 的成员函数 _create_router_db，代码如下：

```python
# [neutron/db/l3_db.py]
class L3_NAT_dbonly_mixin(......):
    def _create_router_db(self, context, router, tenant_id):
        router.setdefault('id', uuidutils.generate_uuid())
        router['tenant_id'] = tenant_id
        ......
        # 将待创建的 Router 信息存入数据库表 routers
        with context.session.begin(subtransactions=True):
```

```python
        router_db = l3_models.Router(
            id=router['id'],
            tenant_id=router['tenant_id'],
            name=router['name'],
            admin_state_up=router['admin_state_up'],
            status=n_const.ROUTER_STATUS_ACTIVE,
            description=router.get('description'))
    context.session.add(router_db)
    ......
    return router_db
```

这段代码相对比较简单，就是将待创建的 Router 的信息存入数据库表 routers。

2. _update_gw_for_create_router 函数

_create_router_db 函数实际上仅仅是在数据库表 routers 中存入了 id、name、admin_state_up、status 等最基本的信息。但是，在 Create Router 的 Request 报文里，还有一个非常重要的参数：外部网关信息（external_gateway_info）。这个参数在 7.1 节中一再提及，现在到了 Router 的大本营，怎么能没有围绕这个参数的代码？_update_gw_for_create_router 函数就是承担此功能的，代码如下：

```python
# [neutron/db/l3_db.py]
class L3_NAT_dbonly_mixin(......):
    def _update_gw_for_create_router(self, context, gw_info, router_id):
        # 首先判断 gw_info 不能为空，也即传入参数中是否包含了外部网关信息
        if gw_info:
            # 通过 router_id 从表 routers 中获取一条表记录
            router_db = self._get_router(context, router_id)
            # 调用 _update_router_gw_info 函数
            self._update_router_gw_info(context, router_id,
                                        gw_info, router=router_db)

    def _update_router_gw_info(self, context, router_id, info, router=None):
        # 提取相关参数
        router = router or self._get_router(context, router_id)
        gw_port = router.gw_port
        ext_ips = info.get('external_fixed_ips') if info else []
        ......
        # 调用 _create_gw_port 函数
        self._create_gw_port(context, router_id, router, network_id,
                             ext_ips)

    def _create_gw_port(self, context, router_id, router, new_network_id,
                        ext_ips):
        ......
        # 继续调用 _create_router_gw_port 函数
        self._create_router_gw_port(context, router,
                                    new_network_id, ext_ips)
        ......
```

```python
def _create_router_gw_port(self, context, router, network_id, ext_ips):
    # 构建参数
    port_data = {'tenant_id': '',  # intentionally not set
                 'network_id': network_id,
                 'fixed_ips': ext_ips or constants.ATTR_NOT_SPECIFIED,
                 'device_id': router['id'],
                 'device_owner': DEVICE_OWNER_ROUTER_GW,
                 'admin_state_up': True,
                 'name': ''}

    # 调用 p_utils.create_port 函数,
    # self._core_plugin 就是 7.1 节描述的 ML2 Plugin
    gw_port = p_utils.create_port(self._core_plugin,
                    context.elevated(), {'port': port_data})

    # 相关数据存储在数据库表 routers、routerports 中（代码暂时用省略号代替）
    ......
```

class L3_NAT_dbonly_mixin 的函数 _create_router_db，经过多步函数调用，最后调用了函数 _create_router_gw_port。该函数分为两大步：调用 p_utils.create_port、相关数据入库（代码暂时以省略号代替，下文会讲述）。p_utils.create_port 的代码如下：

```python
# [neutron/plugins/common/utils.py]
# create_port 函数相当于一个工具函数
# core_plugin 就是 7.1 节描述的 ML2 Plugin
def create_port(core_plugin, context, port, check_allow_post=True):
    # 构建参数
    port_data = _fixup_res_dict(context, attributes.PORTS,
                        port.get('port', {}),
                        check_allow_post=check_allow_post)
    # 调用 ML2 Plugin 的接口 create_port
    return core_plugin.create_port(context, {'port': port_data})
```

可以看到，class L3_NAT_dbonly_mixin 的函数 _create_router_gw_port，或者说 _create_router_db 函数，最终相当于调用 ML2 Plugin 的 create_port 函数。7.1.6 节已经详细介绍过这个函数，这里不再重复。

另外 _create_router_gw_port 函数的第二步，是将相关数据存入数据库表中，代码如下：

```python
# [neutron/db/l3_db.py]
class L3_NAT_dbonly_mixin(......):
    def _create_router_gw_port(self, context, router, network_id, ext_ips):
        ......
        with context.session.begin(subtransactions=True):
            # 上一步是调用 ML2 Plugin 的 create_port 函数,创建了外部网关端口,
            # 这里在调用 ML2 Plugin 的 _get_port 函数,获取该端口
            router.gw_port = self._core_plugin._get_port(
                        context.elevated(), gw_port['id'])

            # l3_models.RouterPort 对应表 routerports
```

```
router_port = l3_models.RouterPort(
    router_id=router.id,
    port_id=gw_port['id'],
    port_type=DEVICE_OWNER_ROUTER_GW)

# 相关数据存储在数据库表 routers、routerports 中
context.session.add(router)
context.session.add(router_port)
```

这段代码，最终将数据存入数据库表 routers、routerports 中。这两个数据库表及表 ports 三者之间的关系如图 7-53 所示。

图 7-53 表明了三个表之间的关系。一个 Port 通过表 routerports 与一个 Router 建立了关联关系，表明这个 Port 就是这个 Rotuer 的外部网关端口。

3. delete_router 函数

safe_creation 函数中的前两个步骤（create_router_db、update_gw_for_create_router）如果出现异常，safe_creation 就会调用 delete_router 函数。其代码如下：

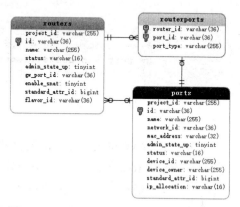

图 7-53　external_gateway_info 所涉及的表

```
# [neutron/db/l3_db.py]
class L3_NAT_dbonly_mixin(......):
    def delete_router(self, context, id):
        # id 是 router_id
        router = self._ensure_router_not_in_use(context, id)
        original = self._make_router_dict(router)
        # 删除 Router 的外部网关端口：
        # 清除表 routerports 中的相关数据、调用 ML2 Plugin 删除该外部网关端口
        self._delete_current_gw_port(context, id, router, None)

        # 获取所有关联到该 Router 上的所有端口，并删除
        router_ports = router.attached_ports.all()
        for rp in router_ports:
            # 调用 ML2 Plugin 删除端口
            self._core_plugin.delete_port(context.elevated(),
                                          rp.port.id,
                                          l3_port_check=False)

        # 从数据库表 routers 中删除该 Router
        with context.session.begin(subtransactions=True):
            ......
            context.session.delete(router)

        # 通知其他模块，Router 删除消息。registry.notify 会在 7.3 节中描述，本节不涉及
        registry.notify(resources.ROUTER, events.AFTER_DELETE, ......)
```

可以看到，delete_router 函数不仅要删除表 routers 中创建失败的 Router 信息，还要删除

该 Router 关联所有 Port 信息（调用 ML2 Plugin 的 delete_port 接口），同时要从表 routerports 中删除 Router 与 Port 的关联关系。

delete_router 函数相当于 create_router_db 或者 update_gw_for_create_router 出现异常时的一次全面回滚。

7.2.2　Router Plugin 的 add_router_interface 代码分析

到目前为止已经介绍的 4 个接口中，有三个接口与 Router 的外部网关接口相关：ML2 plugin 的 create_subnet、create_port 以及 Router Plugin 的 create_router。Router 关联的端口，除了外部网关端口以外，还有其他类型的端口。为了关联这种端口，RouterPlugin 提出了 add_router_interface 接口。关于 add_router_interface 的含义及其与 Router 的路由表的关系，请参见 4.6.2 节和 4.6.3 两节，本文不再重复。这里直接介绍这个函数的代码。Class L3RouterPlugin 的 add_router_interface 接口的代码如下：

```python
# [neutron/db/l3_db.py]
# class L3_NAT_db_mixin 是 class L3RouterPlugin 父类，
# add_router_interface定义在 class L3_NAT_db_mixin 中
class L3_NAT_db_mixin(L3_NAT_dbonly_mixin, L3RpcNotifierMixin):
    def add_router_interface(self, context, router_id, interface_info):
        # 调用父类 class L3_NAT_dbonly_mixin 的 add_router_interface
        router_interface_info = super(
            L3_NAT_db_mixin, self).add_router_interface(
                context, router_id, interface_info)

        # 通过 RPC 通知 L3 Agent。RPC 相关代码放在 7.3 节中介绍，本节不涉及
        self.notify_router_interface_action(
            context, router_interface_info, 'add')
        return router_interface_info
```

class L3_NAT_db_mixin 的 add_router_interface 函数分为两大步：调用父类 class L3_NAT_dbonly_mixin 的同样名称的接口、RPC 通知 L3 Agent。其中第二步放在 7.3 节中介绍，这里先分析 class L3_NAT_dbonly_mixin 的 add_router_interface，代码如下：

```python
# [/neutron/db/l3_db.py]
class class L3_NAT_dbonly_mixin(......):
    def add_router_interface(self, context, router_id, interface_info):
        # 根据 router_id 获取 router 对象
        router = self._get_router(context, router_id)

        # 根据传入的参数 interface_info，判断是通过增加 Port 还是通过增加 Subnet，
        # 来增加 Router Interface。因为传入的参数，或者是 port_id，或者是 subnet_id
        add_by_port, add_by_sub = \
            self._validate_interface_info(interface_info)

        # device_owner = "network:router_interface"
        device_owner = self._get_device_owner(context, router_id)
```

```python
......
# 如果传入参数是 port_id, 调用函数: _add_interface_by_port
if add_by_port:
    port_id = interface_info['port_id']
    ......
    port, subnets = self._add_interface_by_port(
        context, router, port_id, device_owner)
# 如果传入参数是 subnet_id, 调用函数: _add_interface_by_subnet
else:
    port, subnets, new_router_intf = \
        self._add_interface_by_subnet(
            context, router, interface_info['subnet_id'], device_owner)
    ......
# 在表 routerports 中添加一条记录, 标识 Port 与 Router 之间的关系
with context.session.begin(subtransactions=True):
    router_port = l3_models.RouterPort(
        port_id=port['id'],
        router_id=router.id,
        port_type=device_owner)
    context.session.add(router_port)

# 调用 ML2 Plugin update_port, 修改端口的 device_id、device_owner 属性
self._core_plugin.update_port(
        context, port['id'], {'port': {
                              'device_id': router.id,
                              'device_owner': device_owner}})

......
# 通知其他模块, Router Interface 增加消息。
# registry.notify 会在 7.3 节中描述, 本节不涉及
registry.notify(......)
......
```

class L3_NAT_dbonly_mixin 的 add_router_interface 的主干流程分为 4 步。

1) 增加 Router Interface。

2) 在表 routerports 中添加一条记录, 标识 Port 与 Router 之间的关系。

3) 调用 ML2 Plugin update_port, 修改端口的 device_id、device_owner 属性。

4) 调用 registry.notify, 通知其他模块, Router Interface 增加消息。

第 2、3 步代码比较简单, 本节不再啰唆; 第 4 步的相关代码在 7.3 节描述。这里只分析第 1 步。增加 Router Interface, 根据传入的参数, 调用 _add_interface_by_port 或者 _add_interface_by_subnet。下面就来分析这两个函数。

1. _add_interface_by_port 函数

_add_interface_by_port 函数的代码如下:

```python
# [/neutron/db/l3_db.py]
```

```python
class class L3_NAT_dbonly_mixin(......):
    def _add_interface_by_port(self, context, router, port_id, owner):
        # 调用 ML2 Plugin, 更新 Port 的属性: device_id、device_owner
        self._core_plugin.update_port(
            context, port_id, {'port': {'device_id': router.id,
                                        'device_owner': owner}})

        # 校验 Router 端口的合法性
        return self._validate_router_port_info(context, router, port_id)
```

以上代码分为两步：调用 ML2 Plugin，更新 Port 的属性 device_id 和 device_owner；校验 Router 端口的合法性。其中第二步的代码如下：

```python
# [/neutron/db/l3_db.py]
class class L3_NAT_dbonly_mixin(......):
    def _validate_router_port_info(self, context, router, port_id):
        with db_api.autonested_transaction(context.session):
            # 校验端口的 device_id、fixed_ips（下面附有具体代码）
            port = self._check_router_port(context, port_id, router.id)

            # 以下是校验 Port 所关联的 Subnet 的属性。
            # 第 1 个校验为关于 IPv6 的限制：
            # 属于同一个 Network 的所有 Port，只能关联一个 IPv6 Subnet
            if self._port_has_ipv6_address(port):
                for existing_port in (rp.port for rp in router.attached_ports):
                    if (existing_port['network_id'] == port['network_id'] and
                            self._port_has_ipv6_address(existing_port)):
                        # 抛异常
                        raise ......

            # 第 2 个校验为端口绑定的所有 Subnet，其子网网段不能重复
            # 代码比较简单，这里为了突出主要代码以易于阅读和立即，代码以省略号代替
            # ......

            # 第 3 个校验为关于 IPv6 的限制，端口只能关联一个 IPv4 Subnet
            if len([s for s in subnets if s['ip_version'] == 4]) > 1:
                raise ......

            return port, subnets

    # _check_router_port 函数是校验端口的 device_id、fixed_ips
    # 参数 device_id = router.id，参见函数 _validate_router_port_info
    def _check_router_port(self, context, port_id, device_id):
        # 从 ML2 Plugin 中通过 port_id 再获取 Port（从数据库中再读取数据）
        port = self._core_plugin.get_port(context, port_id)
        # 判断 Port 的 'device_id' 是不是 Router ID
        if port['device_id'] != device_id:
            raise ......

        # 判断端口是否有 'fixed_ips'。如果没有，这个端口绑定到 Router 上没有意义
```

```
                    if not port['fixed_ips']:
                        raise ......

                    return port
```

_validate_router_port_info 函数是为了校验增加到 Router 的 Port 的合法性，它的算法总结如下。

1）Port 本身是合法的。

①它的 device_id 是它所绑定的 Router 的 router_id。

②它还得具有 fixed_ips，不然没有意义。

2）Port 还需要满足 Router 的约束条件（与 4.6.2 节相呼应）。

①所有添加到 Router 的 Port，它们关联的子网网段不能重复。

②所有添加到 Router 的 Port，如果属于同一个 Network，那么这些 Port 只能关联一个 IPv6 Subnet。

③一个 Port 只能关联一个 IPv4 Subnet。

2. _add_interface_by_subnet

_add_interface_by_subnet 函数的代码如下：

```
# [/neutron/db/l3_db.py]
class class L3_NAT_dbonly_mixin(......):
    def _add_interface_by_subnet(self, context, router, subnet_id, owner):
        # 从 ML2 Plugin 中获取 Subnet
        subnet = self._core_plugin.get_subnet(context, subnet_id)
        # 如果该 Subnet 没有 'gateway_ip'，则非法（具体请参见 4.6.2 节）
        if not subnet['gateway_ip']:
            raise ......

        # IPv6 相关的判断，可以不关注这个细节
        if (subnet['ip_version'] == 6 and subnet['ipv6_ra_mode'] is None
                and subnet['ipv6_address_mode'] is not None):
            raise ......

        # 这个 Subnet 不能与 Router 已经关联的子网网段重复
        self._check_for_dup_router_subnets(context, router,
                                            subnet['network_id'], [subnet])
        ......
        # 本质上是调用 ML2 Plugin 的接口 create_port，新增一个接口
        return p_utils.create_port(self._core_plugin, context,
                                    {'port': port_data}), [subnet], True
```

7.3 Neutron Plugin 的消息发布和订阅

在前面的代码介绍中，为了代码理解的连贯性，一直忽略了 Neutron 中一个比较重要的

机制：消息发布和订阅。

Neutron 的消息发布订阅机制有两种：一种是进程内的，一种是进程间的。进程内的就是 Callbacks Module 机制，进程间的就是 RPC 机制。下面逐个讲述。

7.3.1　Neutron Plugin 中的 Callbacks Module 机制

class Ml2Plugin 的 create_network 函数中有如下代码：

```
# [neutron/plugins/ml2/plugin.py]
class Ml2Plugin(......)
    def create_network(self, context, network):
        ......
        # registry.notify 函数就是 Callbacks Module 机制的一部分
        registry.notify(resources.NETWORK,
                events.AFTER_CREATE, self, **kwargs)
        ......
```

实际上在 Plugin 模块中，无论是 ML2 Plugin 还是 Service Plugin，registry.notify(......)，这样的代码到处出现。而这样的代码，就涉及了 Callbacks Module 机制。人如其名，Callbacks Module 确实是一个关于 callback（回调）的管理机制。

1. Callbacks Module 代码分析

Callbacks Module 代码位于 neutron/callbacks 目录下，一共只有 6 个文件，其中最主要的文件是：registry.py 和 manager.py。如图 7-54 所示。

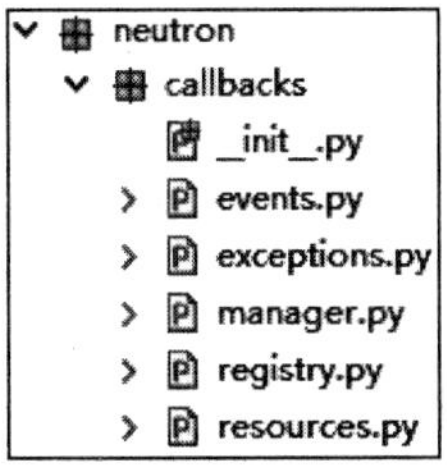

下面我们就分别分析 registry.py 和 manager.py 这两个文件。

（1）registry

callbacks/registry.py 对外提供了 API 接口，实际内部调用的是 manager 接口。代码如下：

图 7-54　Callbacks Module 的代码文件

```
# [neutron/callbacks/registry.py]
from neutron.callbacks import manager
......
# 获取 CallbacksManager 的实例，
# 这是一个单例模式，全局只有一个 class CallbacksManager 的实例
def _get_callback_manager():
    global CALLBACK_MANAGER
    if CALLBACK_MANAGER is None:
        CALLBACK_MANAGER = manager.CallbacksManager()
    return CALLBACK_MANAGER

# 对外的体现是一个消息订阅 API，内部实现是调用 CallbacksManager 的函数 subscribe
def subscribe(callback, resource, event):
    _get_callback_manager().subscribe(callback, resource, event)
```

```python
# 对外的体现是一个消息通知 API，内部实现是调用 CallbacksManager 的函数 notify
def notify(resource, event, trigger, **kwargs):
    _get_callback_manager().notify(resource, event, trigger, **kwargs)
......
```

registry.py 提供的几个 API，本质是封装了一个 class CallbacksManager 全局变量，并且利用这个变量的成员函数进行 Callbacks Module 机制的管理。

（2）manager

Callbacks Module 机制管理真正的实现逻辑位于 class CallbacksManager 中。其中最主要的两个接口就是 subscribe 和 notify。代码如下：

```python
# [neutron/callbacks/manager.py]
class CallbacksManager(object):
    # 事件订阅接口
    # 订阅者注册为某一个资源类型（resource）的某一个事件类型（event），
    # 注册一个回调函数（callback）
    def subscribe(self, callback, resource, event):
        ......
        # 生成回调函数的 ID
        callback_id = _get_id(callback)
        ......
        # 将订阅者注册的 [resource（资源类型），event（事件类型），callback（回调函数）]
        # 存储在成员变量 callbacks 中
        self._callbacks[resource][event][callback_id] = callback
        ......

    # 事件通知接口
    # 当某一个资源类型（resource）的某一个类型的事件（event）发生时，
    # 当事者会调用这个接口，进行事件通知
    def notify(self, resource, event, trigger, **kwargs):
        # 调用 _notify_loop 函数
        errors = self._notify_loop(resource, event, trigger, **kwargs)
        ......

    # 循环调用每一个注册 [resource, event] 的回调函数
    def _notify_loop(self, resource, event, trigger, **kwargs):
        ......
        # 通过 [resource, event] 获取所有注册的回调函数
        callbacks = list(self._callbacks[resource].get(event, {}).items())
        # 循环每一个回调函数
        for callback_id, callback in callbacks:
            try:
                # 执行回调函数
                callback(resource, event, trigger, **kwargs)
            ......
```

可以看到，Callbacks Module 机制本质上是一个回调机制。这个回调机制处理的是 Neutron 资源的增加、删除等事件。callbacks/resources.py 文件定义了资源的类型，比如：

```
# [callbacks/resources.py]
NETWORK = 'network'
PORT = 'port'
ROUTER = 'router'
......
```

callbacks/events.py 文件定义了事件的类型，比如：

```
# [callbacks/events.py]
BEFORE_CREATE = 'before_create'
PRECOMMIT_CREATE = 'precommit_create'
AFTER_CREATE = 'after_create'
......
```

在 Callbacks Moudle 机制中，有两类角色：一类是事件处理角色，另一类是事件发布角色。

事件处理角色调用 registry.subscribe API，将它的 callback（回调函数）注册进去。CallbacksManager 会将相应的回调函数存储在 _callbacks 这个内存中。_callbacks 是一个 dictionary 数据结构，它的 key 是 "[resource][event][callback_id]"。callback_id 是内部生成的一个 ID，其生成代码如下：

```
# [neutron/callbacks/manager.py]
def _get_id(callback):
    parts = (reflection.get_callable_name(callback),
             str(hash(callback)))
    return '-'.join(parts)
```

事件的发布角色会调用 registry.notify API，发布一个资源类型的一个事件。这个 API 最终会走到 class CallbacksManager 的 _notify_loop 函数。而 _notify_loop 函数就是查找所有的曾经注册的回调函数，只要与 registry.notify 发布的资源类型和事件类型吻合，就循环调用该回调函数。

2. Callbacks Module 代码举例

我们来看看 Neutron 插件代码中有关 Callbacks Module 机制的例子。比如在 ML2 Plugin 中有如下代码进行事件的发布：

```
# [neutron/plugins/ml2/plugin.py]
class Ml2Plugin(......)
    def create_network(self, context, network):
        ......
        # 资源类型 = 'network'，事件类型 = 'after_create'
        registry.notify(resources.NETWORK,
                    events.AFTER_CREATE, self, **kwargs)
        ......

    def create_subnet(self, context, subnet):
        ......
        # 资源类型 = 'subnet'，事件类型 = 'after_create'
```

```
        registry.notify(resources.SUBNET,
                events.AFTER_CREATE, self, **kwargs)
        ......

    # 资源类型 = 'port',事件类型 = 'after_create'
    def create_port(self, context, port):
        ......
        registry.notify(resources.PORT,
                events.AFTER_CREATE, self, **kwargs)
        ......
```

这样的代码有很多,就不再一一列举了。

我们再以 resources.NETWORK/events.AFTER_CREATE 为例,看看有哪些模块订阅了这个事件:

```
# [neutron/api/rpc/agentnotifiers/dhcp_rpc_agent_api.py]
class DhcpAgentNotifyAPI(object):
    def __init__(self, topic=topics.DHCP_AGENT, plugin=None):
        ......
        for resource in (resources.NETWORK, resources.PORT,
                resources.SUBNET):
            # 资源类型是: 'network'、'subnet'、'port'
            # 事件类型是: 'after_create'
            # 回调函数是: self._native_event_send_dhcp_notification
            registry.subscribe(self._native_event_send_dhcp_notification,
                    resource, events.AFTER_CREATE)
        ......
```

订阅这个事件的代码也有很多,不再一一列举。

我们再来看看 class DhcpAgentNotifyAPI 注册的回调函数:

```
# [neutron/api/rpc/agentnotifiers/dhcp_rpc_agent_api.py]
class DhcpAgentNotifyAPI(object):
    def _native_event_send_dhcp_notification(self, resource, event, trigger,
                                    context, **kwargs):
        # action = 'create'
        action = event.replace('after_', '')
        ......
        # method_name = 'network.create.end', 当 resource = 'network'
        method_name = '.'.join((resource, action, 'end'))
        ......
        # 调用 self.notify 函数
        self.notify(context, data, method_name)

    def notify(self, context, data, method_name):
        ......
        # method_name = 'network_create_end'
        method_name = method_name.replace(".", "_")

        # self._notify_agents 函数的细节就不多啰唆了,
```

```
        # 本质就是 RPC 调用 DHCP Agent 的 network_create_end 函数
        self._notify_agents(context, method_name, data, network_id)
```

可以看到 class DhcpAgentNotifyAPI 注册的回调函数 _native_event_send_dhcp_notification，实际上就是 RPC 调用 DHCP Agent 的 network_create_end 函数，这就与前面我们介绍的 Plugin 的其中一个功能挂上钩了：通过 RPC 调用相应的代理做具体的配置工作。

当然，事件回调函数也不一定都是通知相应的代理，也可以是其他处理函数。

7.3.2　Neutron Plugin 中的 RPC 机制

Neutron 的 Plugin 在 RPC 机制中承担两种角色：RPC Producer、RPC Consumer。当一个 RESTful API 的请求到达 Neutron Server 以后，Neutron Server 会调用 Neutron Plugin 进行消息的处理。此时，Neutron 会扮演 RPC Producer 的角色，通过 RPC 调用 Agent 做相应的配置工作。Agent 在工作时，也会扮演 RPC Producer 的角色，通过 RPC 调用 Plugin 获取相关信息。此时，Neutron 就扮演 RPC Consumer 的角色。

在 Neutron Plugin 的代码中，除了使用 Callbacks Module 机制进行 RPC 调用，还有直接进行 RPC 调用的代码。比如，ML2 Plugin 的两个函数，create_port、update_port，都有调用 _bind_port_if_needed 这个函数，而 _bmd_port_if_needed 函数就直接进行了 RPC 调用。代码如下：

```
# [neutron/plugins/ml2/plugin.py]
class Ml2Plugin(......)
    def _bind_port_if_needed(self, context, allow_notify=False,
                             need_notify=False):
        ......
        self._notify_port_updated(context)
        ......

    def _notify_port_updated(self, mech_context):
        ......
        # self.notifier = rpc.AgentNotifierApi(topics.AGENT)
        # 调用 notifier 的 port_update 函数
        self.notifier.port_update(mech_context._plugin_context, port,
                        segment[api.NETWORK_TYPE],
                        segment[api.SEGMENTATION_ID],
                        segment[api.PHYSICAL_NETWORK])

# [neutron/plugins/ml2/rpc.py]
class AgentNotifierApi(......)
    def port_update(self, context, port, network_type, segmentation_id,
                    physical_network):
        # 构建 RPC Client
        cctxt = self.client.prepare(topic=self.topic_port_update,
                            fanout=True)
        # 发送 RPC 消息
```

```
cctxt.cast(context, 'port_update', port=port,
           network_type=network_type,
           segmentation_id=segmentation_id,
           physical_network=physical_network)
```

可以看到 ML2 Plugin 的两个函数（create_port、update_port）实际上就是直接发送 RPC 消息给相应的 Agent。

Neutron Plugin 除了作为 RPC Producer 角色以外，还需要承担 RPC Consumer 的角色。这个在 6.6 节已经详细介绍过，这里不再重复。

7.4 本章小结

如果把 Neutron 的业务处理分为三层的话，Neutron Plugin 位于第二层，如图 7-55 所示。

正如图 7-55 所表明的那样，当一个 RESTful API 请求到达 Neutron 的 Web Server 时，Neutron 的 WSGI Application 会调用 Neutron 的 Plugin 进行业务处理。Neutron Plugin 在做完自己的工作以后，会通过 RPC 调用相应的 Neutron Agent 进行业务配置。当然，Neutron Agent 在业务配置时，也会通过 RPC 调用相应的 Neutron Plugin 进行数据查询。

图 7-55 Neutron 的业务处理分层

不同种类的 Neutron Plugin 所做的工作不尽相同。与服务（Service）一样，Neutron 也把插件（Plugin）分为两类：核心插件（Core Plugin 对应的是 Core Service）、扩展插件（Extension Plugin 对应是 Extension Service）。

从 Havana 版本开始，ML2 Plugin 成为 Neutron 核心插件最重要的插件。ML2 插件集成了 Type Driver 和 Mechanism Driver。

Type Driver 与 Neutron 的网络类型相对应，每种网络类型对应一种 Type Driver，它的主要功能就是为不同类型的网络和不同种类的网络（运营商网络、租户网络）分配 Segment ID。

Mechanism Driver 的主要功能是实现 Neutron 机制和厂商机制。Neutron 机制包括：① Provisioning Block 机制；② Port 与 Segment 的绑定以及 Segment 的 binding_level。厂商机制则主要与不同厂商交换机的虚拟化技术相关。

与 Type Driver 为 Network 分配 Segment ID 相对应的是，Neutron 利用 IPAM 和 IPAM Driver 为 Subnet 分配子网网段、为 Port 分配 IP 地址。

Neutron 的 ML2 插件除了为它的核心资源分配逻辑资源以外，还为 Router 的外部网关做了很多工作。当创建的 Network 是外部网关网络时，Neutron 会专门针对外部网关网络进行 Segment ID 的分配；当创建的 Subnet 所关联的 Network 是外部网关网络时，Neutron 会专门更新外部网关端口的 external_fixed_ips；当创建一个 Router 时，Neutron 会专门调用 ML2 插件的 create_port 接口，自动创建对应的外部网关端口。

  Neutron 的业务插件与 Neutron 的 Extension Service 相对应，即每一个 Extension Service 都有一个相应的 Service Plugin。本文选择了 Router Plugin 作为典型代表，讲述了它的两大典型接口：create_router、add_router_interface。正如前文所说，create_router 接口会调用 ML2 插件的 create_port 接口为新创建的 Router 自动创建对应的外部网关端口。add_router_interface 则会根据传入的参数选择不同的行为：如果传入的参数是 port_id（一个已经创建好的 Port），Neutron 会更新这个 Port 的 device_id、device_owner；如果传入的参数是 subnet_id，Neutron 则会新创建一个 Port，这个 Port 的 IP 地址是该 Subnet 的 gateway_ip。

  无论是核心插件还是扩展插件，Neutron Plugin 还有一个主要的工作，就是将相关数据存入对应的数据库表中。

第 8 章

Neutron 的代理

当一个 RESTful API 请求到达 Neutron 的 Web Server 时，Neutron 的 WSGI Application 会调用 Neutron 的 Plugin 进行业务处理。Neutron Plugin 在做完自己的工作以后会通过 RPC 调用相应的 Neutron 代理进行业务配置。本章所要讲述的内容就是 Neutron Agent，它在 Neutron 的架构中的位置位于图 8-1 中的加粗的虚线框内。

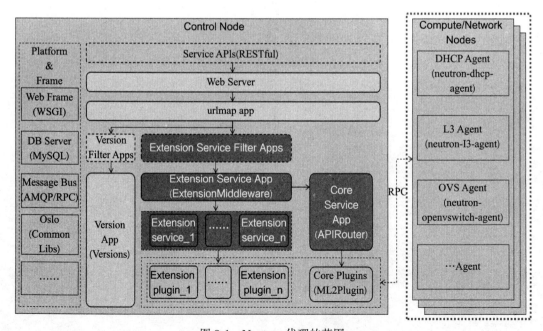

图 8-1　Neutron 代理的范围

Neutron Agent 配置的业务对象，是部署在每一个网络节点或计算节点上的"网元"。比如网络节点就有 DHCP/Router/Bridge 等"网元"，如图 8-2 所示。

之所以把网元打个引号，是为了区分物理网元。物理网元，又称为物理网络功能（Physical Network Function，PNF）是与虚拟网络功能（Virtual Network Function，VNF）相对应的概念，指的是传统的路由器、交换机等，它们具备专有的硬件。VNF 是指在通用的硬件（X86）和操作系统（一般是 Linux）的基础上，通过纯软件的形式实现网络功能（比如二层交换、三层路由等）。显然，Neutron 网络节点和计算节点上所部署的网元具备 VNF 的特征，下文为了行文方便，就把这些网元称为 Neutron 的 VNF。

Neutron Agent 的抽象架构，如图 8-3 所示。

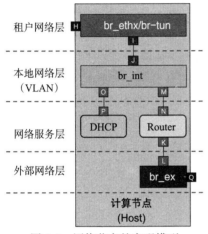
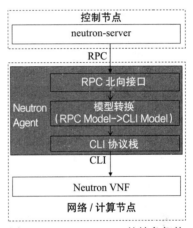

图 8-2　网络节点的实现模型　　　　图 8-3　Neutron Agent 的抽象架构

Neutron Agent 抽象架构分为三层：北向提供 RPC 接口，供 Neutron Server 调用；南向通过 CLI 协议栈对 Neutron VNF 进行配置；中间进行两种模型的转换：从 RPC 模型转换为 CLI 模型。所谓 RPC 模型就是 RPC 接口的参数，所谓 CLI 模型就是 CLI 的格式。

> **说明**　此处的 CLI 及 CLI 协议栈，是一种广义的说法，下文会具体讲述。

每一个 Neutron Agent 都是一个进程，部署在 Neutron 的网络节点或者计算节点上。所以本章针对 Neutron Agent 的描述，大致会分为如下几个部分：

1）Neutron Agent 作为一个进程的启动过程；
2）Neutron Agent 作为一个 RPC Consumer 的创建过程；
3）Neutron Agent 典型 RPC 接口的处理过程。

每一个种类的 Neutron VNF 都有一类 Neutron Agent 代码与之对应。由于篇幅原因，本章挑选了两个最典型的 Agent 进行讲述：OVS Agent、L3 Agent。前者代表二层转发，后者代表三层转发。下面就逐个讲述。

8.1 OVS Agent

OVS Agent 是 L2 Agent 的一种实现。L2 Agent 与 Neutron 的 Bridge 类型相对应,有多种实现,比如:neutron-linuxbridge-agent、neutron-openvswitch-agent 等。考虑到 Neutron 中网络节点和控制节点中的 Bridge,一般是采用 OVS,所以,本文选择 OVSAgent 作为 L2 Agent 的典型代表进行讲述。

OVS 以及 OVS Agent 在网络节点和计算节点的位置,如图 8-4 所示。

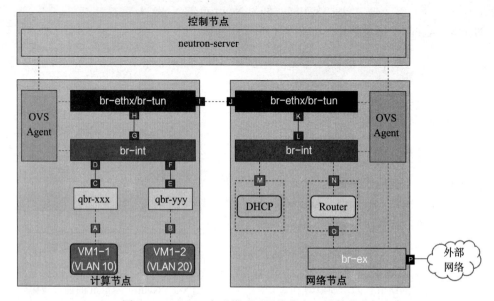

图 8-4　Neutron 实现模型(网络节点、计算节点)

图 8-4 中,br-ethx、br-tun、br-int、br-ex 等 bridge 都是 OVS。OVS Agent 收到 Neutron Server 的 RPC 请求以后,通过 CLI 对相应的 OVS 进行配置。

OVS Agent 的代码,有两个关键部分:相关 Bridge 的创建、内外 VID 的转换。所以本节先介绍这两个专题,然后再整体介绍 OVS Agent 的代码。

8.1.1 三类关键的 Bridge

OVS Agent 代码中,涉及三类 Bridge,它们与图 8-4 中的 Bridge 对应关系,如表 8-1 所示。

表 8-1　OVS Agent 代码与网络实现模型的 Bridge 对应关系

OVS Agent Bridge 类型	Neutron 实现模型中的 Bridge 类型
br-int	br-int
br_phys	br-ethx、br-ex
br-tun	br-tun

OVS Agent 针对这三类 Bridge，分别有相应的类（class）与之对应。本节将首先介绍这几个 class 的接口和功能，然后再分别介绍构建这三类 Bridge 的相关代码。

1. 三类关键 Bridge 的 class

OVS Agent 代码中，定义了三类 Bridge：br-int、br-tun、br_phys。在文件 neutron/plugins/ml2/drivers/openvswitch/agent/openflow/ovs_ofctl/main.py 中，定义了这三类 Bridge 的 class name：

```
# [neutron/plugins/ml2/drivers/openvswitch/agent/openflow/ovs_ofctl/main.py]
......
{
        'br_int': br_int.OVSIntegrationBridge,
        'br_phys': br_phys.OVSPhysicalBridge,
        'br_tun': br_tun.OVSTunnelBridge,
}
```

这三个 class 的类图，如图 8-5 所示。

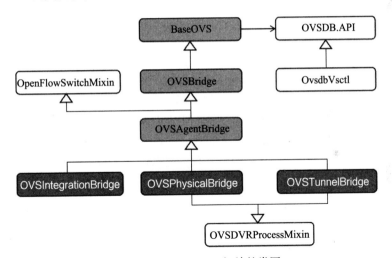

图 8-5 OVS Bridge 相关的类图

图 8-5 只包含了一些主要的 class。下面我们层层剖析这些 class。

（1）class BaseOVS

class BaseOVS 是三个 Bridge class 的最基础的 base class。它的代码很简单，如下：

```
# [neutron/agent/common/ovs_lib.py]
class BaseOVS(object):
    def __init__(self):
        # 设置 vsctl 的超时时间。vsctl 是操作 OVS 的命令行
        self.vsctl_timeout = cfg.CONF.ovs_vsctl_timeout
        # 构建 ovsdb 实例
        self.ovsdb = ovsdb.API.get(self)

    # 增加 Bridge
```

```python
    def add_bridge(self, bridge_name,
                   datapath_type=constants.OVS_DATAPATH_SYSTEM):
        # class OVSBridge 下文会介绍
        br = OVSBridge(bridge_name, datapath_type=datapath_type)
        br.create()
        return br

    # 以下代码都是调用 self.ovsdb 的接口，注意，有个"execute"，下文会介绍
    def delete_bridge(self, bridge_name):
        self.ovsdb.del_br(bridge_name).execute()

    def bridge_exists(self, bridge_name):
        return self.ovsdb.br_exists(bridge_name).execute()

    def get_bridges(self):
        return self.ovsdb.list_br().execute(check_error=True)

    ......

    def db_get_val(self, table, record, column, check_error=False,
                   log_errors=True):
        return self.ovsdb.db_get(table, record, column).execute(
            check_error=check_error, log_errors=log_errors)
```

class BaseOVS 的函数，要么是调用 class OVSBridge 的接口，要么是调用 self.ovsdb 的接口。class OVSBridge 会在后面介绍，下面我们看看 self.ovsdb 到底是什么。

class BaseOVS 的 __init__ 函数就有一句代码是获取 self.ovsdb 的实例：

```python
# [neutron/agent/common/ovs_lib.py]
class BaseOVS(object):
    def __init__(self):
        # 构建 ovsdb 实例
        self.ovsdb = ovsdb.API.get(self)
```

ovsdb.API.get 函数的代码，如下：

```python
# [neutron/agent/ovsdb/api.py]
class API(object):
    # 这是一个静态函数
    @staticmethod
    def get(context, iface_name=None):
        # 构建一个 class 的实例，class name 或者是传入的参数，或者是来自配置文件
        iface = importutils.import_class(
            interface_map[iface_name or cfg.CONF.OVS.ovsdb_interface])
        return iface(context)
```

ovsdb.API.get 函数的功能是构建一个 class 的实例，class name 或者是传入的参数，或者是来自配置文件。class BaseOVS 调用这个函数时并没有传入 class name，也就是说，class name 来自于配置文件。文件 etc/neutron/plugins/ml2/openvswitch_agent.ini 配置了这个 class name：

```
# [etc/neutron/plugins/ml2/openvswitch_agent.ini]
# 配置项决定 OVSDB 的后端采用哪种机制
# vsctl - The backend based on executing ovs-vsctl
# native - The backend based on using native OVSDB
ovsdb_interface = vsctl  # 配置的是 vsctl
```

vsctl 是一个名称,它所对应的 class name,位于代码中:

```
# [neutron/agent/ovsdb/api.py]
interface_map = {
    'vsctl': 'neutron.agent.ovsdb.impl_vsctl.OvsdbVsctl',
    'native': 'neutron.agent.ovsdb.impl_idl.OvsdbIdl',
}
```

可以看到,vsctl 对应的 class name 是文件 neutron/agent/ovsdb/impl_vsctl.py 中的 class OvsdbVsctl。也就是说,class BaseOVS 的对象 self.ovsdb 实际上就是 class OvsdbVsctl 的实例。

 vsctl 与 native 的区别是:前者使用命令行,后者"直接"操作 OVSDB。当然,"直接"两个字是打了引号的,实际上是调用的是 OVS 提供的数据库操作的相关接口。

class OvsdbVsctl 的功能就是生成 ovs-vsctl 命令行。我们看一个例子就能一下子明白:

```
# [neutron/agent/ovsdb/impl_vsctl.py]
class OvsdbVsctl(ovsdb.API):
    def del_br(self, name, if_exists=True):
        opts = ['--if-exists'] if if_exists else None
        return BaseCommand(self.context, 'del-br', opts, [name])
```

代码中,加粗的单词能够让人感到代码行的气息扑面而来。del_br 函数返回的是一个命令行对象(class BaseCommand 的实例),所以我们在 class BaseOVS 代码中会看到 excute,意思就是执行这个命令行的意思:

```
# del_br 返回的命令行对象,所以要调用这个对象的 execute 接口,以执行这个命令行
self.ovsdb.del_br(bridge_name).execute()
```

我们现在回头看看 class BaseOVS 的代码,以 delete_bridge 接口为例,再结合 class OvsdbVsctl 的代码:

```
# [neutron/agent/common/ovs_lib.py]
class BaseOVS(object):
    def delete_bridge(self, bridge_name):
        # 调用 ovsdb.del_br 接口,得到一个命令行对象,并调用这个对象的 execute 接口,
        # 以执行这个命令行
        self.ovsdb.del_br(bridge_name).execute()

# [neutron/agent/ovsdb/impl_vsctl.py]
# del_br 函数返回的是一个命令行对象
```

```
class OvsdbVsctl(ovsdb.API):
    # 这个函数本质上是返回一个命令行: ovs-vsctl del-br --if-exists br1
    # 假设 bridge name = 'br1'
    def del_br(self, name, if_exists=True):
        opts = ['--if-exists'] if if_exists else None
        return BaseCommand(self.context, 'del-br', opts, [name])
```

两个代码一结合,可以看到,class BaseOVS 的 delete_bridge 接口本质上就是执行一个命令行:

```
ovs-vsctl --if-exists del-br br1 # 假设 bridge name = 'br1'
```

class BaseOVS 的其他接口也是如此,本质上就是执行 ovs-vsctl 命令行。

(2) class OVSBridge

class OVSBridge 继承于 class BaseOVS。这个 class 所实现的功能,如图 8-6 所示。

从功能角度来讲,class OVSBridge 可以分为三类: SDN Controller 配置相关、Bridge/Port 配置相关、OpenFlow 流表配置相关。前两个功能本质上是执行 ovs-vsctl 命令行,第三个功能本质上是执行 ovs-ofctl 命令行。下面我们来看看这三类功能相关的代码。

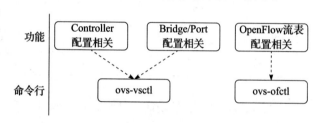

图 8-6 OVSBridge 功能及实现方法(命令行)分类

1) Controller 配置相关。

Controller 配置相关的代码,如下:

```
# [/neutron/agent/common/ovs_lib.py]
class OVSBridge(BaseOVS):
    def set_controller(self, controllers):
        self.ovsdb.set_controller(self.br_name,
                                  controllers).execute(check_error=True)
```

这段代码仍然是调用 self.ovsdb.set_controller 接口构建命令行然后执行 (execute),相应的命令行是:

```
# 设置一个控制器, ovs-br 是 bridge name, tcp:1.2.3.4:6633 是控制器信息, 它的含义是:
# tcp: 与控制通信的协议; 1.2.3.4: 控制器 IP 地址; 6633: 控制器端口号
ovs-vsctl set-controller ovs-br tcp:1.2.3.4:6633
# 设置多个控制器
ovs-vsctl set-controller ovs-br tcp:1.2.3.4:6633 tcp:5.6.7.8:6633
```

2) Bridge/Port 配置。

Bridge/Port 配置相关代码有不少,我们举两个最典型的例子,代码如下:

```
# [/neutron/agent/common/ovs_lib.py]
# 选取了两个典型函数,一个是 bridge 的创建,一个是为 bridge 增加端口
class OVSBridge(BaseOVS):
```

```python
# class BaseOVS 的 add_bridge 函数，就是调用的 class OVSBridge 的 create 接口
def create(self, secure_mode=False):
    ......
    # 为了代码的简洁和易于理解，只保留了这一句代码
    self.ovsdb.add_br(self.br_name,
                      datapath_type=self.datapath_type))
    ......

    # 为一个 bridge 增加一个端口
def add_port(self, port_name, *interface_attr_tuples):
    ......
    # 为了代码的简洁和易于理解，只保留了这一句代码
    self.ovsdb.add_port(self.br_name, port_name)
    ......
```

create 函数本质是执行如下命令行：

```
# 假设：bridge name = br0, datapath_type = system
ovs-vsctl --may-exist add-br br0 -- set Bridge br0 datapath_type=system
```

add_port 函数本质上是执行如下命令行：

```
# 假设：bridge name = br0, port name = eth1
ovs-vsctl add-port --may-exist br0 eth1
```

3）OpenFlow 流表相关。

OpenFlow 流表相关的代码，我们也选择两个典型的函数，代码如下：

```python
# [/neutron/agent/common/ovs_lib.py]
class OVSBridge(BaseOVS):
    # 清除所有的 flow (流表项)
    def remove_all_flows(self):
        self.run_ofctl("del-flows", [])

    # 执行 ovs-ofctl 命令
    def run_ofctl(self, cmd, args, process_input=None):
        # 构建 ovs-ofctl 命令行
        full_args = ["ovs-ofctl", cmd, self.br_name] + args
        ......
        # 简单理解，就是执行 ovs-ofctl 命令行
        return utils.execute(full_args, run_as_root=True,
                             process_input=process_input)
```

可以看到，与 OpenFlow 流表相关的函数执行的就是 ovs-ofctl 命令行，对 Bridge 进行流表配置。所举例子中的 remove_all_flows 函数对应的命令行就是：

```
# 假设：bridge name = br0。删除 br0 上所有的 flow (流表项)
ovs-ofctl del-flows br0
```

（3）class OVSAgentBridge

class OVSAgentBridge 代码一共只有两个函数，直接粘贴如下：

```python
# [neutron/plugins/ml2/drivers/openvswitch/agent/openflow/ovs_ofctl/ovs_bridge.py]
class OVSAgentBridge(ofswitch.OpenFlowSwitchMixin,
                     br_cookie.OVSBridgeCookieMixin,
                     ovs_lib.OVSBridge):

    # 设置控制器，却调用 del_controller，下文会解释
    def setup_controllers(self, conf):
        self.del_controller()

    def drop_port(self, self, in_port):
        self.install_drop(priority=2, in_port=in_port)
```

不过 class OVSAgentBridge 的代码并不像表面上那么简单，下面我们逐个分析这个函数。

1）setup_controllers 函数。

setup_controllers 函数第一眼看上去比较烧脑：函数名是 setup_controllers（设置控制器），却调用删除控制的代码：self.del_controller（本质上就是调用命令行 ovs-vsct del-controller）。

说好的 setup controller，为什么变成 delete controller？还能不能愉快地玩耍了？

不过呢，这个确实正常！在后面的小节中，我们会讲述，OVS Agent 实际上有两个模块可以选择，ovs-ofctl 或者 native。我们本章选择讲述的是 ovs-ofctl。而这个模块的意思就是"没有控制器！没有控制器！没有控制器！"

所以，它的 setup controller 就是"删除控制器"。

2）drop_port 函数。

drop_port 函数直接就是调用 self.install_drop 函数。而 self.install_drop 是 class OVSAgentBridge 其中一个父类 class OpenFlowSwitchMixin 的接口，代码如下：

```python
# [neutron/plugins/ml2/drivers/openvswitch/agent/openflow/ovs_ofctl/ofswitch.py]
class OpenFlowSwitchMixin(object):
    def install_drop(self, table_id=0, priority=0, **kwargs):
        # self.add_flow 是 class OVSBridge 的接口
        self.add_flow(table=table_id,
                      priority=priority,
                      actions="drop",
                      **self._conv_args(kwargs))
```

class OpenFlowSwitchMixin 的函数 install_drop 调用的是 class OVSBridge 的接口 add_flow。这个调用关系，我们如图 8-7 所示。

图 8-7 所示的函数调用关系，也是非常烧脑。不过 Python 的语法不是本文的重点，我们点到为止。下面来看看 class OVSBridge 的接口 add_flow，代码如下：

```python
# [/neutron/agent/common/ovs_lib.py]
class OVSBridge(BaseOVS):
    # 增加一个 flow（流表项）
    def add_flow(self, **kwargs):
```

```
        # 直接调用函数 do_action_flows
        self.do_action_flows('add', [kwargs])

# 构建 ovs-ofctl 命令行，并执行
def do_action_flows(self, action, kwargs_list):
    ......
    # _build_flow_expr_str 函数的细节不是关键，就是构建 *-flows 命令的参数，
    # *-flows 指的是 add-flows, del-flows
    flow_strs = [_build_flow_expr_str(kw, action) for kw in kwargs_list]

    # action = 'add'，所以命令行是 add-flows
    self.run_ofctl('%s-flows' % action, ['-'], '\n'.join(flow_strs))
```

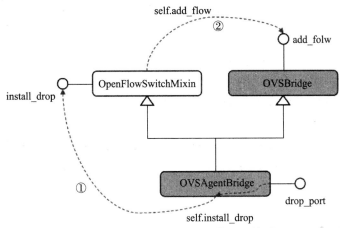

图 8-7　OVSAgentBridge 函数调用关系

函数 add_flow 的本质就是要增加一个流表项，它所对应的命令行如下：

```
# 假设 bridge name = br0
# priority=2, in_port=2，是 drop_port 函数所赋的值
# table=0, actions=drop，是 install_drop 函数所赋的值
# 这个命令行的意思是：所有从 br0 的端口 2 进入的流都丢弃 (drop)
ovs-ofctl add-flows br0 "table=0, priority=0, in_port=2, actions=drop"
```

可以看到 drop_port 函数是执行一个 ovs-ofctl 命令行，目的是为了增加一个流表项，这个流表项的规则是：所有从 Bridge（Bridge 的 name 是 class OVSAgentBridge 的成员变量 br_name）的端口（端口号为 drop_port 的参数 in_port）所进入的流都丢弃（drop）。

（4）class OVSIntegrationBridge

class OVSIntegrationBridge 对应的 Bridge 的类型是 br-int，它的函数全都是流表相关的操作，这里只简单介绍这些函数的功能，在后面的介绍中，如果涉及某些函数，再详细介绍。

class OVSIntegrationBridge 的函数可以分为四大类：

1）默认流表安装，函数有：

① setup_default_table；

② setup_canary_table；

③ check_canary_table。

2）内层 VLAN 配置，函数有：

① provision_local_vlan。

② reclaim_local_vlan。

3）DVR 相关配置（DVR 本章暂时先不涉及），函数有：

① _dvr_to_src_mac_table_id；

② install_dvr_to_src_mac。

……

4）arp spoof protection（ARP 反欺骗）相关配置，相关函数有：

① install_icmpv6_na_spoofing_protection；

② install_arp_spoofing_protection；

③ delete_arp_spoofing_protection；

④ delete_arp_spoofing_allow_rules。

（5）class OVSPhysicalBridge

class OVSPhysicalBridge 对应的 Bridge 的类型是 br-phys，它的函数全都是流表相关的操作，这里只简单介绍这些函数的功能，在后面的介绍中，如果涉及某些函数再详细介绍。

class OVSPhysicalBridge 的函数可以分为三大类。

1）默认流表安装，函数有：

① setup_default_table；

② setup_canary_table；

③ check_canary_table。

2）内层 VLAN 配置（DVR 本章暂时先不涉及），函数有：

① provision_local_vlan；

② reclaim_local_vlan。

3）DVR 相关配置，函数有：

① add_dvr_mac_vlan；

② remove_dvr_mac_vlan。

（6）class OVSTunnelBridge

class OVSTunnelBridge 对应的 bridge 的类型是 br-phys，它的函数全都是流表相关的操作，这里只简单介绍这些函数的功能，在后面的介绍中，如果涉及某些函数，再详细介绍。

class OVSTunnelBridge 的函数可以分为七大类。

1）默认流表安装，函数有：setup_default_table。

2）内层 VLAN 配置，函数有：

① provision_local_vlan；

② reclaim_local_vlan。

关于内层 VLAN，请您参阅笔者以前发表的文章《Neutron 实现模型》。

3）DVR 相关配置（DVR 本章暂时先不涉及），函数有：

① add_dvr_mac_tun；

② remove_dvr_mac_tun。

……

4）flood 相关配置，函数有：

① install_flood_to_tun；

② delete_flood_to_tun。

5）Unicast 相关配置，函数有：

① install_unicast_to_tun；

② delete_unicast_to_tun。

6）arp response（ARP 代答）相关配置，函数有：

① install_arp_responder；

② delete_arp_responder。

7）tunnel port 相关配置，函数有：

① setup_tunnel_port；

② cleanup_tunnel_port。

2. 三类关键 Bridge 的构建

上一小节讲述了三类关键 Bridge 的 class，这一节讲述这三类 Bridge 的创建。我们暂时不看代码调用的来龙去脉，直奔主题：与这三个 Bridge 构建相关的代码位于 class OVSNeutronAgent __init__ 函数中（class OVSNeutronAgent 就是实现 OVS Agent 的代码主体）。代码如下：

```
# [neutron/plugins/ml2/drivers/openvswitch/agent/ovs_neutron_agent.py]
class OVSNeutronAgent(......):
    def __init__(self, bridge_classes, integ_br, tun_br, local_ip,
                 bridge_mappings, tunnel_types=None,
                 ......):
        ......
        # 构建三类关键 bridge 的 class
        # functools.partial 是一个算子，可以参考第 8 章所提供的参考信息
        self.br_int_cls, self.br_phys_cls, self.br_tun_cls = (
            functools.partial(bridge_classes[b],
                        datapath_type=self.conf.OVS.datapath_type)
            for b in ('br_int', 'br_phys', 'br_tun'))

        ......
        # 构建 br-int
        self.int_br = self.br_int_cls(integ_br)
```

```
        self.setup_integration_br()
        ......
        # 构建 br_phys
        self.setup_physical_bridges(self.bridge_mappings)
        ......
        # 构建 br-tun
        self.setup_tunnel_br(tun_br)
        ......
        self.setup_tunnel_br_flows()
```

上述代码分为 4 步：构建三类关键 Bridge 的 class、构建 br-int、构建 br_phys、构建 br-tun。下面我们分别讲述。

（1）构建三类关键 Bridge 的 class

1）class 名称。

构建三类关键 Bridge 的 class 的代码如下：

```
# [neutron/plugins/ml2/drivers/openvswitch/agent/ovs_neutron_agent.py]
class OVSNeutronAgent(......):
    def __init__(self, bridge_classes, integ_br, tun_br, local_ip,
                 bridge_mappings, tunnel_types=None,
                 ......):
    ......
        # 构建三类关键 bridge 的 class，bridge_classes 定义了它们的 class name
        # functools.partial 是一个算子，可以参考第 8 章所提供的参考信息
        self.br_int_cls, self.br_phys_cls, self.br_tun_cls = (
            functools.partial(bridge_classes[b],
                              datapath_type=self.conf.OVS.datapath_type)
            for b in ('br_int', 'br_phys', 'br_tun'))
```

这里面涉及两个小问题：三类关键 Bridge（'br_int'、'br_phys'、'br_tun'）所对应的 class name 是什么？OVS.datapath_type 是什么？

第一个问题的答案位于 neutron/plugins/ml2/drivers/openvswitch/agent/openflow/ovs_ofctl/main.py 文件中：

```
# [neutron/plugins/ml2/drivers/openvswitch/agent/openflow/ovs_ofctl/main.py]
bridge_classes = {
    'br_int': br_int.OVSIntegrationBridge,
    'br_phys': br_phys.OVSPhysicalBridge,
    'br_tun': br_tun.OVSTunnelBridge,
}
```

可以看到，这三类关键 Bridge 的 class name，正式前一小节所介绍的内容。

第二问题的答案位于配置文件 etc/neutron/plugins/ml2/openvswitch_agent.ini：

```
# [etc/neutron/plugins/ml2/openvswitch_agent.ini]
# (StrOpt) ovs datapath to use.
# 'system' is the default value and corresponds to the kernel datapath.
```

```
# To enable the userspace datapath set this value to 'netdev'
datapath_type = system    # 这是一个例子
```

在这个配置文件中配置 datapath_type = system。

2）造函数的参数。

class OVSNeutronAgent 的 __init__ 函数的参数很多，除了 bridge_classes 这个参数以外，还有其他参数：

```
# [neutron/plugins/ml2/drivers/openvswitch/agent/ovs_neutron_agent.py]
class OVSNeutronAgent(......):
    def __init__(self, bridge_classes, integ_br, tun_br, local_ip,
                 bridge_mappings, tunnel_types=None,
                 ......):
```

__init__ 函数中这些加粗字体的参数是三类关键 Bridge 的 class 的构造函数中的参数，比如：

```
# [neutron/plugins/ml2/drivers/openvswitch/agent/ovs_neutron_agent.py]
class OVSNeutronAgent(......):
    def __init__(self, bridge_classes, integ_br, ......):
        ......
        # 构建 br-int, integ_br 是 class OVSIntegrationBridge 构造函数的参数
        self.int_br = self.br_int_cls(integ_br)
        self.setup_integration_br()
```

integ_br 就是 class OVSIntegrationBridge 构造函数的参数。那么这些参数，其含义是什么，其值又是从哪里来的呢？在代码中，关于这些参数有一些基本的注释，这里我们先摘抄一下，如表 8-2 所示。

表 8-2　OVSNeutronAgent 的 __init__ 函数的参数说明

参　数	代码中的注释	说　明
integ_br	name of the integration bridge.	br-int 的名字
tun_br	name of the tunnel bridge.	br-tun 的名字
local_ip	local IP address of this hypervisor.	首先，这个是 Host 的 IP；其次，更主要的是，这个是 Tunnel 的外层 IP。比如 VXLAN，可以理解为 MAC in UDP，这个 local_ip 就是外层 UDP 的 IP。
tunnel_types	A list of tunnel types to enable support for in the agent.	Tunnel 类型，比如 VXLAN、GRE 等等。
bridge_mappings	mappings from physical network name to bridge.	Bridge 与物理网络的映射，具体请参阅 4.2 节

> **说明**　这个函数还有其他一些参数，不是重点，笔者就不一一列举。

可以看到，这些参数与三类关键的 Bridge 密切相关。这些参数是如何赋值的呢？答案

是配置文件。这个配置文件是：neutron/plugins/ml2/openvswitch_agent.ini。我们摘抄这个配置文件中的几个例子：

```
# [neutron/plugins/ml2/openvswitch_agent.ini]
# 1. With VLANs on eth1.
# [ovs]
# integration bridge 的 name 是 br-int
integration_bridge = br-int
# 物理网络 default 与 br-eth1 相映射
bridge_mappings = default:br-eth1
......
# 3. With VXLAN tunneling.
# [ovs]
integration_bridge = br-int
# tunnel bridge 的 name 是 br-tun
tunnel_bridge = br-tun
# local ip 是 10.0.0.3（同时也是 VXLAN 外层隧道 IP）
local_ip = 10.0.0.3

# [agent]
# 隧道类型是 VXLAN
tunnel_types = vxlan
```

（2）br-int 的构建

br_int 的构建，是如下代码：

```
# [neutron/plugins/ml2/drivers/openvswitch/agent/ovs_neutron_agent.py]
class OVSNeutronAgent(......):
    def __init__(......):
        ......
        # 创建 class OVSIntegrationBridge 的对象实例
        self.int_br = self.br_int_cls(integ_br)
        # 真正创建一个 br-int
        self.setup_integration_br()
```

两行加粗的代码创建了一个 br-int，下面我们针对这两个函数展开讲述。

1）self.br_int_cls(integ_br) 函数。

br_int_cls，根据前面描述，就是 class OVSIntegrationBridge，而 integ_br 是 Bridge 的名称，它的值等于 br-int。所以，self.int_br = self.br_int_cls(integ_br)，就等价于：

```
self.int_br = OVSIntegrationBridge("br-int")
```

class OVSIntegrationBridge 的继承链是：class OVSIntegrationBridge → class OVSAgentBridge → class OVSBridge → class BaseOVS，只有最后两个 class 才有构造函数，如下：

```
# [neutron/agent/common/ovs_lib.py]
class OVSBridge(BaseOVS):
    def __init__(self, br_name,datapath_type=constants.OVS_DATAPATH_SYSTEM):
        # 调用父类 class OVSBridge 的构造函数
```

```python
        super(OVSBridge, self).__init__()
        # 设置 Bridge 的 name
        self.br_name = br_name
        # 设置 datapath 的类型
        self.datapath_type = datapath_type
        # 设置 Agent 的印戳
        self.agent_uuid_stamp = 0

# [neutron/agent/common/ovs_lib.py]
class BaseOVS(object):
    def __init__(self):
        # 设置 vsctl 的超时时间。vsctl 是操作 OVS 的命令行
        self.vsctl_timeout = cfg.CONF.ovs_vsctl_timeout
        # 构建 ovsdb 实例
        self.ovsdb = ovsdb.API.get(self)
```

可以看到，self.int_br = self.br_int_cls(integ_br) 函数就是构建一个 class OVSIntegration-Bridge 的对象实例，并且设置这个对象实例的属性：Bridge 名称、datapath 类型、self.ovsdb 等。这个函数并没有创建一个 Bridge。

2）self.setup_integration_br()。

这个函数是真正创建一个 Bridge（br-int），代码如下：

```python
# [neutron/plugins/ml2/drivers/openvswitch/agent/ovs_neutron_agent.py]
class OVSNeutronAgent(......):
    def setup_integration_br(self):
        # 设置 Agent 的印戳
        self.int_br.set_agent_uuid_stamp(self.agent_uuid_stamp)

        # 本质上是执行命令行，创建一个 Bridge:
        #   ovs-vsctl --may-exist add-br br-int
        #   -- set Bridge br0 datapath_type=system
        self.int_br.create()

        # 以下代码都是初始化这个 Bridge

        # 设置 br-int 的安全模式，控制器信息
        self.int_br.set_secure_mode()
        self.int_br.setup_controllers(self.conf)

        # 删除 peer port
        self.int_br.delete_port(self.conf.OVS.int_peer_patch_port)

        # 如果配置为启动时删除所有流表，则删除所有流表
        if self.conf.AGENT.drop_flows_on_start:
            self.int_br.delete_flows()

        # 设置默认流表
        self.int_br.setup_default_table()
```

通过以上代码，可以总结出 br-int 的构建分为如下几个步骤。

1）创建 br-int 所对应类 class OVSIntegrationBridge 的实例，设置 bridge name 等属性。
2）创建 br-int（调用命令行 ovs-vsctl --may-exist add-br br-int……）。
3）初始化 br-int：设置安全模式、设置控制器信息、删除端口、删除流表、配置默认流表。

（3）br-tun 的构建

br-tun 构建的代码如下：

```python
# [neutron/plugins/ml2/drivers/openvswitch/agent/ovs_neutron_agent.py]
class OVSNeutronAgent(......):
    def __init__(......):
        ......
        self.setup_tunnel_br(tun_br)
        ......
        self.setup_tunnel_br_flows()
```

两行加粗的代码（函数）构建了一个 br_tun。这两个函数的代码如下：

```python
# [neutron/plugins/ml2/drivers/openvswitch/agent/ovs_neutron_agent.py]
class OVSNeutronAgent(......):
    def setup_tunnel_br(self, tun_br_name=None):
        # 创建 class OVSTunnelBridge 的实例，并设置 bridge name 等属性
        if not self.tun_br:
            self.tun_br = self.br_tun_cls(tun_br_name)
        # 设置 agent 的印戳
        self.tun_br.set_agent_uuid_stamp(self.agent_uuid_stamp)

        # 如果 br-tun 不存在，则创建 br-tun（调用 ovs-vsctl 命令行）
        if not self.tun_br.bridge_exists(self.tun_br.br_name):
            self.tun_br.create(secure_mode=True)
        # 设置 br-tun 的控制器信息
        self.tun_br.setup_controllers(self.conf)

        # 在 br-int 上增加与 br-tun 对接的接口
        if (not self.int_br.port_exists(self.conf.OVS.int_peer_patch_port) or
                self.patch_tun_ofport == ovs_lib.INVALID_OFPORT):
            self.patch_tun_ofport = self.int_br.add_patch_port(
                self.conf.OVS.int_peer_patch_port,
                self.conf.OVS.tun_peer_patch_port)

        # 在 br-tun 上增加与 br-int 对接的接口
        if (not self.tun_br.port_exists(self.conf.OVS.tun_peer_patch_port) or
                self.patch_int_ofport == ovs_lib.INVALID_OFPORT):
            self.patch_int_ofport = self.tun_br.add_patch_port(
                self.conf.OVS.tun_peer_patch_port,
                self.conf.OVS.int_peer_patch_port)

        ......
        # 删除所有流表
        if self.conf.AGENT.drop_flows_on_start:
            self.tun_br.delete_flows()
```

```
def setup_tunnel_br_flows(self):
    # 设置默认流表
    self.tun_br.setup_default_table(self.patch_int_ofport,
                    self.arp_responder_enabled)
```

可以看到，br-tun 的创建过程与 br-int 的创建过程类似，分为如下几个步骤。

1）创建 br-tun 所对应类 class OVSTunnelBridge 的实例，设置 bridge name 等属性。

2）创建 br-tun（调用命令行 ovs-vsctl --may-exist add-br br-tun……）。

3）初始化 br-tun：设置安全模式、设置控制器信息、删除端口、删除流表、配置默认流表。

4）在 br-int 上增加与 br-tun 对接的接口，在 br-tun 上增加与 br-int 对接的接口。

两者的创建过程相比，br-tun 比 br-int 多了最后一步，就是创建对接端口。OVS 把这种接口叫作 patch port（与 Linux 的 veth pair 比较类似）。如图 8-8 所示。

图 8-8 中的 H 与 G，就是 br-tun 与 br-int 对接的 patch port。

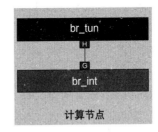

图 8-8　br-tun 与 br-int 之间的 patch port

（4）br-phys 的构建

br-phys 构建的代码如下：

```
# [neutron/plugins/ml2/drivers/openvswitch/agent/ovs_neutron_agent.py]
class OVSNeutronAgent(......):
    def __init__(......):
        ......
        # 构建 br-phys
        self.setup_physical_bridges(self.bridge_mappings)
```

setup_physical_bridges 函数，代码如下：

```
# [neutron/plugins/ml2/drivers/openvswitch/agent/ovs_neutron_agent.py]
class OVSNeutronAgent(......):
    def setup_physical_bridges(self, bridge_mappings):
        ......
        # 获取已经创建好的 bridge name
        ovs_bridges = ovs.get_bridges()

        # 针对 bridge_mappings 中的每一个 Bridge，做 Bridge 的初始化工作
        for physical_network, bridge in six.iteritems(bridge_mappings):
            # 如果 bridge_mappings 中的 bridge name 不在已经创建好的 Bridge 中
            if bridge not in ovs_bridges:
                # 则退出
                sys.exit(1)
            # 创建 class OVSPhysicalBridge 实例，设置 bridge name 等属性
            br = self.br_phys_cls(bridge)
            # 调用 br.create，并不是真的为了创建一个 Bridge，
            # 而是为了设置 datapath type，因为命令行是：
```

```
# ovs-vsctl --may-exist add-br br0
# -- set Bridge br0 datapath_type=system
br.create()
# 初始化安全模型、控制器信息
br.set_secure_mode()
br.setup_controllers(self.conf)

# 初始化流表
if cfg.CONF.AGENT.drop_flows_on_start:
    br.delete_flows()
br.setup_default_table()

# 存储物理网络与 br-phys 的映射关系
self.phys_brs[physical_network] = br

# 创建 br-int 与 br-phys 之间的接口，代码暂时以省略号代替，下文会详细讲述
......
```

br-phys 的创建逻辑与 br-int、br-tun 有所不同，所以代码也稍微复杂一点。我们分开几个小点来讲述。

1）br-phys 是提前创建好的。

4.2 节提到过，br-phys（在该节中称为 br-ethx）是提前创建好的，而且还需要在配置文件中配置 br-phys 与物理网络的映射关系。配置文件举例如下：

```
# [neutron/plugins/ml2/openvswitch_agent.ini]
# "Physical Network1:br-ethx1" 的格式是 "物理网络名称:br-phys 名称"。
bridge_mappings = Physical Network1:br-ethx1, Physical Network2:br-ethx2
```

setup_physical_bridges 函数的代码中，也体现这样的逻辑：

```
# [neutron/plugins/ml2/drivers/openvswitch/agent/ovs_neutron_agent.py]
class OVSNeutronAgent(......):
def setup_physical_bridges(self, bridge_mappings):
    ......
    # 获取已经创建好的 bridge name
    ovs_bridges = ovs.get_bridges()

    # 针对 bridge_mappings 中的每一个 bridge，做 bridge 的初始化工作
    for physical_network, bridge in six.iteritems(bridge_mappings):
        # 如果 bridge_mappings 中的 bridge name 不在已经创建好的 bridge 中
        if bridge not in ovs_bridges:
            # 则退出
            sys.exit(1)
```

这段代码说明，bridge_mappings 中配置的所有 Bridge name，必须是已经创建好的 Bridge 的 name。在后面的代码中，虽然也调用了 br.create 函数，但是那并不是为了创建 Bridge：

```python
# [neutron/plugins/ml2/drivers/openvswitch/agent/ovs_neutron_agent.py]
class OVSNeutronAgent(......):
    def setup_physical_bridges(self, bridge_mappings):
        ......
        # 针对 bridge_mappings 中的每一个 bridge，做 Bridge 的初始化工作
        for physical_network, bridge in six.iteritems(bridge_mappings):
            ......
            # 创建 class OVSPhysicalBridge 实例，设置 bridge name 等属性
            br = self.br_phys_cls(bridge)
            # 调用 br.create，并不是真的为了 create 一个 bridge
            br.create()
```

br.create 函数不是为了创建一个 Bridge，而是为了设置 datapath type，因为命令行是：

```
ovs-vsctl --may-exist add-br br-ethx1 set Bridge br-ethx1 datapath_type=system
```

--may-exist 选项就是为了保证 Bridge 存在时，add-br 这个命令不会出错。

当 br-phys 初始化完成以后，setup_physical_bridges 函数还会记录下物理网络与 bridge 实例之间的映射关系，这正如 4.2 节所描述的那样：物理网络（provider:physical_network）意味着 br-ethx（背后是主机的网卡）的选择。相关代码如下：

```python
# [neutron/plugins/ml2/drivers/openvswitch/agent/ovs_neutron_agent.py]
class OVSNeutronAgent(......):
    def setup_physical_bridges(self, bridge_mappings):
        ......
        for physical_network, bridge in six.iteritems(bridge_mappings):
            ......
            # 存储物理网络与 br-phys 的映射关系
            self.phys_brs[physical_network] = br
```

2）br-phys 与 br-int 之间对接接口的创建。

br-phys 与 br-int 之间对接接口的创建，在开头介绍 setup_physical_bridges 函数时，为了简洁和易于理解被用省略号代替了。相关代码如下：

```python
# [neutron/plugins/ml2/drivers/openvswitch/agent/ovs_neutron_agent.py]
class OVSNeutronAgent(......):
    def setup_physical_bridges(self, bridge_mappings):
        ......
        for physical_network, bridge in six.iteritems(bridge_mappings):
            ......
            # 获取 br-int 与 br-phys 之间对接接口的名称
            int_if_name = p_utils.get_interface_name(
                bridge, prefix=constants.PEER_INTEGRATION_PREFIX)
            phys_if_name = p_utils.get_interface_name(
                bridge, prefix=constants.PEER_PHYSICAL_PREFIX)

            # 如果两者之间对接接口的类型是 Linux 的 veth pair
            if self.use_veth_interconnection:
                ......
```

```
            # 则创建一对 veth pair
            int_veth, phys_veth = ip_wrapper.add_veth(int_if_name,
                                                      phys_if_name)
            ......
        # 否则的话，那接口类型就是 OVS 的 patch port
        else:
            ......
            int_ofport = self.int_br.add_patch_port(
                    int_if_name, constants.NONEXISTENT_PEER)
            phys_ofport = br.add_patch_port(
                    phys_if_name, constants.NONEXISTENT_PEER)

        ......
```

br-phys（br-ethx）与 br-int 之间的连接如图 8-9 所示。

图 8-9 中的接口 H、G，就是 br-phys（br-ethx）与 br-int 之间的接口，接口类型可以是 Linux 的 veth pair（图中的示意就是代表 veth pair），也可以是 OVS 的 patch port。具体选择哪一种类型，取决于配置文件：

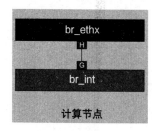

图 8-9　br-ethx 与 br-int 之间的连接

```
# [neutron/plugins/ml2/openvswitch_agent.ini]
# 下面的示例表明，使用 veth pair
use_veth_interconnection = True
```

3）br-phys 的构建流程

通过以上的分析，br-phys 的构建流程，总结如下。

①创建 br-phys 所对应类 class OVSPhysicalBridge 的实例，设置 bridge name 等属性。

②检查 bridge_mappings 中的每一个 Bridge，是否已经提前创建好（只要有一个没有提前创建好，就退出程序（退出 OVS Agent 进程））。

③针对 bridge_mappings 中的每一个 Bridge 初始化 br-phys：设置安全模式、设置控制器信息、删除端口、删除流表、配置默认流表。

④创建 br-int 与 br-phys 对接的接口，接口类型可以是 veth pair，也可以是 patch port。具体选择哪一种类型，取决于配置文件。

8.1.2　内外 VID 的转换

第 3 章讲述了内外 VID 转换的内容。这里我们简要回顾一下，如图 8-10 所示。

外层 VID 对应 Network Model 中的 provider:segmentation_id 字段。如果 Network Type 是 VLAN，VID 就是 VLAN ID；如果 Network Type 是 VXLAN，VID 就是 VNI，以此类推。

内层 VID 是 br-int 上的概念，就是 VLAN ID。一个 br-int 可以接入多个租户的 VM，这些 VM 必须做到租户隔离。br-int 实现租户隔离的方案是：属于同一个 Network VM，具有共同的 VLAN ID；属于不同 Network 的 VM，具有不同的 VLAN ID。这个 VLAN ID 是局部概念，即只在 br-int 上有意义，所以有时候也叫 Local VLAN。

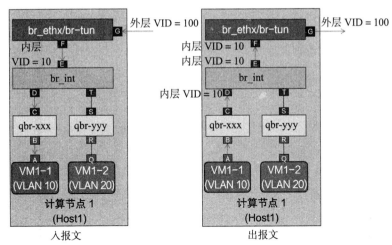

图 8-10　内外 VID 转换示意

从图 8-10 可以看到，完成内外 VID 转换的部件就是 br-int、br-tun、br-phys 这些 OVS Bridge，所以 OVS Agent 需要给这些 Bridge 配置相应的流表规则，以使它们能够正确地进行转换下面我们展开分析。

1. 内外 VID 映射的数据结构

内外 VID 转换之前，得首先有一个转换规则，也就是内部 VID 与外部 VID 之间的映射关系。OVS Agent 是将这种映射关系存储在（OVS）Bridge（比如 br-int）的端口表中的 other_config 字段中，它的本质是一个数据结构，字段如表 8-3 所示。

表 8-3　内外 VID 映射的数据结构

字段	含义	举例
net_uuid	Network ID	123456789
vlan	内层 VID，就是 Local VLAN ID	10
network_type	网络类型，比如 VLAN、VXLAN、GRE 等	VLAN
physical_network	物理网络名称，具体请参见 4.2 节	Phy1
segmentation_id	外层 VID	100

表 8-3 所举的例子，表达的含义是：当 Network ID = "123456789" 时，如果网络类型是 VLAN、外层 VID = 100、物理网络是 Phy1，那么它所映射的内层 VID = 10；反之亦然。

外层 VID 是创建网络时由 Neutron Plugin 分配的（具体请参见 7.1.2 节），那么内层 VID 是如何分配的呢？

2. 内层 VID 的分配算法

内层 VID，即 Local VLAN ID 是由 OVS Agent 分配的。在分配 Local VLA ID 之前，首先要确认有效的 VLAN ID 范围是什么。class OVSNeutronAgent 用一个字段 available_local_vlans 来存储有效的 Local VLA ID：

```
# [neutron/plugins/ml2/drivers/openvswitch/agent/ovs_neutron_agent.py]
class OVSNeutronAgent(......):
    def __init__(......):
        ......
        # 定义 Local VLAN ID 的有效范围: [1, 4094]
        self.available_local_vlans = set(moves.range(p_const.MIN_VLAN_TAG,
                    p_const.MAX_VLAN_TAG))
```

其中，p_const.MIN_VLAN_TAG = 1、p_const.MAX_VLAN_TAG = 4094，即 [1, 4094] 这个范围的 VLAN ID 都是有效的。

内层 VID 的分配算法，也非常简单直接。

1）当一个 Network 需要分配一个内层 VID 时，首先判断这个 Network 是否已经分配了内层 VID，如果已经分配了，则用这个已经分配的 VID。

2）如果，这个 Network 还没有分配一个内层 VID，那么就从 available_local_vlans 中按顺序弹出一个 VLAN ID。

class OVSNeutronAgent 用一个字段 _local_vlan_hints 来存储 Network ID 和它的内层 VID 的对应关系。_local_vlan_hints，是一个子典型数据结构，它的主键就是 Network ID，它的值就是内层 VID。比如：

```
_local_vlan_hints["12345"] = 10
_local_vlan_hints["56789"] = 30
```

从 available_local_vlans 中按顺序弹出一个 VLAN ID 的代码如下：

```
# [neutron/plugins/ml2/drivers/openvswitch/agent/ovs_neutron_agent.py]
class OVSNeutronAgent(......):
    def provision_local_vlan(self, net_uuid, network_type, physical_network,
                    segmentation_id):
        ......
        # 从有效的 VLAN ID 中弹出一个
        lvid = self.available_local_vlans.pop()
        ......
```

代码中，lvid 就是 Local VLAN ID 的意思。

当然，给这个 Network 分配了一个 Local VLAN ID 以后，还需要将这两者的关系记录在 _local_vlan_hints 中。下次这个 Network 再需要分配内层 VID 时，就可以首先从 _local_vlan_hints 查找到了，而不是需要再重新分配一个。

OVS 建立了内外 VID 的映射规则以后，它是如何部署在 Bridge 上的呢？

3. 内外 VID 转换规则在 Bridge 上部署

当数据报文进入 Host 时，在 br-ethx/br-tun 上需要把外层 VID 转换为内层 VID；数据报文出 Host 时，在 br-int 上需要把内层 VID 转换为外层 VID。

前面我们讲述了内外 VID 的映射及内层 VID 的分配算法，这里我们就讲述如何将这些转换规则分别部署在对应的 Bridge 上。

classOVSNeutronAgent 的函数 provision_local_vlan 做的事情就是内外 VID 的映射和部署：

```
# [neutron/plugins/ml2/drivers/openvswitch/agent/ovs_neutron_agent.py]
class OVSNeutronAgent(......):
   def provision_local_vlan(self, net_uuid, network_type, physical_network,
                 segmentation_id):
      # 省略的代码，就是前面讲述的内层 VID 的分配
      ......
      # 下面的代码，讲的就是内外 VID 在不同类型 Bridge 上的部署：
      # 如果是 Tunnel 类型网络，则调用 self.tun_br.provision_local_vlan 函数
      if network_type in constants.TUNNEL_NETWORK_TYPES:
         ......
         self.tun_br.provision_local_vlan(
                  network_type=network_type, lvid=lvid,
                  segmentation_id=segmentation_id)

      # 如果是 FLAT 类型网络，则调用 self._local_vlan_for_flat 函数
      elif network_type == p_const.TYPE_FLAT:
         ......
         self._local_vlan_for_flat(lvid, physical_network)

      # 如果是 VLAN 类型网络，则调用 self._local_vlan_for_flat 函数
      elif network_type == p_const.TYPE_VLAN:
         ......
         self._local_vlan_for_vlan(lvid, physical_network,
                       segmentation_id)
```

class OVSNeutronAgent 针对不同类型的网络，有不同的函数进行内外 VID 转换规则的部署。下面我们逐个描述。

（1）内外 VID 转换规则部署：Tunnel 类型网络

Tunnel 类型网络入报文的内外 VID 转换原理如图 8-11 所示。

Tunnel 类型报文，比如 VXLAN 报文进入 br-tun 以后，br-tun 会将 Tunnel 报文转换为 VLAN 报文，并且会在 F Port（br-trun 与 br-int 对接的 Port）上打上 VLAN ID（内层 VID）。

E Port（br-int 与 br-tun 对接的 Port）对报文只是透传。

当报文从 DPort（br-int 与 VM 对接的 Port）出去时，D Port 会将报文的 VLAN Tag 剥去。

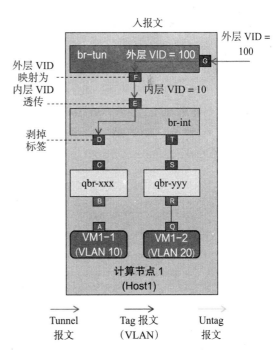

图 8-11 Tunnel 类型网络，入报文内外 VID 的转换

Tunnel 类型网络出报文的内外 VID 转换原理，如图 8-12 所示。

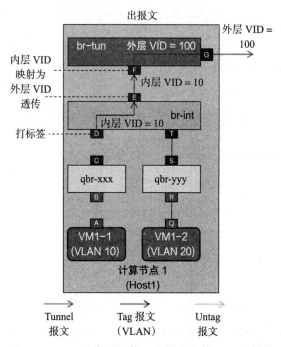

图 8-12 Tunnel 类型网络，出报文内外 VID 的转换

报文从 VM 到达 D Port 以后，D Port 会打上 VLAN Tag（就是内层 VID），而 E 端口仅仅是透传。当报文到达 F 端口以后，F 端口会将报文转换为 Tunnel 报文（比如 VXLAN 报文），并且根据内外 VID 转换规则配置好 Tunnel 报文的 VID。

通过以上分析，可以知道，仅仅是需要针对 br-tun 的 port（图中是 F Port）做了配置，而并没有必要针对 br-int 的 E Port 做任何配置。相关代码也表明了这一点：

```
# [neutron/plugins/ml2/drivers/openvswitch/agent/ovs_neutron_agent.py]
class OVSNeutronAgent(......):
def provision_local_vlan(self, net_uuid, network_type, physical_network,
                        segmentation_id):
    ......
    # 如果是 Tunnel 类型网络，则调用 self.tun_br.provision_local_vlan 函数
    if network_type in constants.TUNNEL_NETWORK_TYPES:
        ......
        # 仅仅需要在 br-tun 上进行配置
        self.tun_br.provision_local_vlan(
            network_type=network_type, lvid=lvid,
            segmentation_id=segmentation_id)
```

tun_br.provision_local_vlan 的代码就是配置相应的流表规则，如下：

```
# [neutron/plugins/ml2/drivers/openvswitch/agent/openflow/ovs_ofctl/br_tun.py]
```

```
class OVSTunnelBridge(......):
    def provision_local_vlan(self, network_type, lvid, segmentation_id,
                    distributed=False):
        ......
        # 配置流表 (调用命令行 ovs-ofctl add-flows ......): 内外 VID 转换
        self.add_flow(table=constants.TUN_TABLE[network_type],
                    priority=1,
                    un_id=segmentation_id,
                    actions="mod_vlan_vid:%s,"
                    "resubmit(,%s)" %
                    (lvid, table_id))
```

可以看到，代码的本质就是调用 ovs-ofctl add-flows 命令行，进行流表的配置。

 说明

br-int 的 D port，需要配置它的 Tag（VLAN ID）为内层 VID。这是在 OVS Agent 处理 RPC 消息 port_update 时所做的处理。下文会讲述。对于 VLAN 和 Flat 类型的网络，也是如此。

（2）内外 VID 转换规则部署：VLAN 类型网络

VLAN 类型网络入报文的内外 VID 转换原理，如图 8-13 所示。

VLAN 报文进入 br-ethx 以后，br-ethx 会在 F Port（br-ethx 与 br-int 对接的 Port）将 VLAN 标签从外层 VID 转换为内层 VID。

E Port（br-int 与 br-tun 对接的 Port）对报文只是透传。

当报文从 D Port（br-int 与 VM 对接的 Port）出去时，D Port 会将报文的 VLAN Tag 剥去。

VLAN 类型网络出报文的内外 VID 转换原理，如图 8-14 所示。

报文从 VM 到达 D Port 以后，D Port 会打上 VLAN Tag（就是内层 VID）。而 E Port 会将 VLAN 标签从内层 VID 转换为外层 VID。当报文到达 F 端口以后，F 端口仅仅是透传。

从以上的分析可以看到，VLAN 类型的网络，它的内外 VID 的转换，发生在两个 Bridge 上。相关代码也是如此：

```
# [neutron/plugins/ml2/drivers/openvswitch/agent/ovs_neutron_agent.py]
class OVSNeutronAgent(......):
    def _local_vlan_for_vlan(self, lvid, physical_network, segmentation_id):
        ......
        # 在 br-phys 上配置内外 VID 转换规则
        phys_br.provision_local_vlan(port=phys_port, lvid=lvid,
                    segmentation_id=segmentation_id,
                    distributed=distributed)

        # 在 br-int 上配置内外 VID 转换规则
        int_br.provision_local_vlan(port=int_port, lvid=lvid,
                    segmentation_id=segmentation_id)
```

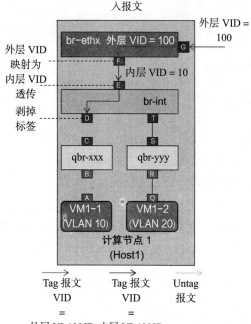

图 8-13　VLAN 类型网络，入报文内外 VID 的转换

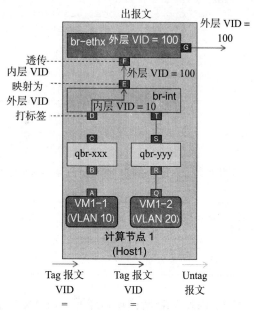

图 8-14　VLAN 类型网络，出报文内外 VID 的转换

从代码本身来说，两个函数大同小异，所以我们就选取 int_br.provision_local_vlan 这一个函数，继续分析代码：

```
# [neutron/plugins/ml2/drivers/openvswitch/agent/openflow/ovs_ofctl/br_int.py]
class OVSIntegrationBridge(ovs_bridge.OVSAgentBridge):
    def provision_local_vlan(self, port, lvid, segmentation_id):
        ......
        # 配置流表（调用命令行 ovs-ofctl add-flows ......）：内外 VID 转换
        self.add_flow(priority=3,
                      in_port=port,
                      dl_vlan=dl_vlan,
                      actions="mod_vlan_vid:%s,normal" % lvid)
```

从代码中，我们看到，就是在 br-int 上增加一条相应的流表项。同理，在 br-ethx 上也是增加一条相应的流表项。

（3）内外 VID 转换规则部署：Flat 类型网络

Flat 类型网络的内外 VID 转换规则的部署的代码，几乎与 VLAN 网络是一样的，所不同的仅仅是外层 VID 不存在（Flat 网络报文就是 Untag 报文）。所以，两者代码的区别仅仅是在 E Port、F Port 配置流规则时，外层 VID 对应的参数填写为 none（最终配置到 OVS 上的值是 0xffff），代码如下：

```
# [neutron/plugins/ml2/drivers/openvswitch/agent/ovs_neutron_agent.py]
class OVSNeutronAgent(......):
    def _local_vlan_for_flat(self, lvid, physical_network):
        ......
        # 外层 VID(segmentation_id) = None
        phys_br.provision_local_vlan(port=phys_port, lvid=lvid,
                        segmentation_id=None,
                        distributed=False)
        # 外层 VID(segmentation_id) = None
        int_br.provision_local_vlan(port=int_port, lvid=lvid,
                        segmentation_id=None)
                        dl_vlan=dl_vlan,
                        actions="mod_vlan_vid:%s,normal" % lvid)
```

8.1.3　OVS Agent 代码分析

在前面几节的基础上，现在我们可以进行 OVS Agent 的代码分析。OVS Agent 的代码从功能角度可以分为如下几部分：

1）启动 OVS Agent 进程（含 OVS Agent 的初始化）；

2）处理 RPC 请求；

3）循环处理资源变化（这个字面上不太好理解，下文会描述）。

其中第 2 点和第 3 点是在不同的协程中处理的。下面我们就围绕这几部分功能逐个进行介绍。

1. 启动一个 OVS Agent 进程

OVS Agent 是一个进程。neutron.egg-info/entry_points.txt 文件中有一行配置信息，定义了 OVS Agent 的启动函数的名称：

```
# [neutron.egg-info/entry_points.txt]
[console_scripts]
neutron-openvswitch-agent =
        neutron.cmd.eventlet.plugins.ovs_neutron_agent:main
```

这个函数位于 neutron/cmd/eventlet/plugins/ovs_neutron_agent.py，代码如下：

```
# [neutron/cmd/eventlet/plugins/ovs_neutron_agent.py]

import neutron.plugins.ml2.drivers.openvswitch.agent.main as agent_main

def main():
    # 调用 agent_main.main()
    agent_main.main()
```

agent_main.main() 函数的代码如下：

```
# [neutron/plugins/ml2/drivers/openvswitch/agent/main.py]

# 定义启动模式
```

```python
_main_modules = {
    'ovs-ofctl': 'neutron.plugins.ml2.drivers.openvswitch.agent.openflow.'
                 'ovs_ofctl.main',
    'native': 'neutron.plugins.ml2.drivers.openvswitch.agent.openflow.'
              'native.main',
}

def main():
    common_config.init(sys.argv[1:])
    driver_name = cfg.CONF.OVS.of_interface
    mod_name = _main_modules[driver_name]
    mod = importutils.import_module(mod_name)
    mod.init_config()
    common_config.setup_logging()
    n_utils.log_opt_values(LOG)
    mod.main()
```

这里有两个模式可以选择，分别是 ovs-ofctl 和 native。具体选择哪个取决于配置文件：

```
# [etc/neutron/plugins/ml2/openvswitch_agent.ini]
# (StrOpt) OpenFlow interface to use.
# 'ovs-ofctl' or 'native'.
of_interface = ovs-ofctl    # 一般配置为 ovs-ofctl，前文一直以这个为例进行讲述
```

一般配置为 of_interface = ovs-ofctl，即选择如下启动函数：

```
'ovs-ofctl': 'neutron.plugins.ml2.drivers.openvswitch.agent.openflow.'
             'ovs_ofctl.main'
```

这个启动函数的代码如下：

```python
# [neutron/plugins/ml2/drivers/openvswitch/agent/openflow/ovs_ofctl/main.py]

def main():
    # 定义三类关键 Bridge 的 class name，前文介绍过
    bridge_classes = {
        'br_int': br_int.OVSIntegrationBridge,
        'br_phys': br_phys.OVSPhysicalBridge,
        'br_tun': br_tun.OVSTunnelBridge,
    }
    # 调用 ovs_neutron_agent.main 函数
    ovs_neutron_agent.main(bridge_classes)
```

ovs_neutron_agent.main 函数代码如下：

```python
# [neutron/plugins/ml2/drivers/openvswitch/agent/ovs_neutron_agent.py]
def main(bridge_classes):
    ......
    # 创建 class OVSNeutronAgent 对象实例
    agent = OVSNeutronAgent(bridge_classes, **agent_config)
    ......
```

```
# 执行 agent.daemon_loop() 函数
agent.daemon_loop()
```

agent.daemon_loop() 是一个死循环。至此，OVS Agent 这个进程启动完毕，进程名是 neutron-openvswitch-agent。

需要说明的是，在启动进程的过程中，需要做一些初始化配置。这些初始化配置实际上就是在 class OVSNeutronAgent 的 __init__ 函数中完成的。8.1.1 节讲述的几个关键 Bridge 的创建，就是属于初始化配置的一部分，而且是最重要的部分。

另外 OVS Agent 既是一个进程，同时也是一个 RPC Consumer。class OVSNeutronAgent 的 __init__ 函数同时也包括把自身变为一个 RPC Consumer 的功能。相关代码如下：

```
# [neutron/plugins/ml2/drivers/openvswitch/agent/ovs_neutron_agent.py]
class OVSNeutronAgent(......):
    def __init__(......):
        ......
        # 调用 setup_rpc, 创建 RPC Consumer
        self.setup_rpc()
        ......

    def setup_rpc(self):
        ......
        # RPC 处理对象，就是自己 (class OVSNeutronAgent 的实例)
        self.endpoints = [self]
        consumers = ......
        ......
        # 调用 agent_rpc.create_consumers, 创建 RPC Consumer
        self.connection = agent_rpc.create_consumers(self.endpoints,
                                                    self.topic,
                                                    consumers,
                                                    start_listening=False)
```

通过以上代码，可以看到，OVS Agent 就变成了一个 RPC Consumer。那么 OVS Agent 是怎么处理 RPC 接口的呢？

2. OVS Agent 的 RPC 分析

（1）OVS Agent 的 RPC 接口

在介绍 OVS Agent 的 RPC 处理机制之前，先介绍一下它的 RPC 接口。OVS Agent 的 RPC 接口，定义在 class OVSNeutronAgent，如下：

```
port_update(self, context, **kwargs)
port_delete(self, context, **kwargs)
tunnel_update(self, context, **kwargs)
tunnel_delete(self, context, **kwargs)
......
```

接口定义本身比较正常，没有什么需要讲解的地方，但是比较令人困惑的是：没有 port_

add 接口，也没有 tunnel_add 接口。前者与 Nova 创建虚拟机的流程相关，后者与 Neutron 创建 Tunnel 的机制相关。下面针对这两个问题，分别做一下分析。

1）为什么没有 port_add 接口。

OVS Agent 为什么没有 port_add 接口，这要从 OVS Bridge 的 Port 说起，如图 8-15 所示。

图 8-15 中，H、G 两个 Port 在 OVS Agent 初始化时，这两个 Port 已经创建好（请参见 8.1.1 节）。当 br-phys 是 br-ethx 时，I Port 在 OVS Agent 启动之前都已经创建好了（请参见 4.2 节）。当 br-phys 是 br-tun 时，I Port 是在 OVS Agent 收到 tunnel_update 这个 RPC 消息时创建（下文会讲述）。

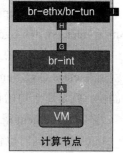

图 8-15 OVS Bridge 的端口

> 说明　图 8-15 中，VM 与 br-int 之间可能还会有 qbr。即使加上 qbr，其基本原理也是一样的，只是需要绕很多弯子。这里为了易于描述和理解，省略了 qbr。

图 8-15 中的 A 接口是一个 TAP Port，是 br-int 与 VM 之间对接的 Port。它的创建时机和创建主体与 OpenStack Nova 部件相关，如图 8-16 所示[⊖]。

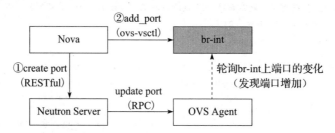

图 8-16　创建 VM 时，Nova 与 Neutron 的交互

图 8-16 描述的是 Nova 创建一个 VM 时 Nova 与 Neutron 之间的简要的交互过程。Nova 创建一个 VM 时，无论有没有指定 Port ID（对应图 8-15 中的 A Port），从 Neutron 的视角来看，这个交互过程都是一样的。

① Nova（启动虚拟前之前）调用 Neutron Server 的 RESTful API，以创建 Port（create port）：Neutron Server 调用 ML2 Plugin 进行相关处理（具体请参见 7.1.6 节），并通过 RPC 调用 OVS Agent 的 port_update 接口（具体请参见 7.3.2 节）。

② Nova（启动虚拟机时）在 br-int 上创建端口，将 A Port 绑定到 br-int 上（本质调用 ovs-vsctl add-port 命令）。

③ OVS Agent 在轮询 br-int 时，发现端口变化（增加了一个 A），做相应处理。

可以看到，br-int 与 VM 之间的对接的 Port 是由 Nova 创建，而不是由 OVS Agent 创

⊖　参考 http://www.cnblogs.com/xingyun/p/5024400.html。

建。实际上,不仅是虚拟机,OVS Bridge 与其他类型的"网元"之间的 Port 也不是由 OVS Agent 创建,如图 8-17 所示。

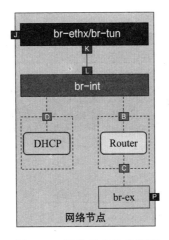

图 8-17　网络节点抽象模型

图 8-17 描述的是一个网络节点抽象模型,其中 br-int 与 DHCP 对接的 D Port、与 Router 对接的 B Port、br-ex 与 Router 对接的 C Port 都不是 OVS Agent 创建的。第一个 Port 是由 DHCP Agent 创建的,后两个 Port 是由 L3 Agent 创建的。

所以,综上所述,OVS Agent 没有 RPC 接口 port_add。

> **注意** Nova 与 Neutron 交互的第 1 步,调用 Neutron 的 RESTful 接口创建 Port,此时所创建的 Port 仅仅是 Neutron 数据库中一条记录而已,还不是真正的 tap。

2）为什么没有 tunnel_add 接口。

OVS Agent 为什么没有 RPC 接口 tunnel_add？第一眼是很好回答的,因为 Tunnel 与 Port 不一样,它不是用户可见的资源,Neutron 也没有提供 RESTful API 接口进行 Tunnel 的创建。

但是,Tunnel 对用户不可见不代表它不存在,不代表它不需要创建。我们知道,当网络是 VXLAN、GRE 等隧道（Tunnel）型网络时,它背后总需要一个 Tunnel 进行承载。那么 Tunnel 是在什么时机创建,由谁创建的呢？这首先从 Tunnel 是什么说起。一般来说,大家在讲述 Tunnel 概念时总是画一个管道以作 Tunnel 的示意,如图 8-18 所示。

图 8-18 中,Host1 与 Host2 之间的隧道采用一个"管道"来示意。但是,实

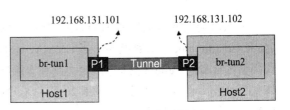

图 8-18　隧道示意图

际情况是，这样的"管道"根本不存在，两个 Host 之间除了网线相连什么都没有。Tunnel 并不是真的在网线内部"创建"了一个"管道"，Tunnel 的真正含义是它的报文头。以 VXLAN 为例，它的报文头如图 8-19 所示。

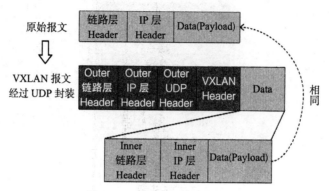

图 8-19 VXLAN 报文头示意

可以看到，VXLAN 就是在原来的报文头前面封装上一个新的"UDP Header"再加上一个 VXLAN Header（UDP Header 包括图中的 Outer 链路层 Header、Outer IP 层 Header、Outer UDP 层 Header）。其中 Outer IP 层 Header 的源 IP 和目的 IP 分别是 VXLAN 两端 VTEP 的 IP（比如图 8-18 中的两个 IP）。由于篇幅原因，不能更进一步详细解释。可以简单理解：

① Tunnel 不是网线中存在的一个"管道"；
② Tunnel 的真正含义，是原始报文头前面再加一层封装（Tunnel 报文头）；
③ 在报文的发送端，Tunnel 端口对原始报文加装 Tunnel 报文头；
④ 在报文的接收端，Tunnel 端口去除报文的 Tunnel 报文头，还原为原始的报文。

也就是说，所谓 Tunnel 的创建，其本质是要将相关的 Tunnel 端口做好正确的配置。Tunnel 端口，指的是图 8-18 中的 br-tun 上端口。Tunnel 端口配置最核心的参数是隧道类型、本端和对端的 Tunnel IP。隧道类型和本端 Tunnel IP 是在配置文件中进行配置：

```
# [neutron/plugins/ml2/openvswitch_agent.ini]
# local ip 是 10.0.0.3（同时也是 VXLAN 外层隧道 IP）
local_ip = 10.0.0.3
# 隧道类型是 vxlan
tunnel_types = vxlan
```

那么对端的隧道类型和 Tunnel IP，OVS Agent 是如何知道的呢？这就要从前文提及的 agent.daemon_loop() 函数说起。当 OVS Agent 启动时，它会调用这个函数，这个函数中有代码会将自身的 Tunnel 信息（隧道类型和本端隧道 IP）通过 RPC 通知给 Neutron Server（具体代码介绍，下文会描述）。图 8-20 是一个 OVS Agent 与 Neutron Server 之间关于 Tunnel 信息的一个交互示意图：

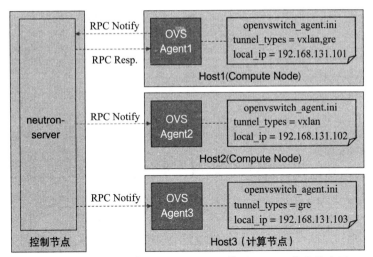

图 8-20　OVS Agent 与 Neutron Server 关于 Tunnel 信息的交互

图 8-20 是假设 OVS Agent1 首先发消息给 Neutron Server（其他 OVS Agent 还没有发消息给 Neutron Server）。OVS Agent 与 Neutron Server 之间的交互过程如下。

① OVS Agent1 RPC 通知 Neutron Server 关于 Host1 的 Tunnel 信息（支持两种隧道类型：vxlan、gre；Tunnel IP = 192.168.131.101）。

② Neutron Server 应答 OVS Agent1，告知 OVS Agent 1 它当前已经知道的其他 Host 的 Tunnel 信息（当前还没有其他 OVS Agent 的信息）。

③ OVS Agent1 收到的应答消息中，如果有其他 Host 的 Tunnel 信息，并且 Tunnel 类型有跟其自身一致的类型，那么 OVS Agent1 就会再 br-tun 上创建相应的 Tunnel Port。（如果对端也创建了相应的 Tunnel Port，那么这条 Tunnel 就通了）。

④ Neutron Server 同时还会给其他 Host（Host2、Host3）的 OVS Agent 发送 RPC 消息，这个消息就是 tunnel_update，消息内容是 Neutron Server 已经知道的 Tunnel 信息（隧道类型：vxlan、gre；Tunnel IP = 192.168.131.101）。

⑤ 其他 Host（Host2、Host3）的 OVS Agent 收到 tunnel_update 的消息后会进行"3"一样的处理：配置本 Host 的 br-tun Port 的 Tunnel 信息。

以上就是 OVS Agent 与 Neutron Server 之间关于 Tunnel 信息的交互过程，也是 OVS Agent 的 tunnel_update 消息的由来。当 OVS Agent2、OVS Agent3 也向 Neutron Server 通报自身的 Tunnel 信息以后，三个 Host 之间就会创建出相应的隧道，如图 8-21 所示。

前文说过，图 8-21 中的隧道仅仅是用"管道"来做隧道的示意，其实是在各自的

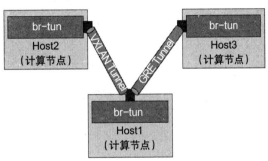

图 8-21　三个 Host 之间的 Tunnel

Tunnel Port 上配置了隧道信息而已。图 8-21 中三个隧道端口所配置的信息，如表 8-4 所示：

表 8-4　三个隧道端口所配置的隧道信息

隧道端口	隧道信息	备　　注
Host1 隧道端口	# Tunnel 1 隧道类型：VXLAN 本端 Tunnel IP = 192.168.131.101，对端 Tunnel IP = 192.168.131.102 # Tunnel 2 隧道类型：GRE 本端 Tunnel IP = 192.168.131.101，对端 Tunnel IP = 192.168.131.103	VXLAN 隧道，对端是 Host2 隧道端口 GRE 隧道，对端是 Host3 隧道端口
Host2 隧道端口	# Tunnel 1 隧道类型：VXLAN 本端 Tunnel IP = 192.168.131.102，对端 Tunnel IP = 192.168.131.101	VXLAN 隧道，对端是 Host1 隧道端口
Host3 隧道端口	# Tunnel 1 隧道类型：GRE 本端 Tunnel IP = 192.168.131.103，对端 Tunnel IP = 192.168.131.101	GRE 隧道，对端是 Host1 隧道端口

（2）OVS Agent RPC 的典型接口分析

上一小节介绍了 OVS Agent 的 RPC 接口，主要是介绍了 OVS Agent 没有 port_add 和 tunnel_add 接口的原因。也正是由于这个原因，OVS Agent 的 RPC 处理机制也稍微与众不同。所以本节在介绍 OVS Agent RPC 的典型接口之前，先介绍一下 OVS Agent 的 RPC 处理机制。

1）OVS Agent RPC 处理机制。

根据前面的分析，当 OVS Agent 收到 RPC 消息 port_update 时，其实它并不能做什么，因为此时的 Port，还仅仅是 Neutron 数据库的一条记录，并不是一个实体 tap 设备。Neutron 真正能够处理 Bridge 的 Port 的时机是在它轮询到 Bridge 上端口变化时。

另外，当 OVS Agent 收到 RPC 消息 tunnel_update 时就可以做完整的事情（配置本地隧道端口）。

OVS Agent 处理这两类 RPC 请求的方式，如图 8-22 所示。

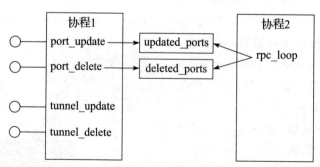

图 8-22　OVS Agent 处理两个 RPC 请求的方式

图 8-22 所示的协程 1 是 OVS Agent 作为一个 RPC Consumer 处理 PRC 请求的协程；协

程 2 是前文提及的 rpc_loop 函数运行所在的协程。

在处理 port_update 和 port_delete 请求时,OVSNeutronAgent 仅仅是将相应的 Port 信息存储在对应的列表中:updated_ports、deleted_ports,剩下的就交给 rpc_loop 函数了。rpc_loop 函数是一个死循环,当它轮询到 Port 的变化信息时会做进一步的处理(下文会详细介绍)。

在处理 tunnel_update 和 tunnle_delete 请求时,OVS Agent 就不必那么麻烦,直接在对应的函数中就完成了相应的逻辑处理。

2)OVS Agent RPC 典型接口:port_update。

port_update 接口的代码如下:

```
# [neutron/plugins/ml2/drivers/openvswitch/agent/ovs_neutron_agent.py]
class OVSNeutronAgent(......):
    def port_update(self, context, **kwargs):
        port = kwargs.get('port')
        # self.updated_ports 是一个数组
        self.updated_ports.add(port['id'])
```

这个函数非常简单,如前文所说,它只是把 update 的 port 信息存储在列表 updated_ports 中,留待 rpc_loop 处理。

3)OVS Agent RPC 典型接口:tunnel_update。

tunnel_update 接口的代码如下:

```
# [neutron/plugins/ml2/drivers/openvswitch/agent/ovs_neutron_agent.py]
class OVSNeutronAgent(......):
    def tunnel_update(self, context, **kwargs):
        ......
        # 设置 Tunnel Port
        self._setup_tunnel_port(self.tun_br, tun_name, tunnel_ip,
                                tunnel_type)

    def _setup_tunnel_port(self, br, port_name, remote_ip, tunnel_type):
        # br-tun 上增加一个 Tunnel Port
        ofport = br.add_tunnel_port(port_name,
                                    remote_ip,
                                    self.local_ip,
                                    tunnel_type,
                                    ......)
        ......
        # 设置这个 Tunnel Port 的流表
        br.setup_tunnel_port(tunnel_type, ofport)
        ......
```

可以看到,tunnel_update 接口的功能,正如前面所述,分为两部分:

① 设置 br-tun 的 Tunnel 端口信息(隧道类型、本端 IP、对端 IP 等);

② 设置该 Tunnel Port 的流表规则(出端口的报文要打上 Tunnel 报文头、入端口的报文要去除 Tunnel 报文头)。

3. rpc_loop 函数分析

介绍了 OVS Agent 的 RPC 之后，我们再来看看另一个重要函数 rpc_loop。在前面介绍 OVS Agent 启动时，讲到了如下代码：

```
# [neutron/plugins/ml2/drivers/openvswitch/agent/ovs_neutron_agent.py]
def main(bridge_classes):
    ......
    # 创建 class OVSNeutronAgent 对象实例
    agent = OVSNeutronAgent(bridge_classes, **agent_config)
    ......
    # 执行 agent.daemon_loop() 函数
    agent.daemon_loop()
```

其中，daemon_loop 代码如下：

```
# [neutron/plugins/ml2/drivers/openvswitch/agent/ovs_neutron_agent.py]
class OVSNeutronAgent(......):
    def daemon_loop(self):
        ......
        self.rpc_loop(polling_manager=pm)
```

rpc_loop 函数最典型的特征就是它是一个死循环。其代码如下：

```
# [neutron/plugins/ml2/drivers/openvswitch/agent/ovs_neutron_agent.py]
class OVSNeutronAgent(......):
    # rpc_loop 有很多代码，也很复杂，为了突出主干流程，下面删除了很多代码
    def rpc_loop(self, polling_manager=None):
        # polling_manager 的目的，就是前文介绍的，
        # 对 br-tun 进行轮询，发现 Port 的变化（增加的、删除的、变化的）
        # 对于 polling_manager 的细节，可以忽略，我们只关注主干流程
        f not polling_manager:
            polling_manager = polling.get_polling_manager(
                minimize_polling=False)
        ........
        # 开启循环之路
        while self._check_and_handle_signal():
            ......
            # 向 Neutron Server 通报自己的 Tunnel 信息
            if self.enable_tunneling and tunnel_sync:
                tunnel_sync = self.tunnel_sync()
            ......
            # 如果 Bridge 的端口有变化
            if (self._port_info_has_changes(port_info) ......):
                self.process_network_ports(port_info, ovs_restarted)
                ........
```

rpc_loop 有很多代码，也很复杂，本文只保留了两大主干功能：向 Neutron Server 通报自己的 Tunnel 信息、处理 Bridge 端口的变化。下文会介绍这两大功能，不过在介绍之前，需要首先介绍一下 rpc_loop 函数的循环何时会退出。

（1）rpc_loop 的退出时机

rpc_loop 函数是一个死循环，代码如下：

```
# [neutron/plugins/ml2/drivers/openvswitch/agent/ovs_neutron_agent.py]
class OVSNeutronAgent(......):
    def rpc_loop(self, polling_manager=None):
        ......
        # 开启循环之路
        while self._check_and_handle_signal():
            ......
```

rpc_loop 函数的退出时机蕴含在 _check_and_handle_signal 函数中，while 循环就是在检测它的返回值以决定是否退出循环。_check_and_handle_signal 代码如下：

```
# [neutron/plugins/ml2/drivers/openvswitch/agent/ovs_neutron_agent.py]
class OVSNeutronAgent(......):
    # self.run_daemon_loop 的初始值为 True，意思不退出 while 循环
    def _check_and_handle_signal(self):
        if self.catch_sigterm:
            # 记录日志
            LOG.info(_LI("Agent caught SIGTERM, quitting daemon loop."))
            # 这里设为 False，意思是要退出循环
            self.run_daemon_loop = False
            self.catch_sigterm = False
        if self.catch_sighup:
            # 记录日志，重新加载配置文件信息等（不是重点）
            ......
            # 这里没有设置 self.run_daemon_loop 的值，意思是不退出循环
            self.catch_sighup = False
        return self.run_daemon_loop
```

sigterm、sighup 都是进程退出的信号，如果不捕捉这两个信号，进程的默认动作都是退出进程。OVS Agent 的进程捕捉了这两个信号，对于前者 OVS Agent 的决定是退出 while 循环（_check_and_handle_signal 函数 return False，从而使 while 循环退出），对于后者，OVS Agent 的决定是继续 while 循环（_check_and_handle_signal 函数 return True），当然它还做了其他工作（记录日志、重新加载配置文件等）。

OVS Agent 捕捉这两个信号的代码位于 daemon_loop 函数中，代码如下：

```
# [neutron/plugins/ml2/drivers/openvswitch/agent/ovs_neutron_agent.py]
class OVSNeutronAgent(......):
    def daemon_loop(self):
        # 捕捉信号 SIGTERM，处理函数是 self._handle_sigterm
        signal.signal(signal.SIGTERM, self._handle_sigterm)
        if hasattr(signal, 'SIGHUP'):
            # 捕捉信号 SIGHUP，处理函数是 self._handle_sigterm
            signal.signal(signal.SIGHUP, self._handle_sighup)
        ......
        # 调用 rpc_loop
        self.rpc_loop(polling_manager=pm)
```

daemon_loop 函数设置了处理两个信号的函数。这两个函数的代码如下：

```
# [neutron/plugins/ml2/drivers/openvswitch/agent/ovs_neutron_agent.py]
class OVSNeutronAgent(......):
    def _handle_sigterm(self, signum, frame):
        # self.catch_sigterm，正是 _check_and_handle_signal 的判断条件
        self.catch_sigterm = True
        ......

    def _handle_sighup(self, signum, frame):
        # self.catch_sighup，正是 _check_and_handle_signal 的判断条件
        self.catch_sighup = True
```

通过以上代码的互相印证可以得出 rpc_loop 函数的退出时机：当 OVS Agent 进程收到 sigterm 信号时，退出 while 循环。

（2）通报自身的 Tunnel 信息

在 rpc_loop 函数中，如下代码就是通报自身的 Tunnel 信息：

```
# [neutron/plugins/ml2/drivers/openvswitch/agent/ovs_neutron_agent.py]
class OVSNeutronAgent(......):
    def rpc_loop(self, polling_manager=None):
        .......
        # 开启循环之路
        while self._check_and_handle_signal():
            ......
            # 向 Neutron Server 通报自己的 Tunnel 信息，
            # tunnel_sync 的初始值是 True，但是 tunnel_sync 的返回值是 False，
            # 如果它运行正确，即 OVS Agent 只会向 Neutron Server 通报
            # 1 次其自身的 Tunnel 信息
            if self.enable_tunneling and tunnel_sync:
                tunnel_sync = self.tunnel_sync()
```

函数 tunnel_sync 的代码如下：

```
# [neutron/plugins/ml2/drivers/openvswitch/agent/ovs_neutron_agent.py]
class OVSNeutronAgent(......):
    deftunnel_sync(self):
        ......
        # 发送 RPC 消息通知 Neutron Server 自身的 Tunnel 信息
        details = self.plugin_rpc.tunnel_sync(self.context,
                                              self.local_ip,
                                              tunnel_type,
                                              self.conf.host)
        ......
        return False
```

可以看到，tunnel_sync 函数只会向 Neutron Server 通报 1 次 OVS Agent 的 Tunnel 信息。

（3）处理 bridge 的端口增加信息

process_network_ports 函数是处理 Bridge 的端口变化信息，本文为了突出重点，只介

绍端口增加相关的代码。根据前文的介绍，所谓 Bridge 端口的增加其实仅仅是 br-int 端口的增加，其他类型的 Bridge 的端口在 OVS Agent 启动时或者启动之前都已经创建好了。

br-int 增加一个端口，意味着什么呢？假设端口所属的网络类型是 VLAN，且网络的 Segment ID = 100（即外层 VID = 100），假设增加的端口是 D 端口，如图 8-23 所示。

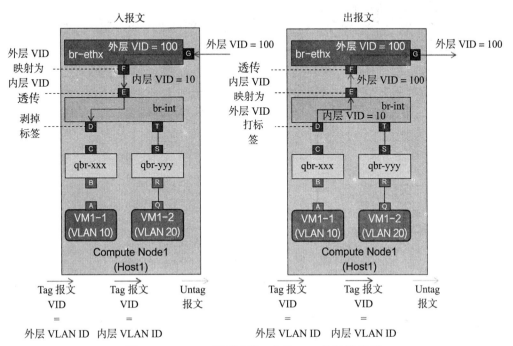

图 8-23　VLAN 类型网络，内外 VID 的转换示例

根据前面的描述，我们知道，当 D Port 增加以后，OVS Agent 代码需要做如下几件事情。

① F 端口配置流规则，以作外层 VID 到内层 VID 的映射。
② E 端口配置流规则，以作内层 VID 到外层 VID 的映射。
③ D 端口配置好正确的 VLAN Tag（就是内层 VID）。

class OVSNeutronAgent 的函数 process_network_ports 的目的就是做这几件事情，代码如下：

```
# [neutron/plugins/ml2/drivers/openvswitch/agent/ovs_neutron_agent.py]
class OVSNeutronAgent(......):
    def process_network_ports(self, port_info, ovs_restarted):
        ......
        self.treat_devices_added_or_updated(
                devices_added_updated, ovs_restarted))

        ......
        self._bind_devices(need_binding_devices)
        ......
```

从主干流程角度一共涉及两个函数，我们逐个讲述。

1）treat_devices_added_or_updated 函数。

treat_devices_added_or_updated 函数的代码如下：

```
# [neutron/plugins/ml2/drivers/openvswitch/agent/ovs_neutron_agent.py]
class OVSNeutronAgent(......):
    def treat_devices_added_or_updated(self, devices, ovs_restarted):
        ......
        # 调用 treat_vif_port 函数
        need_binding = self.treat_vif_port(port, details['port_id'],
                    details['network_id'],
                    details['network_type'],
                    details['physical_network'],
                    details['segmentation_id'],
                    ......)
        ......

    def treat_vif_port(......):
        ......
        # 调用 port_bound 函数
        self.port_bound(vif_port, network_id, network_type,
                    physical_network, segmentation_id,
                    fixed_ips, device_owner, ovs_restarted)
        ......

    def port_bound(......):
        # 调用 self.provision_local_vlan 函数，这个函数 6.1.2 节介绍过，
        # 就是在 Bridge 上部署内外 VID 转换的流表表项
        if net_uuid not in self.vlan_manager or ovs_restarted:
            self.provision_local_vlan(net_uuid, network_type,
                            physical_network, segmentation_id)
        ......

        # vlan_mapping 这个数据结构，6.1.2 节也介绍过，就是存储内外 VID 映射的数据结构
        vlan_mapping = {'net_uuid': net_uuid,
                    'network_type': network_type,
                    'physical_network': str(physical_network)}
        if segmentation_id is not None:
            vlan_mapping['segmentation_id'] = str(segmentation_id)
        port_other_config.update(vlan_mapping)
        # 将内外 VID 映射的规则（vlan_mapping）存储在 br-int 的 Port 表中
        self.int_br.set_db_attribute("Port", port.port_name, "other_config",
                        port_other_config)

        return True
```

treat_devices_added_or_updated 函数的代码绕来绕去，不太好阅读，不过可以看到，这个函数主要就是做了两件事情：

① 在 OVS bridge（br-int、br-ethx、br-tun）上部署相应的流表规则，以作内外 VID 的映射；

② 将内外 VID 的映射规则，存储在 br-int 的 Port 表中。

2) bind_devices 函数。

_bind_devices 的代码如下：

```
# [neutron/plugins/ml2/drivers/openvswitch/agent/ovs_neutron_agent.py]
class OVSNeutronAgent(......):
    def _bind_devices(self, need_binding_ports):
        ......
        # cur_tag 就是端口当前配置的 tag(VLAN ID) lvm.vlan 就是端口理论上的 Tag
        # 如果两者不相等，则应该重新配置 端口的 tag，使其等于 lvm.vlan
        if cur_tag != lvm.vlan:
            # 输出该端口的流表
            self.int_br.delete_flows(in_port=port.ofport)
            # 设置该端口的 Tag（等于 lvm.vlan）
            self.int_br.set_db_attribute(
                "Port", port.port_name, "tag", lvm.vlan)
```

这段代码为了阅读方便做了一定的"改写"，不过其本质含义还是与原来的代码是一致的。代码中 cur_tag 就是需要处理的 Port 的 Tag。如果这个 Tag 与内层 VID 一致，那么什么事情都不用做。如果不一致，则先删除针对原来 Tag 的流表规则，再配置它的 Tag。

8.1.4　OVS Agent 小结

OVS Agent 是一个进程，它部署于 Neutron 的每一个计算节点和网络节点上。Neutron 的计算节点和网络节点上部署有三大类 OVS Bridge：br-int、br-tun、br-phys，OVS Agent 的使命就是调用 ovs-vsctl 或者 ovs-ofctl 命令行，做如下几件事情：

1）创建三大类 Bridge，并初始化。
2）配置各个 Bridge 之间对接的接口。
3）配置各个 Bridge 上接口的流表，以作内外 VID 的转换。
4）配置 br-int 对接 VM（或者其他"网元"）端口的 Tag。

OVS Agent 定义的三大类 Bridge，它们的创建及初始化时机如表 8-5 所示。

表 8-5　OVS Agent 定义的三大类 Bridge 的创建及初始化时机

OVS Agent Bridge 类型	Neutron 实现模型中的 Bridge 类型	创建及初始化时机	备　　注
br-int	br-int	OVS Agent 进程启动时，创建及初始化	在 class OVSNeturonAgent 的 __init__ 函数中创建及初始化
br-tun	br-tun	OVS Agent 进程启动时，创建及初始化	同上
br-phys	br-ethx，br-ex	提前创建好（OVS Agent 启动之前），OVS Agent 进程启动时初始化	在 class OVSNeturonAgent 的 __init__ 函数中初始化

这些 Bridge 之间对接的接口以及 Bridge 与虚拟机或者其他"网元"对接的接口创建时

机也不一致,如表 8-6 所示。

表 8-6 Bridge 接口创建时机

bridge 接口	创建时机	创建主体	备 注
br-int 与 br-ethx 对接接口	OVS Agent 进程启动时	OVS Agent	class OVSNeturonAgent 的 __init__ 函数中创建
br-int 与 br-tun 对接接口	OVS Agent 进程启动时	OVS Agent	同上
br-int 与 VM 对接接口	Nova boot 一个 VM 时	Nova	
br-ex 与其他网元(比如 Router)对接接口	创建 router 时	其他网元的 Agent(比如 L3 Agent)	

Neutron 创建各个 Host 之间的隧道也几乎是在 OVS Agent 进程启动之时。OVS Agent 启动时会通过 RPC 向 Neutron Server 通报自身的隧道信息(Tunnel Type,Tunnel IP)。Neutron Server 接到这个通知信息后,再通过 RPC 广播给其他 OVS Agent(也就是 tunnel_update 消息)。OVS Agent 接到 Neutron Server 的 unnel_update 消息时,比较自身的隧道信息与其他 Host 的隧道信息,如果隧道类型吻合就会配置自身的隧道端口(br-tun 上的外接端口)相应的流表规则,使这个端口具有隧道功能(出端口报文打上 Tunnel 头,入端口报文拆掉 Tunnel 头)。

由于 br-int 与 VM 对接的端口是由 Nova 创建的,而且 Nova 也没有通知 OVS Agent,所以 OVS Agent 进程会循环查询 br-int 上的端口变化。当它探测到 br-int 上端口增加时,OVS Agent 会配置对应 Bridge(br-int、br-tun、br-ethx)上的流表规则,以使能正确的内外 VID 转换,同时还会配置 br-int 与 VM 对接端口的 Tag。

实现 OVS Agent 功能的类是 class OVSNeturonAgent,实现三大类 Bridge 配置功能的类分别是:class OVSIntegrationBridge(br-int)、class OVSPhysicalBridge(br_phys)、class OVSTunnelBridge(br_tun)。OVS Agent 模块的类图,如图 8-24 所示(只涉及主要的 class)。

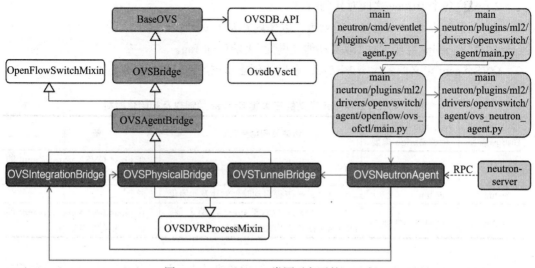

图 8-24 OVS Agent 类图(主要的 class)

8.2 L3 Agent

L3 Agent,顾名思义,是为 L3 Service(路由转发)服务的。Neutron 中承载 L3 Service 的部件是 Router(路由器),当然路由器是全世界的通用称谓,Neutron 并没有特殊。与物理路由器不同的是,Neutron 路由器采用的是 Linux 内核功能。所以 L3 Agent 为了创建一个 Router,本质上只做了两件事情:

1)创建一个 namespace,为了每个 Router 之间的隔离。
2)将这个 namespace 的路由功能打开,因为默认是关闭的。

L3 Agent 以及 Router 在网络节点中的位置,如图 8-25 所示。

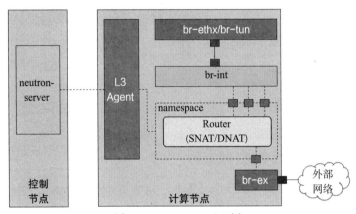

图 8-25 L3 Agent 上下文

L3 Agent 是一个进程,同时它也是一个 RPC Consumer,接收 Neutron Server 的 RPC 消息,对图 8-25 中的 Router 做配置。

 说明
① 图 8-25 中的 Router 仅仅是一个示意,它的本质是 Linux 内核,并不是说真的具有一个路由器。
② Neutron 的 Router 还支持 DVR、Firewall、HA、IPv6 等特性,本文从快速掌握 L3 Agent 主题思想的角度考虑,没有涉及这些内容。

通过图 8-25 可以看到,如果要让一个 Router 能正确工作,L3 Agent 须做如下配置。

1)Router 与 br-int、br-ex 的对接(这个是 Router 能工作的基础)。
2)Router 端口的 IP 地址。
3)路由转发规则(涉及路由表,包括默认路由)。
4)SNAT 规则(涉及外部网关)。
5)DNAT 规则(也就是 Floating IP)。

L3 Agent 与其他 Agent 一样,也是采用命令行进行配置。第 1 个功能与 OVS Bridge 相关，所以采用 OVS 命令行；后 4 个功能就是 Linux 内核的功能，所以与 Linux 命令行相关。当然，L3 Agent 并不是那么直白地调用命令行，而是对这些命令行通过类及其接口进行封装。做这些命令行封装的，主要是两个类：class OVSInterfaceDriver 和 class RouterInfo 进行封装。这两个 class 非常重要，所以本节将首先介绍这两个 class，然后再整体介绍 L3 Agent。

在正式介绍之前，先强调一点：整个 L3 Agent 只要针对具体的"设备"进行操作，最终都是执行的命令行，针对 Linux 设备（比如 Linux 接口、Router）执行的是 Linux 命令行，针对 OVS 设备（比如 br-int、br-ex），执行的是 OVS 命令行。由于篇幅原因，本文不会深入介绍这些命令行是如何构建的，只是针对某些函数，特别指明它所对应的命令行。下面将要介绍的代码中有一句代码：

```
# ip_lib 开头的函数，本质上都是执行 Linux 命令行
ip_lib.device_exists(device_name, namespace=namespace)
```

背后执行的命令行就是：

```
# 假设 namespace 的名称是 qrouter-12345，对接接口的名称是 qr-67890
ip netns exec qrouter-12345 ip -o link show qr-67890
```

8.2.1　class OVSInterfaceDriver 分析

严格来说，前文提到的 br-int、br-ex 并不一定就是 OVS Bridge，具体选择哪个厂家哪个类型的 Bridge，Neutron 提供了比较灵活的配置方式，由用户通过配置文件进行配置。Router 需要与 br-int、br-ex 对接，背后涉及这些 Bridge 的类型，所以 Neutron 也是提供了配置方式，由用户选择。相关的配置文件及配置信息如下：

```
# [etc/l3_agent.ini]
# 也可以配置为其他类型的驱动，只要与 Bridge 的类型相匹配即可
# 本文仍然是选择 OVS Bridge，选择 OVSInterfaceDriver
interface_driver = neutron.agent.linux.interface.OVSInterfaceDriver
```

这个配置信息的意思如下。

1）选择了 OVS Bridge。

2）为了创建 Router 与 OVS Bridge 之间对接的接口，选择了 class OVSInterfaceDriver。

但是 class OVSInterfaceDriver 的功能不仅仅是创建 Router 与 OVS Bridge 之间对接的接口，它还包括初始化路由器端口（配置端口 IP 地址及对应的路由表）。后者其实与 OVS 没有关系，它是纯 Linux 的功能，所以，与这个功能对应的接口是定义在 class OVSInterfaceDriver 的父类 class LinuxInterfaceDriver 中。两者的类图及主要接口，如图 8-26 所示。

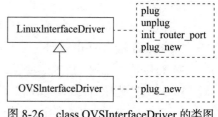

图 8-26　class OVSInterfaceDriver 的类图及主要接口

图 8-26 只列出了 class OVSInterfaceDriver 最重要的 3 个接口：plug、unplug、init_router_port，这 3 个接口都是定义在 class OVSInterfaceDriver 的父类 class LinuxInterfaceDriver 中。plug 接口的功能是创建 Router 与 OVS Bridge 之间对接的接口，unplug 接口的功能是删除对接接口，init_router_port 接口的功能是初始化路由器的端口。函数 plug_new 是一个内部函数，被 plug 函数调用，class OVSInterfaceDriver 对这个函数进行了重载，体现了 OVS 的特殊性。

鉴于 plug 与 unplug 两个接口的基本原理差不多，本文就只选择 plug 接口进行介绍。同时本文还会介绍 plug_new 函数以及 init_router_port 接口。

1. plug 接口分析

plug 接口的功能就是创建 Router 与 OVS Bridge 之间对接的接口，代码如下：

```
# [neutron/agent/linux/interface.py]
class LinuxInterfaceDriver(object):
    def plug(self, network_id, port_id, device_name, mac_address,
             bridge=None, namespace=None, prefix=None, mtu=None):
        # 首先通过 device_name 判断 device 是否存在，
        # device_name 就是 interface name(Router 与 Bridge 对接的接口名称)
        if not ip_lib.device_exists(device_name,
                                    namespace=namespace):
            try:
                # 如果不存在，则调用 plug_new 函数，创建一个新的接口，
                # plug_new 被 class OVSInterfaceDriver 重载了
                self.plug_new(network_id, port_id, device_name, mac_address,
                              bridge, namespace, prefix, mtu)
            except TypeError:
                ......
        # 如果该接口已经存在
        else:
            # 则设置该接口的 mtu 属性，如果 mtu 参数有值的话
            if mtu:
                self.set_mtu(
                    device_name, mtu, namespace=namespace, prefix=prefix)
        ......
```

这个函数简单明了：如果对接接口存在，则设置该接口的 mtu 属性（如果 mtu 参数有值的话）；如果不存在，则调用 plug_new 函数，创建一个新接口。

class OVSInterfaceDriver 重载了 plug_new 函数，代码如下：

```
# [neutron/agent/linux/interface.py]
class OVSInterfaceDriver(LinuxInterfaceDriver):
    def plug_new(self, network_id, port_id, device_name, mac_address,
                 bridge=None, namespace=None, prefix=None, mtu=None):
        # 参数 Bridge，指的是 OVS Bridge 的名称，而不是一个网桥(Bridge)
        # 像 Python 这样的代码，不需要指明变量类型，只有一个变量名，如果变量的名字
        # 比较模糊，这对于代码的阅读会造成很大的困扰。Neutron 的代码，像这样的问题很多，
        # 笔者这里点到为止
        # 如果参数没有传递 Bridge 名
```

```python
if not bridge:
    # 那么 Bridge 名就以配置文件为准 (br-int)
    bridge = self.conf.ovs_integration_bridge

# 判断这个 Bridge 是否存在。如果不存在，则抛异常
# check_bridge_exists 函数调用的函数是 ip_lib.device_exists(bridge)，
# 也就是说，是通过 Linux 命令行来判断
self.check_bridge_exists(bridge)

# ip_lib 这个模块，可以简单理解为对 Linux IP 相关的命令行进行封装
ip = ip_lib.IPWrapper()
# _get_tap_name 函数就是构建接口名称：
# 如果是 tap 类型，则 tap_name = device_name
tap_name = self._get_tap_name(device_name, prefix)

# 如果接口类型是 veth pair，为了易于描述和理解，我们忽略这个分支
if self.conf.ovs_use_veth:
    ......
else:
    # 我们只关注接口类型是 tap 的这个分支
    # ip.device 仍然可以简单理解为 Linux IP 命令行的封装
    ns_dev = ip.device(device_name)

# internal = True
internal = not self.conf.ovs_use_veth
# 本质是调用 ovs-vsctl 命令行，在 Bridge 上增加一个 Port
self._ovs_add_port(bridge, tap_name, port_id, mac_address,
                   internal=internal)
# 调用 Linux 命令行，设置端口的 MAC 地址
ns_dev.link.set_address(mac_address)
......

# 如果不使用 veth pair，并且有 namespace 的话，
# 把前面 ovs-vsctl 命令行增加的端口，添加到 namespace 中
if not self.conf.ovs_use_veth and namespace:
    # 下面两句代码，本质都是调用 Linux 命令行
    namespace_obj = ip.ensure_namespace(namespace)
    namespace_obj.add_device_to_namespace(ns_dev)

# 设置 mtu
if mtu:
    self.set_mtu(device_name, mtu, namespace=namespace, prefix=prefix)

# 调用 Linux 命令行，设置端口状态为 up
ns_dev.link.set_up()
......
```

代码中有这么一句：if self.conf.ovs_use_veth，这句代码背后的含义是：Router 与 OVS Bridge 之间的对接方式有两种，一种是使用 veth pair 接口，另一种是使用 tap。具体采用哪一种取决于配置文件，比如：

```
# [etc/l3_agent.ini]
ovs_use_veth = False # 意思是采用 TAP 口进行对接
```

本文没有介绍端口类型为 veth pair 的代码分支（代码用省略号代替），不过它的基本原理也是与 tap 类型接口基本相同，总之就是调用各种命令行进行端口创建、绑定、设置属性等。

抛开具体采用哪种接口类型这个细节，plug_new 代码可以总结为如下的步骤。

1）如果 Bridge 名没有传入，则 Bridge 名采用配置文件所配置的名称（br-int）。
2）如果 Bridge 不存在，则函数抛异常。
3）构建接口名称。
4）调用 ovs-vsctl 命令行，在 OVS Bridge 上增加一个接口。
5）调用 Linux 命令行设置接口的 MAC 地址、mtu 等属性。
6）将新创建的接口，加入到 namespace 中。
7）设置新创建接口的端口状态为 up。

2. init_router_port 接口分析

init_router_port 接口的功能就是初始化路由器端口，包括配置端口 IP 地址及配置路由表项等。init_router_port 接口首先调用的就是 self.init_l3 函数，所以我们先分析完 self.init_l3，再回过头分析这个函数。

（1）init_l3 函数分析

init_l3 函数代码如下：

```
# [neutron/agent/linux/interface.py]
class LinuxInterfaceDriver(object):
    def init_l3(self, device_name, ip_cidrs, namespace=None,
                preserve_ips=None, clean_connections=False):
        # preserve_ips 是需要保留的 IP 地址列表
        preserve_ips = preserve_ips or []
        # 不用在意 device 的细节，它的本质就是构建并执行相应的 Linux 命令行
        device = ip_lib.IPDevice(device_name, namespace=namespace)

        cidrs = set()
        remove_ips = set()

        # 以下笔者删除了一些代码，这些删除的代码做了两件事情：
        # 1）将需要新增的 cidr 存储在 cidrs 数组中
        # 2）将需要删除的 cidr 存储在 remove_ips 数组中
        ......

        # 删除端口上的不需要的 IP 地址
        # 假设 namespace = qrouter-12345，
        # 对应的命令行是：ip netns exec qrouter-12345 ip addr del ......
        for ip_cidr in remove_ips:
```

```
                device.addr.delete(ip_cidr)

            # 在端口上添加需要新增的 IP 地址
            # 假设 namespace = qrouter-12345,
            # 对应的命令行是: ip netns exec qrouter-12345 ip addr add ......
            for ip_cidr in cidrs:
                device.addr.add(ip_cidr)
```

可以看到，init_l3 函数就是重新配置端口上的 IP 地址，该删的删，该增的增，该保留的保留。

（2）init_router_port 函数分析

init_router_port 函数代码如下：

```
# [neutron/agent/linux/interface.py]
class LinuxInterfaceDriver(object):
    def init_router_port(self, device_name, ip_cidrs, namespace,
            preserve_ips=None,extra_subnets=None, clean_connections=False):

        # 首先调用 self.init_l3，重新配置端口的 IP 地址
        self.init_l3(.......)

        # 不用在意 device 的细节，它的本质就是构建并执行相应的 Linux 命令行
        device = ip_lib.IPDevice(device_name, namespace=namespace)

        # 下面的算法逻辑，与 self.init_l3 函数类似
        # 1）通过传入的参数，构建 new_onlink_cidrs
        # 注意: extra_subnets 的值有可能为空
        new_onlink_cidrs = set(s['cidr'] for s in extra_subnets or [])

        # 2）通过查询已有的路由表，构建 existing_onlink_cidrs,
        # 对应的命令行是 ip netns exec qrouter-12345 ip route show ......
        v4_onlink = device.route.list_onlink_routes(constants.IP_VERSION_4)
        v6_onlink = device.route.list_onlink_routes(constants.IP_VERSION_6)
        existing_onlink_cidrs = set(r['cidr'] for r in v4_onlink + v6_onlink)

        # 添加需要新增的路由表项,
        # 对应的命令行是 ip netns exec qrouter-12345 ip route add ......
        for route in new_onlink_cidrs - existing_onlink_cidrs:
            LOG.debug("adding onlink route(%s)", route)
            device.route.add_onlink_route(route)

        # 删除需要新增的路由表项,
        # 对应的命令行是 ip netns exec qrouter-12345 ip route del ......
        for route in (existing_onlink_cidrs - new_onlink_cidrs -
                set(preserve_ips or [])):
            LOG.debug("deleting onlink route(%s)", route)
            device.route.delete_onlink_route(route)
```

可以看到，init_router_port 函数就是在 init_l3 函数的基础上（重新配置端口的 IP 地址）

再重新更新 Router 的路由信息，该删的删，该增的增。

8.2.2 class RouterInfo 分析

class OVSInterfaceDriver 的主要功能是创建（删除）Router 与 OVS bridge 之间对接的接口话，如果说它是一个工具类的话，那么使用这个工具的就是 class RouterInfo。

class RouterInfo 并不像它的名字那样温柔，好像仅仅是一个存储 Router 信息的数据结构，它可是实打实地调用命令行对 Linux 路由器进行配置。class RouterInfc 的函数很多，有 80 多个。我们从这个函数风暴的风眼函数 process 开始讲述，通过这个函数能够引出 class RouterInfo 的主要功能。

process 函数的代码如下：

```python
# [neutron/agent/l3/router_info.py]
class RouterInfo(object):
    def process(self):
        # 处理 Router 内部接口
        self._process_internal_ports()
        ......
        # 处理 Router 外部网关
        self.process_external()
        ......
        # 更新 Router 的路由表
        self.routes_updated(self.routes, self.router['routes'])
        self.routes = self.router['routes']

        # 将 ex_gw_port、Floating IP 映射信息、enable_snat 等信息存储下来
        # 这里体现了 RouterInfo 的字面含义（仅仅是存储相关信息的数据结构）
        self.ex_gw_port = self.get_ex_gw_port()
        self.fip_map = dict([(fip['floating_ip_address'],
                              fip['fixed_ip_address'])
                             for fip in self.get_floating_ips()])
        self.enable_snat = self.router.get('enable_snat')
```

从主干流程的角度，process 函数分为三大步骤：处理内部接口、处理外部网关、更新路由表。下面逐个讲述。

1. 处理 Router 的内部接口

Router 的内部接口指的是通过 Neutron 对外发布的 add_router_interface API 所增加的接口，具体请参见 4.6.2 节和 7.2.2 节。class RouterInfo 处理 Router 内部接口的函数是 _process_internal_ports，代码如下：

```python
# [neutron/agent/l3/router_info.py]
class RouterInfo(object):
    def _process_internal_ports(self):
        # existing_port_ids 表示当前为一个 Router 存储的内部接口，
        # 是存储在 self.internal_ports 中，不是表示真的添加在 Router 上
```

```python
existing_port_ids = set(p['id'] for p in self.internal_ports)
# current_port_ids 是传入的参数（通过参数 router 获取），
# 表示一个 Router（路由器）当前应该具有的端口。
# 参数 router 是 Neutron Server 通过 RPC 传递过来的，其数据结构，
# 可以参考 4.6 节的 Router 的逻辑模型，两者基本一致
internal_ports = self.router.get(lib_constants.INTERFACE_KEY, [])
current_port_ids = set(p['id'] for p in internal_ports
                       if p['admin_state_up'])

# 构建需要新增的、删除的、更新的端口列表：new_ports、old_ports、updated_ports
new_port_ids = current_port_ids - existing_port_ids
new_ports = [p for p in internal_ports if p['id'] in new_port_ids]
old_ports = [p for p in self.internal_ports
             if p['id'] not in current_port_ids]
updated_ports = self._get_updated_ports(self.internal_ports,
                                        internal_ports)

# 如下代码，是分别针对需要新增的、删除的、更新的端口列表做处理
for p in new_ports:
    self.internal_network_added(p)
    self.internal_ports.append(p)
    ......

for p in old_ports:
    self.internal_network_removed(p)
    self.internal_ports.remove(p)
    ......

updated_cidrs = []
if updated_ports:
    for index, p in enumerate(internal_ports):
        if not updated_ports.get(p['id']):
            continue
        self.internal_ports[index] = updated_ports[p['id']]
        interface_name = self.get_internal_device_name(p['id'])
        ip_cidrs = common_utils.fixed_ip_cidrs(p['fixed_ips'])
        updated_cidrs += ip_cidrs
        self.internal_network_updated(interface_name, ip_cidrs)
......
```

可以看到，_process_internal_ports 函数是将当前存储的一个 Router 上的内部接口与传入参数相比较（传入参数表示的是这个 Router 应该所具有的内部接口）得到需要新增的、删除的、更新的端口列表，再调用 self.internal_network_added 等 3 个函数进行处理。这 3 个函数基本原理类似，我们只分析 internal_network_added 这个函数，它的代码如下：

```python
# [neutron/agent/l3/router_info.py]
class RouterInfo(object):
    def internal_network_added(self, port):
```

```
# 构建参数
network_id = port['network_id']
port_id = port['id']
fixed_ips = port['fixed_ips']
mac_address = port['mac_address']
# interface_name (接口名称) 的格式是:'qr-' + port_id
interface_name = self.get_internal_device_name(port_id)

# 调用 _internal_network_added
self._internal_network_added(self.ns_name, network_id, port_id,
    fixed_ips, mac_address, interface_name,
    INTERNAL_DEV_PREFIX, mtu=port.get('mtu'))


def _internal_network_added(self, ns_name, network_id, port_id,
                    fixed_ips, mac_address,
                    interface_name, prefix, mtu=None):
    # 前面分析过,就是创建 Router 与 OVS Bridge 之间对接的接口
    self.driver.plug(network_id, port_id, interface_name, mac_address,
            namespace=ns_name,
            prefix=prefix, mtu=mtu)
    # 前面分析过,就是初始化 Router 接口 (配置接口的 IP 地址,配置 Router 的路由表)
    ip_cidrs = common_utils.fixed_ip_cidrs(fixed_ips)
    self.driver.init_router_port(
        interface_name, ip_cidrs, namespace=ns_name)

    # 下面的代码是发送免费 ARP (细节不用关注),以验证 IP 地址是否重复
    for fixed_ip in fixed_ips:
        ip_lib.send_ip_addr_adv_notif(ns_name,
                        interface_name,
                        fixed_ip['ip_address'],
                        self.agent_conf.send_arp_for_ha)
```

通过以上的代码分析,可以总结出 _process_internal_ports 函数(处理 Router 的内部接口)的功能如下。

1)比较 Router 当前的内部接口与传入参数中的接口(该 Router 应该具有的接口),得出该 Router 应该处理的内部接口:需要新增的、需要删除的、需要更新的。

2)针对需要新增的内部接口:创建该接口,并与 OVS Bridge 对接;配置该接口的 IP 地址;配置路由表。

3)针对需要删除的内部接口:删除该接口。

4)针对需要修改的内部接口:修改该接口属性(IP 地址等);刷新路由表。

2. 处理 Router 的外部网关

Router 的外部网关信息,4.6.1 节已经介绍过,这里简单回顾一下。Router 使用字段 external_gateway_info 表达外部网关信息,它由 "network_id, enable_snat and external_fixed_ips" 几个字段组成,如图 8-27 所示。

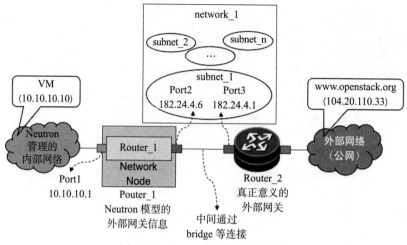

图 8-27　Router 外部网关示意图

图 8-27 中的 Port2、subnet_1、network_1 都属于 Router 的外部网关信息（external_gateway_info 中的字段），如果用 external_gateway_info 字段来表示，内容如下：

```
"external_gateway_info":{
        "enable_snat": true,   # 假设使能了 SNAT
        "external_fixed_ips": [
            {
                # 图 8-27 中的 Port2 的 IP 地址
                "ip_address":"182.24.4.6",
                # 图 8-27 中的 subnet_1 的 ID
                "subnet_id": "b930d7f6-ceb7-40a0-8b81-a425dd994ccf"
            },
        ],
        # 图 8-27 中的 network_1 的 ID
        "network_id": "ae34051f-aa6c-4c75-abf5-50dc9ac99ef3"
}
```

Neutron 会根据外部网关信息自动创建外部网关端口（图 8-27 中的 Port2），通过 Port2 与 br-ex 对接（图 8-27 中没有画出来，可以参见图 8-25），另外 Port2 还可以使能 SNAT 和 DNAT(DNAT 请参考 4.6.4 节）。Neutron 还会根据外部网关信息创建 Router 的默认静态路由。

class RouterInfo 的 process_external 函数就是对 Router 的外部网关信息进行处理，并完成上述功能，代码如下：

```
# [neutron/agent/l3/router_info.py]
class RouterInfo(object):
    def process_external(self):
        ......
        # 处理外部网关端口（图 8-27 中的 Port2）
        ex_gw_port = self.get_ex_gw_port()
        self._process_external_gateway(ex_gw_port)
```

```python
# 处理 Floating IP 的 SNAT/DNAT
self.process_snat_dnat_for_fip()

# 将 Floating IP 配置在 Router 的外部网关端口上（图 8-27 中的 Port2）
interface_name = self.get_external_device_interface_name(
        ex_gw_port)
fip_statuses = self.configure_fip_addresses(interface_name)

......
```

process_external 函数的主干流程分为三个步骤：处理外部网关端口、处理 Floating IP 的 SNAT/DNAT、将 Floating IP 配置在 Router 的外部网关端口上。第 3 步代码相对比较简单，前两步的代码也不是说有多么复杂，但是它们与 4.6 节有非常多的呼应，所以下面将详细介绍前两个步骤，第 3 个步骤就略去不讲了。

（1）处理外部网关端口

真正意义上的外部网关端口指的是图 8-27 中的 Router_2 的 Port3，但是本文要讲述的是 Neutron 概念意义上的外部网关端口，即 external_gateway_info 中的 ip_address 字段所对应的 Port（图 8-27 中的 Router-1 的 Port2），当然这个 Port 本来并不存在，需要 Neutron 自动创建。另外，如果 Router 的外部网关信息中使能了 SNAT，Neutron 还需要在外部网关端口上配置 SNAT 规则。

自动创建外部网关端口，并在这个端口上配置 SNAT 规则就是本小节所要介绍的函数的功能。如前所述，这个函数的名字是 _process_external_gateway，代码如下：

```python
# [neutron/agent/l3/router_info.py]
class RouterInfo(object):
    def _process_external_gateway(self, ex_gw_port):
        # 获取外部网关端口 Port ID
        ex_gw_port_id = (ex_gw_port and ex_gw_port['id'] or
                         self.ex_gw_port and self.ex_gw_port['id'])

        # 为了易于理解和讲述，下面的代码，稍微做了一点改写，屏蔽了许多分支，
        # 不过这并不影响 Neutron 的主要原理

        # 获取外部网关端口的名字（'qg-' + ex_gw_port_id）
        interface_name = self.get_external_device_name(ex_gw_port_id)

        # 增加（创建）外部网关端口，并创建默认路由
        self.external_gateway_added(ex_gw_port, interface_name)
        ......

        # 为外部网关配置 SNAT 规则
        gw_port = self._router.get('gw_port')
        self._handle_router_snat_rules(gw_port, interface_name)
```

这段代码分为两个主要步骤：增加（创建）外部网关端口，并创建默认路由、为外部网关配置 SNAT 规则。第 2 步的本质是调用 iptables 命令行配置 SNAT 规则，而且相对简单，

本文就不再介绍，这里只重点介绍第 1 步中的函数。

第 1 步的函数是 external_gateway_added，代码如下：

```
# [neutron/agent/l3/router_info.py]
class RouterInfo(object):
    def external_gateway_added(self, ex_gw_port, interface_name):
        ......
        # 调用 _external_gateway_added
        self._external_gateway_added(
            ex_gw_port, interface_name, self.ns_name, preserve_ips)

    def _external_gateway_added(self, ex_gw_port, interface_name,
                                ns_name, preserve_ips):

        # 创建外部网关端口
        self._plug_external_gateway(ex_gw_port, interface_name, ns_name)

        # 获取 fixed_ips 中的 cidr
        ip_cidrs = common_utils.fixed_ip_cidrs(ex_gw_port['fixed_ips'])
        # 获取外部网关信息中的网关 IP
        gateway_ips = self._get_external_gw_ips(ex_gw_port)

        ......

        # 初始化话路由端口（为外部网关端口配置IP地址等）
        # self.driver 就是 class LinuxInterfaceDriver 的对象实例
        # 具体请参见 8.2.1 节的 init_router_port 函数分析
        self.driver.init_router_port(
            interface_name,
            ip_cidrs,
            namespace=ns_name,
            extra_subnets=ex_gw_port.get('extra_subnets', []),
            preserve_ips=preserve_ips,
            clean_connections=True)

        ......

        # 增加默认静态路由，本质上是调用命令行 ip route replace default via ......
        for ip in gateway_ips:
            device.route.add_gateway(ip)

        ......
```

我们挑选其中几个重要函数，再逐个展开介绍。

1) _plug_external_gateway 函数分析。

_plug_external_gateway 函数代码如下：

```
# [neutron/agent/l3/router_info.py]
class RouterInfo(object):
```

```python
    def _plug_external_gateway(self, ex_gw_port, interface_name, ns_name):
        # self.driver 就是 class OVSInterfaceDriver 的对象实例
        self.driver.plug(ex_gw_port['network_id'],
                         ex_gw_port['id'],
                         interface_name,
                         ex_gw_port['mac_address'],
                         bridge=self.agent_conf.external_network_bridge,
                         namespace=ns_name,
                         prefix=EXTERNAL_DEV_PREFIX,
                         mtu=ex_gw_port.get('mtu'))
```

似曾相识燕归来！_plug_external_gateway 调用的 self.driver.plug(......) 函数就是 class OVSInterfaceDriver 的函数 plug（具体请参见 8.2.1 节），它的功能就是创建 Router 与 Bridge 之间的接口，比如图 8-27 中的 Port2（图 8-27 没有画出 br-ex），或者是图 8-25 中的 Router 与 br-ex 之间的接口。

2）_get_external_gw_ips 函数分析。

_get_external_gw_ips 函数的代码如下：

```python
# [neutron/agent/l3/router_info.py]
class RouterInfo(object):
    def _get_external_gw_ips(self, ex_gw_port):
        gateway_ips = []
        if 'subnets' in ex_gw_port:
            # 网关 IP 就是 subnet 的 gateway_ip
            gateway_ips = [subnet['gateway_ip']
                           for subnet in ex_gw_port['subnets']
                           if subnet['gateway_ip']]
        ......
        return gateway_ips
```

这个函数代码本身比较简单，笔者就不啰唆了。可以看到，这个函数非常好地呼应了 4.6.1 节所讲述的内容：外部网关 IP 就是外部网关端口所属的 subnet 的 gateway_ip。

（2）处理 Floating IP 的 SNAT/DNAT

Floating IP 的 SNAT、DNAT 规则的作用点仍然是外部网关端口，从端口出去的报文要做 SNAT 转换，从端口进入的报文要做 DNAT 转换。

处理 Floating IP 的 SNAT/DNAT 的函数是 process_snat_dnat_for_fip，代码如下：

```python
# [neutron/agent/l3/router_info.py]
class RouterInfo(object):
    def process_snat_dnat_for_fip(self):
        # 调用 process_floating_ip_nat_rules
        self.process_floating_ip_nat_rules()
        ......

    def process_floating_ip_nat_rules(self):
        ......
```

```python
floating_ips = self.get_floating_ips()
# Loop once to ensure that floating ips are configured.
for fip in floating_ips:
    # SNAT/DNAT 就是 fixed 与 fip_ip 互相映射
    fixed = fip['fixed_ip_address']
    fip_ip = fip['floating_ip_address']
    # 构建 rule 和 chain (chain 是 iptables 的概念)
    for chain, rule in self.floating_forward_rules(fip_ip, fixed):
        self.iptables_manager.ipv4['nat'].add_rule(chain, rule,
                                                  tag='floating_ip')
    # 部署 rule 和 chain
    self.iptables_manager.apply()

# 这个函数涉及 iptables 命令行的细节
def floating_forward_rules(self, floating_ip, fixed_ip):
    return [('PREROUTING', '-d %s/32 -j DNAT --to-destination %s' %
             (floating_ip, fixed_ip)),
            ('OUTPUT', '-d %s/32 -j DNAT --to-destination %s' %
             (floating_ip, fixed_ip)),
            ('float-snat', '-s %s/32 -j SNAT --to-source %s' %
             (fixed_ip, floating_ip))]
```

可以看到,process_snat_dnat_for_fip 函数最后仍然是调用 iptables 命令行进行 SNAT/DNAT 的配置。

3. 更新 Router 的路由表

Router 增加内部端口会产生直连路由,Router 增加外部网关端口会产生静态默认路由。不过这两种路由都不会体现在 Router 模型中的 routes 字段。直连路由,由路由器通过链路层协议自动发现;静态默认路由,由 Neutron(前文刚刚介绍的函数 _plug_external_gateway)自动创建。

除了这两种方式以外,Neutron 还提供了第三种方式更改路由信息:直接修改 Router 模型的 routes 字段。其所对应的代码如下:

```python
# [neutron/agent/l3/router_info.py]
class RouterInfo(object):
    # old_routes = self.routes,保存的路由表信息
    # new_routes = self.router['routes'],用户新传入的路由表信息
    def routes_updated(self, old_routes, new_routes):
        # 新旧两个路由表比较,获取:待新增的路由表项(adds)、待删除的路由表项(removes)
        adds, removes = helpers.diff_list_of_dict(old_routes,
                                                  new_routes)
        for route in adds:
            # 待删除路由表项与待新增路由表项比较,如果两者目的地相同,则不认为是待删除
            # 而是更新,所以要从待删除路由表项中移除这些表项
            for del_route in removes:
                if route['destination'] == del_route['destination']:
                    removes.remove(del_route)
```

```
            # 调用 ip route replace 命令，更新路由表项（包括"新增"的和变化的）
            self.update_routing_table('replace', route)
        for route in removes:
            # 调用 ip route delete 命令，删除待删除的路由表项
            self.update_routing_table('delete', route)
```

当用户传入参数期望修改 Router 上的路由表项时，routes_updated 函数会把用户的期望通过命令行真正地配置到 Router 的路由表。routes_updated 函数的代码多，逻辑也很直接：

第 1 点需要稍微解释一下。为什么对于待"新增"的路由表项，新增两个字需要打引号？这要从 routes_updated 函数所调用的 helpers.diff_list_of_dict 函数说起。这个函数的目的是为了比较新旧两个路由表项，得出哪些表项是待"新增"，哪些表项是待删除，代码如下：

```
# [Python27/Lib/site-packages/neutron_lib/utils/helpers.py]
def diff_list_of_dict(old_list, new_list):
    new_set = set([dict2str(l) for l in new_list])
    old_set = set([dict2str(l) for l in old_list])
    # 这里只是简单比较两个数组，
    # 在新的数组而不在老的数组，就认为是待新增；在旧的不在新的，就认为是待删除
    added = new_set - old_set
    removed = old_set - new_set
    return [str2dict(a) for a in added], [str2dict(r) for r in removed]
```

这个代码是 Python 一个库函数，它比较两个数组：在新的数组而不在老的数组，就认为是待新增；在旧的不在新的，就认为是待删除。抽象地看，这样的算法没有问题，只是在遇到路由表项这样特殊的情况时需要做一些修正。路由表项的数据结构，我们简化为这样的格式：[destination, next_hop]，以表达"目的地，下一跳"这样的基本内容。假设新旧两个数组如下：

```
# 新数组
new_set
{
    [10.10.10.0/24, 10.10.10.1]
}
# 旧数组
# [10.10.10.0/24, 10.10.10.100] 在旧的数组里，不在新的数组里，会被认为是待删除
old_set
{
    [10.10.10.0/24, 10.10.10.100]
}
```

根据 diff_list_of_dict 函数的算法，旧数组中的 [10.10.10.0/24, 10.10.10.100] 会被认为是待"删除"表项。但是仔细比较新旧数组中的表项，两者的 destination 是相同的，都是 10.10.10.0/24，仅仅是 next_hop 不同，这应该算作待更新，而不是待"删除"。所以 routes_updated 函数会有如下的修正：

```
# [neutron/agent/l3/router_info.py]
class RouterInfo(object):
    def routes_updated(self, old_routes, new_routes):
```

```
    .......
    for route in adds:
        # 待删除路由表项与待新增路由表项比较，如果两者目的地相同，则不认为是待删除，
        # 而是更新，所以要从待删除路由表项中移除这些表项
        for del_route in removes:
            if route['destination'] == del_route['destination']:
                removes.remove(del_route)
```

routes_updated 函数的修正算法是：待删除路由表项与待新增路由表项比较，如果两者目的地相同，则不认为是待删除，而是更新，所以要从待删除路由表项中移除这些表项。

待"删除"的路由表项需要修正，而且也已经修正了。同理，待增加的路由表项也是需要修正的，因为有些所谓的待增加表项也仅仅是 next_hop 不同，而 destination 是相同的。可是，routes_updated 函数为什么没有修正待增加表项呢？这是因为它使用了 ip route replace 命令行。这个命令行的好处是：

1）如果仅仅是更新 next_hop（不是增加路由表项），那么没有问题，那就更新 next_hop，destination 保持不变；

2）如果真的是增加一条路由表项（不是更新），也就是说被替换的路由表项是不存在的，那也没关系，就增加一条就可以了。

可以看到，不是 routes_updated 函数不去修正待增加的路由表项，而是 Linux 提供了一个好命令行。

8.2.3 L3 Agent 代码分析

在前面几节的基础上，现在我们可以进行 L3 Agent 的代码分析。L3 Agent 的代码，从功能角度，可以分为如下几部分：

1）启动 L3 Agent 进程（含 OVS Agent 的初始化）。

2）处理 RPC 请求。

3）循环处理 Router 的更新信息。

第 2 部分的代码，接到 RPC 请求消息后，仅仅是将相关信息存入到一个数组中。真正处理这些请求的是第 3 部分代码。下面我们逐个分析这几部分代码。

1. 启动一个 L3 Agent 进程

L3 Agent 是一个进程。neutron.egg-info/entry_points.txt 文件中有这么一行内容，定义了 L3 Agent 的启动函数的名字：

```
# [neutron.egg-info/entry_points.txt]
[console_scripts]
neutron-l3-agent = neutron.cmd.eventlet.agents.l3:main
.......
```

也就是说，neutron/cmd/eventlet/agents/l3.py 的 main 函数是 L3 Agent 的启动函数。代码如下：

```
# [neutron/cmd/eventlet/agents/l3.py]
from neutron.agent import l3_agent
def main():
    l3_agent.main()
```

启动函数很简单,直接调用 l3_agent 模块的 main 函数。该函数代码如下:

```
# [neutron/agent/l3_agent.py]
# 请注意 manager 这个参数: 'neutron.agent.l3.agent.L3NATAgentWithStateReport'
def main(manager='neutron.agent.l3.agent.L3NATAgentWithStateReport'):
    register_opts(cfg.CONF)
    common_config.init(sys.argv[1:])
    config.setup_logging()

    server = neutron_service.Service.create(
        binary='neutron-l3-agent',
        topic=topics.L3_AGENT,
        report_interval=cfg.CONF.AGENT.report_interval,
        manager=manager)

    # 一个 wait 函数,表明进程一直在这里等待,直到进程退出
    service.launch(cfg.CONF, server).wait()
```

代码运行到最后是这么一句代码: service.launch(cfg.CONF, server).wait()。也就是说,进程一直在那里等待着退出。那么它等着什么呢?这要从 service.launch 函数说起。

(1) service.launch 函数分析

service.launch 函数代码如下:

```
# [Python27/Lib/site-packages/oslo_service/service.py]
def launch(conf, service, workers=1, restart_method='reload'):
    ......
    # 下面的分支,不用太在意细节,就当做 workers == 1,
    # 因为 l3_agent 模块的 main 函数调用没有传入这个参数的值,所以取默认值(workers=1)
    if workers is None or workers == 1:
        launcher = ServiceLauncher(conf, restart_method=restart_method)
    # 对于本章来说,else 分支不会走到
    else:
        launcher = ProcessLauncher(conf, restart_method=restart_method)

    # 所以,下面这句话就等价于: ServiceLauncher(...).launch_service(......)
    launcher.launch_service(service, workers=workers)

    # 回忆一下 l3_agent 模块的 main 函数,
    # 它就等 launcher.launch_service 函数真正地退出
    return launcher
```

关于 ServiceLauncher 和 ProcessLauncher,6.1.3 节也有所涉及,前者意味着在本进程内以协程的方式启动相关函数,后者表示以新建进程的方式启动相关函数。因为 l3_agent 模块的 main 函数调用 launch 函数时没有传入 workers 这个参数的值,所以它就取默认值: workers=1。

也就是说，L3 Agent 的选择方式是：在当前进程内，以协程的方式启动相关函数，提供 L3 Agent 所对应的服务。

那么这个相关函数是什么呢？我们还需要打开 launcher.launch_service 函数，代码如下：

```
# [Python27/Lib/site-packages/oslo_service/service.py]
# class ServiceLauncher 的 launch_service 函数,
# 定义在它的父类 class Launcher 中
class Launcher(object):
    def launch_service(self, service, workers=1):
        ......
        # 调用 self.services.add 函数
        self.services.add(service)

# class Launcher 中的 self.services.add, 对应的代码如下:
class Services(object):
    def add(self, service):
        self.services.append(service)
        # 重点是这句代码，在协程中运行 self.run_service 函数
        self.tg.add_thread(self.run_service, service, self.done)

    # run_service 是一个静态函数
    @staticmethod
    def run_service(service, done):
        ......
        service.start()
        ......
```

可以看到，launcher.launch_service 函数的代码最终的作用是：在协程中运行 service.start() 函数。那么，service.start 函数又是什么呢？

（2）service.start 函数分析

service.start 函数，重点是 service 是什么？回忆 l3_agent 模块的 main 函数，service 就是由下面这句代码创建的 neutron_service.Service 的实例：

```
# [neutron/agent/l3_agent.py]
# 请注意 manager 这个参数: 'neutron.agent.l3.agent.L3NATAgentWithStateReport'
def main(manager='neutron.agent.l3.agent.L3NATAgentWithStateReport'):
    ......
    # 在这里变量名是 server, 当把这个 server 传入 service.launch(..., server) 时,
    # 它的名字被称为 service。笔者再次感慨：变量与函数的取名，非常重要。不友好的名字，
    # 会给阅读代码，带来非常大的烦扰。Neutron 在这方面做得真的不怎么样。
    server = neutron_service.Service.create(
        binary='neutron-l3-agent',
        topic=topics.L3_AGENT,
        report_interval=cfg.CONF.AGENT.report_interval,
        manager=manager)
    ......
```

neutron_service.Service.create 函数是一个静态函数，它就是创建 neutron_service.Service

的一个实例，这个实例的 start 函数代码如下：

```
# [neutron/service.py]
class Service(n_rpc.Service):
    def start(self):
        # 删掉了很多代码，这里只关注此时最重要的一句话
        # 重点是 manager 是什么
        self.manager.after_start()
```

class Service 的 start 函数，我们暂时只关注这一句代码：self.manager.after_start()。那么这里的 self.manager 又是什么呢？继续 l3_agent 模块的 main 函数中的参数：

```
# [neutron/agent/l3_agent.py]
# 请注意 manager 这个参数：'neutron.agent.l3.agent.L3NATAgentWithStateReport'
def main(manager='neutron.agent.l3.agent.L3NATAgentWithStateReport'):
    ......
    # manager 传给了 neutron_service.Service
    server = neutron_service.Service.create(......,manager=manager)
```

class Service 中的 self.manager 就是 class neutron.agent.l3.agent.L3NATAgentWithStateReport 的对象实例，因为 class Service 的 __init__ 函数初始化了它的 self.manager，代码如下：

```
# [neutron/service.py]
class Service(n_rpc.Service):
    def __init__(......, manager, ......):
        ......
        # 如下三句话，创建了 self.manager，就是
        # class L3NATAgentWithStateReport 的对象实例
        self.manager_class_name = manager
        manager_class = importutils.import_class(self.manager_class_name)
        self.manager = manager_class(host=host, *args, **kwargs)
```

现在我们知道，所谓 service.start 函数就是调用 class L3NATAgentWithStateReport 的成员函数 after_start。after_start 函数代码如下：

```
# [neutron/agent/l3/agent.py]
class L3NATAgentWithStateReport(L3NATAgent):
    def after_start(self):
        # 在协程里启动 self._process_routers_loop
        eventlet.spawn_n(self._process_routers_loop)
        ......

# _process_routers_loop 函数定义在父类 class L3NATAgent 中：
class L3NATAgent(......):
    def _process_routers_loop(self):
        LOG.debug("Starting _process_routers_loop")
        pool = eventlet.GreenPool(size=8)
        # 一个死循环(while True)，协程中运行 _process_router_update 函数
        while True:
            pool.spawn_n(self._process_router_update)
```

_process_router_update 函数,我们暂时不打开,只需简单理解它就是处理 Router 变更信息的。可以看到,service.start 函数最终是启动一个死循环,循环往复地处理 Router 的变更信息。

这些 Router 的变更信息从哪里来呢?这就需要 Neutron Server(中的 Plugin)发送 RPC 消息给 L3 Agent。L3 Agent 如果要接收这些消息,首先它自己得是一个 RPC Consumer。

(3)创建一个 RPC Consumer

L3 Agent 把自己创建为一个 RPC Consumer 的代码,也是源于上文提到的 neutron_service.Service 的 start 函数,代码如下:

```
# [neutron/service.py]
class Service(n_rpc.Service):
    def start(self):
        # 这句话就是前文删掉的一句代码,这里需要讲述它
        # 调用父类的 start 函数
        super(Service, self).start()

        # 仍然要删掉很多代码,只是为了突出重点
        .......

        # 这句话,前文介绍过
        self.manager.after_start()

# [neutron/common/rpc.py]
# class neutron_service.Service 的父类是 class n_rpc.Service,
# 子类与父类的 class name 取名相同,需要靠函数文件名(含文件目录)来区分 ......
# class n_rpc.Service 的 start 函数
class Service(service.Service):
    def start(self):
        .......
        # 以下代码的功能是:创建 RPC Consumer,并在协程中运行
        self.conn = create_connection()
        # 重点是 endpoints,就是处理 RPC 消息的对象实例:self.manager,
        # 也就是前文介绍的 class L3NATAgentWithStateReport 的对象实例
        endpoints = [self.manager]
        self.conn.create_consumer(self.topic, endpoints)
        .......
        self.conn.consume_in_threads()
```

class n_rpc.Service 的 start 函数,把 L3 Agent 变成了一个 RPC Consumer,并且处理 RPC 消息的对象,仍然是 class L3NATAgentWithStateReport 的对象实例。

(4)小结

L3 Agent 的启动从 l3_agent 模块的 main 函数,可见一斑。该函数代码如下:

```
# [neutron/agent/l3_agent.py]
def main(manager='neutron.agent.l3.agent.L3NATAgentWithStateReport'):
    .......
```

```
# 创建 Service
server = neutron_service.Service.create(
    binary='neutron-l3-agent',
    ......
    manager=manager)

# 启动 Service
service.launch(cfg.CONF, server).wait()
```

L3 Agent 的进程名是 neutron-l3-agent（来自于参数：binary='neutron-l3-agent'）。它启动以后会无休无止的循环执行一个函数，这个函数就是 class L3NATAgentWithStateReport 的成员函数 _process_router_update。_process_router_update 的功能就是处理 Router 的变更信息。

Router 的变更消息来自于 Neutron Server 发送的 RPC 消息，接收这些 RPC 消息的也是 L3 Agent，因为 L3 Agent 同时也是一个 RPC Consumer。真正处理 RPC 消息的是 class L3NATAgentWithStateReport 的对象实例。

无论是接收 Router 变更的 RPC 消息，还是不眠不休地处理 Router 的变更，最后都指向了 class L3NATAgentWithStateReport 的对象实例。下面我们通过介绍 L3 Agent 的 RPC 处理机制和 Router 变更的循环处理，会继续讲述这个 class。

 说明　L3 Agent 获取 Router 变更消息的方式，不仅仅是通过接收 RPC 消息，它自己还会周期性地从 Neutron Server 获取 Router 变更信息。下文会有提及。

2. L3 Agent 的 RPC 分析

前文提及，L3 接收并处理 RPC 消息的是 class L3NATAgentWithStateReport 的对象实例。不过真正的处理代码是落在它的父类 class L3NATAgent 中。前者与后者相比，最主要的变化点便是它多了一个功能：周期性地向 Neutron Server 报告 L3 Agent 的状态。这体现在它的 __init__ 函数中：

```
# [neutron/agent/l3/agent.py]
class L3NATAgentWithStateReport(L3NATAgent):
    def __init__(self, host, conf=None):
        ......
        # 报告状态周期，配置在配置文件 etc/neutron.conf, report_interval = 30 (秒)
        report_interval = self.conf.AGENT.report_interval
        if report_interval:
            # 周期性地执行 self._report_state 函数，就是周期性报告 L3 Agent 的状态
            self.heartbeat = loopingcall.FixedIntervalLoopingCall(
                self._report_state)
            self.heartbeat.start(interval=report_interval)
```

向 Neutron Server 周期性报告自身（Agent）的状态非常重要，不过这不是本文的重点，我们暂且略过，下文的分析主要是集中在 class L3NATAgent 中（实际上，主要的代码逻辑

也是写在 class L3NATAgent 中）。

L3 Agent 的 RPC 接口主要有：

```
# [neutron/agent/l3/agent.py]
# 这些 RPC 接口都定义在 class L3NATAgent 中
class L3NATAgent(......):
    def router_added_to_agent(self, context, payload):
    def router_removed_from_agent(self, context, payload):
    def routers_updated(self, context, routers):
    def router_deleted(self, context, router_id):
```

L3 Agent 的 RPC 接口处理，有两大特征：

1）接到 RPC 消息后，仅仅是将相关信息放到一个数组里，并不做真正的处理；

2）这个数组里存放的元素类型，都是 RouterUpdate，从名字上看，无论 Router 是增加、删除还是变更，它都认为是变更。

我们举一个例子，看看 router_added_to_agent 的代码：

```
# [neutron/agent/l3/agent.py]
class L3NATAgent(......):
def router_added_to_agent(self, context, payload):
        # 调用 self.routers_updated
        self.routers_updated(context, payload)

def routers_updated(self, context, routers):
        if routers:
        ......
            for id in routers:
            # 构建元素: class RouterUpdate 的对象实例
                update = queue.RouterUpdate(id, queue.PRIORITY_RPC)
            # 将 class RouterUpdate 的对象实例 (update) 存入数组 _queue
                self._queue.add(update)
```

从这个例子可以看到，router_added_to_agent 函数并没有在意这个 Router 是新增的还是变更的。这是因为，class L3NATAgent 的 _process_routers_loop 函数在循环处理这个数组（self._queue）中的内容时会自行判断到底是新增还是变更（下文会讲述 _process_routers_loop 函数）。

从表面看，class L3NATAgent 的数组 self._queue 所存放的元素 class RouterUpdate 的实例仅仅是对 Router ID 的一个封装，那么它为什么要做这个封装呢？ self._queue 又是个什么样的数据类型呢？ class L3NATAgent 为什么不在 RPC 接口中真正地处理 RPC 消息，而仅仅是放在一个一个数组中（self._queue）留待 _process_routers_loop 函数来循环处理呢？这一切问题都与 L3 Agent 的处理机制相关。我们放在下节描述。

3. L3 Agent 的 Router 变更消息处理机制

L3 Agent 的工作可以简单归纳为：一方面接收 Router 变更消息（包含增加、删除、修改），一方面处理 Router 变更消息（对 Router 进行配置）。L3 Agent 所接收的 Router 变更消息的来源是：Neutron Server 的 RPC 消息通知、自身向 Neutron Server 的周期轮询或者不定期的查询。这就意味着，L3 Agent 接收 Router 变更消息可能是并发的，但是它配置 Router 却不得不串行，如 8-28 所示。

图 8-28 中，一个个圆圈表示的是 Router 的变更消息。可以看到，变更消息可以并发到来（在极短的时间内，几乎同时来到），但是 L3 Agent 必须把这些并发的消息变成串行处理，一个一个配置到 Router 上。正所谓：

你的爱如潮水，我却只能与往事干杯
一次一杯

而且，L3 Agent 还必须把并发的变更消息按照到达的时间先后顺序排列（虽然是并发，但是总有一个先来后到），先到达的先处理，后到达的后处理。图 8-28 圆圈中的数字表示的就是达到时间，数字越小，表示到达的时间越早。这个逻辑可以理解，比如图 8-28 中的 5 个变更消息分别是把 Router

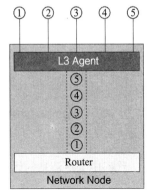

图 8-28　L3 Agent 处理 Router 变更消息示意图

的默认网关修改为：10.10.10.1、10.10.10.2、10.10.10.3、10.10.10.4、10.10.10.5，那么 L3 Agent 必须保证 Router 最后的默认网关为 10.10.10.5。

为了实现上述机制，L3 Agent 引入了两个数据结构：一个是对 Router 变更消息的封装，一个是对变更消息的存储与排序。同时它还引入一个串行并行保证机制，以保证 L3 Agent 对不同的 Router 可以并发处理（配置），对同一个 Router 只能串行处理（配置）。下面我们逐个讲述。

（1）Router 变更消息的封装存储与排序

L3 Agent 对 Router 变更消息封装的数据结构是 class RouterUpdate，代码如下：

```
# [neutron/agent/l3/router_processing_queue.py]
class RouterUpdate(object):
    def __init__(self, router_id, priority,
                 action=None, router=None, timestamp=None):
        # 优先级，下文会描述
        self.priority = priority
        # 变更消息到达 L3 Agent 的时间戳，图 8-28 是用数字 1、2、3 等表示
        self.timestamp = timestamp
        # 如果没有传入时间戳，那么就以当前的时间戳为准
        if not timestamp:
            self.timestamp = timeutils.utcnow()
        # Router ID
        self.id = router_id
        # 变更消息中的"动作"枚举值，下文会描述
        self.action = action
        self.router = router
```

从将变更消息按照优先级排序的角度而言，class RouterUpdate 中最重要的两个字段是 priority 和 timestamp，L3 Agent 的排序算法就是基于这两个字段的（前面描述时，仅仅以到达时间，也就是 timestamp 为例说明了排序方法）。L3 Agent 的排序算法如下：

```python
# [neutron/agent/l3/router_processing_queue.py]
class RouterUpdate(object):
    # 通过函数 __lt__ 来定义排序算法，lt 就是 less than 的缩写。
    def __lt__(self, other):
        # 首先比较变更消息的优先级，优先级小的排名靠前
        if self.priority != other.priority:
            return self.priority < other.priority
        # 如果优先级相同，则比较变更消息到达的时间，先到达的排名靠前
        if self.timestamp != other.timestamp:
            return self.timestamp < other.timestamp
        # 如果以上两者皆相同，那就比较 Router ID，这其实已经是放弃治疗了
        return self.id < other.id
```

代码中变更消息的优先级取决于变更消息的来源。消息来源有三种：

```python
# [neutron/agent/l3/router_processing_queue.py]
# RPC 消息，优先级最高（数字越小，优先级越高）
PRIORITY_RPC = 0
# 周期轮询所获得的 Router 变更信息
PRIORITY_SYNC_ROUTERS_TASK = 1
# 这个与 IPv6 相关，本文不涉及 IPv6，可以忽略，不影响 L3 Agent 的基本原理的理解
PRIORITY_PD_UPDATE = 2
```

L3 Agent 的排序算法是级别越小，越优先执行，它首先是比较变更消息的优先级，然后再比较到达时间。也就是说，在几乎同时达到的两个消息中，L3 Agent 认为通过向 Neutron Server 轮询（查询）获取的 Router 信息更准确。前面执行（配置）的可能会被后面执行（配置）的信息替换，最后执行（配置）的会最终保留在 Router 上。

class RouterUpdate 的 __lt__ 函数仅仅是比较了两个变更消息的大小（也就是排列顺序），并没有对所有的变更消息进行排序。为了做到这一点，L3 Agent 引入了 PriorityQueue 数据结构（优先级队列）来存储 class RouterUpdate 的实例。当把一个 class RouterUpdate 的实例添加到一个优先级队列时，这个优先级队列会将其中存储的所有元素（包括新加入的）进行排序，它的排序算法我们不深究，不过它在排序时需要比较两个元素的大小，此时它就会调用 class RouterUpdate 的 __lt__ 函数。这是 class RouterUpdate 的 __lt__ 函数的由来。

（2）Router 串行并行处理保证机制

class PriorityQueue（优先级队列）能够保证变更消息的排序，但是并不能保证 L3 Agent 针对一个 Router 的串行配置，因为 L3 Agent 是在多个协程里处理 Router 变更消息，如图 8-29 所示。

图 8-29 中，假设 5 个变更消息都是针对同一个 Router。优先级队列虽然能将这 5 个变更消息进行合理的排序，协程 1～3 来获取（get）变

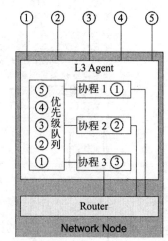

图 8-29　多协程处理 Router 变更消息示意图

更消息时也能按照合理的顺序分别得到相应的变更消息,但是 3 个协程是"并发"执行的,它们就会有可能"同时"在配置同一个 Router。这是不允许的。

> **说明** 协程是伪并发,并不能像多线程那样真正的并发。但是从 Router 配置的角度看,仍然可以认为多协程它们是并发的。

为了保证针对同一个 Router 是串行处理(配置),还要保证对不同的 Router 是并行处理(为了提高效率),L3 Agent 在优先级队列(PriorityQueue)外面又封装了一层数据结构 class RouterProcessingQueue,并同时引入了 class ExclusiveRouterProcessor,两者共同保证 Router 的串并行处理机制。这个机制可以分为两个部分:Router 变更消息的重新规整、Router 变更消息的串并处理。下面我们逐个介绍。

1) Router 变更消息的重新规整。

Router 变更消息的重新规整需要先从 class RouterProcessingQueue 的代码说起。它的代码非常简短,甚至简短到令人不敢想象。代码如下:

```
# [neutron/agent/l3/router_processing_queue.py]
class RouterProcessingQueue(object):
    def __init__(self):
        # 包装了一个优先级队列(PriorityQueue)
        self._queue = Queue.PriorityQueue()

    def add(self, update):
        # 增加一个元素(update),优先级队列会自动排序
        self._queue.put(update)

    # L3 Agent 就是通过这个接口,获取 Router 的变化信息,也即变量 update
    def each_update_to_next_router(self):
        # 获取一个元素,优先级队列会返回优先级最靠前的那个元素
        next_update = self._queue.get()
        # 如果下面没有代码,而是在这里直接 return next_update,
        # 那就有可能会出现图 8-29 所描述的问题(多协程并发配置同一个 Router)。
        # 下面的代码,就是为了解决这个问题

        # with ....,简单理解相当于 rp = ExclusiveRouterProcessor(next_update.id)
        # 注意:rp 是一个临时变量,当这个函数(each_update_to_next_router)退出时,
        # rp 也就无效了
        with ExclusiveRouterProcessor(next_update.id) as rp:
            # 将从优先级队列中获取的 Router 变更信息(next_update)扔给 rp
            rp.queue_update(next_update)

            # 从 rp 中再获取一个 Router 变更信息(update)
            for update in rp.updates():
                # 暂时忘记 yield (rp, update),暂时认为就是:
                return rp, update
                # yield (rp, update) # yield 暂时先忘记,先注释掉
```

上述代码中，each_update_to_next_router 函数中出现了 yield (rp, update) 这句代码，我们暂时把这句代码当做 return rp, update，下文再回过头介绍 yield 的用途。L3 Agent 就是通过 each_update_to_next_router 这个接口获取 Router 的变化信息，也即变量 update。

代码中的注释讲述了如果直接返回 next_update 的话会出现多协程并发配置同一个 Router 的问题。class ExclusiveRouterProcessor 的出现，加上上述代码中的 "一扔一取"，就是为了解决这个问题。它的代码也很简单，简单到很难描述它的算法。我们先列出它的部分代码：

```
# [neutron/agent/l3/router_processing_queue.py]
class ExclusiveRouterProcessor(object):
    # _masters 是一个静态变量，它的数据类型是 dictionary (字典)，
    # 其中的 key 是 router_id, value 是 class ExclusiveRouterProcessor 对象实例
    _masters = {}

    def __init__(self, router_id):
        self._router_id = router_id
        if router_id not in self._masters:
            self._masters[router_id] = self
            self._queue = []
        self._master = self._masters[router_id]
```

class ExclusiveRouterProcessor 的构造函数代码，再结合 class RouterProcessingQueue 的 each_update_to_next_router 函数的前两句代码：

```
# [neutron/agent/l3/router_processing_queue.py]
class RouterProcessingQueue(object):
    def each_update_to_next_router(self):
        # 就结合这两句代码
        next_update = self._queue.get()
        with ExclusiveRouterProcessor(next_update.id) as rp:
```

双方一结合，它们的运行效果，如图 8-30 所示。

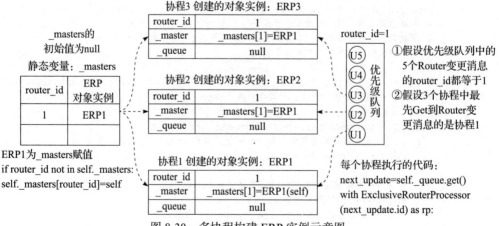

图 8-30　多协程构建 ERP 实例示意图

注：ERP 对象实例指的是 class ExclusiveRouterProcessor 的对象实例。

图 8-30 有三个假设：
① 假设优先级队列中的 5 个 Router 变更消息中的 router_id 都等于 1；
② 假设有 3 个协程中最先 Get 到 Router 变更消息的是协程 1；
③ class ExclusiveRouterProcessor 的全局变量 _masters = {}（值为空）。

每个协程执行的都是如下两句代码：

```
next_update = self._queue.get()
with ExclusiveRouterProcessor(next_update.id) as rp:
```

第一个协程运行时会为 _masters 赋值，代码如下：

```
class ExclusiveRouterProcessor(object):
    def __init__(self, router_id):
        if router_id not in self._masters:
            # 因为 self._masters 的值为空，所以肯定会走到这里，
            # 也就是说，协程 1 会为 self._masters 赋值：self._masters[1] = ERP1
            self._masters[router_id] = self
```

3 个协程都会从 _masters 获取值，为自己的变量 _master 赋值，代码如下：

```
# [neutron/agent/l3/router_processing_queue.py]
class ExclusiveRouterProcessor(object):
    def __init__(self, router_id):
        ......
        # 请注意区分两个变量的名字，一个是 _master，一个是 _masters,
        # _master = _masters[1] = ERP1
        self._master = self._masters[router_id]
```

3 个协程所创建的实例：ERP1、ERP2、ERP3，它们的成员变量 _master 都等于 ERP1。这个非常重要，因为这直接影响下面这句代码的走向：

```
# [neutron/agent/l3/router_processing_queue.py]
class RouterProcessingQueue(object):
    def each_update_to_next_router(self):
        next_update = self._queue.get()
        with ExclusiveRouterProcessor(next_update.id) as rp:
            # 上面两句代码，现在分析第三句代码，3 个协程开始执行这句代码
            rp.queue_update(next_update)
```

3 个协程开始执行 class RouterProcessingQueue 的函数 each_update_to_next_router 中的第 3 句代码：rp.queue_update(next_update)，也就是 class ExclusiveRouterProcessor 的函数 queue_update，代码如下：

```
# [neutron/agent/l3/router_processing_queue.py]
class ExclusiveRouterProcessor(object):
    def queue_update(self, update):
        # 这个函数，就这一句代码，却也暗藏杀机
        self._master._queue.append(update)
```

3 个协程相当于各自执行了一句代码，这句代码执行完以后的结果，如图 8-31 所示。

表面上看，3 个协程都往自己的队列里放置 Router 变更信息，其实都放置在了 ERP1（协程 1 创建的 ERP 实例）的队列中（ERP1._queue）。

到目前为止所介绍的代码，可以总结如下。

① 一个优先级队列中存放了 N 个 Router 变更消息（优先级队列被 class RouterProcessingQueue 包装了）。

② m 个协程"并发"从优先级队列中分别获取 1 个 Router 变更消息（假设这 m 个变更消息所对应的 router_id 都相同），记作 Ui。

③ m 个协程分别创建 1 个 ERP 实例（class ExclusiveRouterProcessor 实例），记作 ERPi。

④ m 个协程都期望往自己的队列（ERPi._queue）放置其刚刚获取的 Router 变更消息，但是实际上都放置到最先执行的协程（假设是协程 1）的队列中（ERP1._queue）。

协程3 创建的对象实例：ERP3	
router_id	1
_master	_masters[1]=ERP1
_queue	null

self._master._queue.append(update) 相当于向ERP1._queue里放置U2

协程2 创建的对象实例：ERP2	
router_id	1
_master	_masters[1]=ERP1
_queue	null

self._master._queue.append(update) 相当于向ERP1._queue里放置U2

协程1 创建的对象实例：ERP1	
router_id	1
_master	_masters[1]=ERP1(self)
_queue	[U1, U2, U3]

self._master._queue.append(update) 相当于向ERP1._queue里放置U1

图 8-31 多协程放置 Router 变更信息示意图

也就是说，假设 N 个 Router 变更消息中包含 q 个 router_id，那么这 N 个变更消息，会重新规整到 q 个队列中。这 q 个队列分别藏身于 q 个 ERP 实例中。哪一个协程最先获得一个新的 router_id，那么这个协程所创建的 ERP 实例将拥有全部与这个 router_id 有关的 Router 变更消息。

这么做的目的是为了与一个 router_id 有关的 Router 变更消息全部由一个协程来处理，以保证同一个 Router 的串行处理（为了保证处理的正确性）。同时，不同的 router_id 的 Router 变更消息会由不同的协程来处理，以保证不同 Router 的并行处理（为了处理的效率）。L3 Agent 是如何做到这一点的呢？

2）Router 变更消息的串并处理。

L3 Agent 将 Router 变更消息重新规整以后，下一步不同的协程就开始来提取 Router 变更消息以作处理了。提取变更消息的代码如下：

```
# [neutron/agent/l3/router_processing_queue.py]
class RouterProcessingQueue(object):
    def each_update_to_next_router(self):
        next_update = self._queue.get()
        with ExclusiveRouterProcessor(next_update.id) as rp:
            rp.queue_update(next_update)

            # 以上 3 句代码，前文介绍过
            # 现在不同的协程开始执行下面的代码
```

```
# 从 rp 中提取 Router 变更信息 (update)
for update in rp.updates():
    return rp, update  # 这句话是笔者暂时加上去的，为了分步骤介绍
    # 暂时忘记 yield (rp, update)，暂时将这句代码注释掉
    # yield (rp, update)
```

我们基于前面所作的假设，继续 3 个协程之旅：开始执行 rp.updates 函数，也就是如下代码：

```
# [neutron/agent/l3/router_processing_queue.py]
class ExclusiveRouterProcessor(object):
    def updates(self):
        # 对于 EPR2、EPR3 两个实例来说，它们的 if 条件不会满足
        if self._i_am_master():
            while self._queue:
                update = self._queue.pop(0)
                return update  # 这句话是笔者暂时加上去的，为了分步骤介绍
                # 暂时忘记下面的代码，暂时先将其注释掉
                '''
                if self._get_router_data_timestamp() < update.timestamp:
                    yield update
                '''

    def _i_am_master(self):
        # 因为 ERP1._master = ERP1, ERP2._master = ERP1, ERP3._master = ERP1,
        # 所以，只有 ERP1 才会 return True
        return self == self._master
```

可以看到，3 个协程中只有第 1 个协程才会满足 "if self._i_am_master()" 条件，也就是说，只有第 1 个协程才能提取到 Router 变更消息。其他的协程来提取 Router 变更消息只会空手而归，然后什么也不处理。

> **说明** 代码的注释中，提到暂时忘记 yield，那就暂时忘记 yield，而是直接用 return 代替。如果用 return 代替的话，即使队列中有多个 Router 变更消息，也只会 return 1 个变更消息，然后函数就退出了，我们暂时不纠结这个问题，下文介绍 yield 时，再解决这个问题。

不过我们一直在说多个协程，可是多个协程在哪里呢？这就需要从源头补上协程的来源。前文介绍过，在 L3 Agent 启动以后，它会执行 after_start 函数，after_start 函数最终会启动 m（m 一般等于 8）个协程，这 m 个协程，都是循环执行一个函数 _process_router_update，其代码如下：

```
# [neutron/agent/l3/agent.py]
class L3NATAgent(......):
    # 一共 m 个协程，每个协程都会执行这个函数 (_process_router_update)
```

```
def _process_router_update(self):
    # while 是笔者加上去的，实际上它是写在另一个函数中，那个函数在 while 循环中，
    # 调用 _process_router_update 函数。while 写在这里，是为了直观表现循环调用
    while (True):
        # self_queue，就是前文介绍的 class RouterProcessingQueue 的实例
        for rp, update in self._queue.each_update_to_next_router():
            # 下面的代码不用关注细节，就当是做是获取到变更消息以后，用命令行配置 Router
            configure_router(update) # 这句话是伪码，其实是有很长的一段代码
```

我们仍然基于前面的假设，假设有3个协程，每个协程都会执行 class L3NATAgent 的 _process_router_update 函数。通过 _process_router_update 的代码可以看到，每个协程都会去调用前文介绍的 class RouterProcessingQueue 的函数 each_update_to_next_router，期望这个函数能够返回一个个 Router 变更消息给其处理。但是实际上，只有其中1个协程（协程1）才能获得 Router 变更消息（假设所有的 Router 变更消息的 router_id 都相同），进而做进一步的处理（基于变更消息，通过命令行配置 Router），如图 8-32 所示。

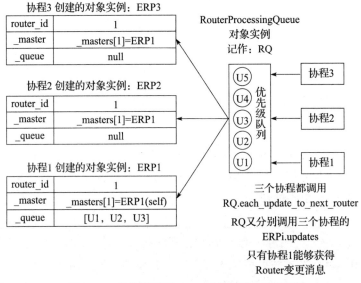

图 8-32　多协程处理 Router 变更信息示意图

根据前文的介绍，由于 class RouterProcessingQueue 和 class ExclusiveRouterProcessor 联合对 Router 的变更消息进行了规整，所有的变更消息都被规整到协程1所创建的实例 ERP1 的队列中，因而只有协程1才能获取到 Router 的变更消息（进而也只有协程1才能对 Router 进行配置）。

协程1调用1次 class RouterProcessingQueue 的函数 each_update_to_next_router，获取1个 Router 变更消息，比如图 8-32 中的 U1，那么图 8-32 中的 U2、U3 该怎么获得呢？这就涉及前文代码注释中说的暂且忽略的 yield。

（3）yield 在 class RouterProcessingQueue 中的作用

前文，我们一直忽略 yield，而是以 return 代替。现在来看看，假设真的以 return 代替，

会有什么问题。我们继续看 class RouterProcessingQueue 的 each_update_to_next_router 函数，代码如下：

```
# [neutron/agent/l3/router_processing_queue.py]
class RouterProcessingQueue(object):
    # L3 Agent 就是通过这个接口，获取 Router 的变化信息，也即变量 update
    def each_update_to_next_router(self):
        # 获取一个元素，优先级队列会返回优先级最靠前的那个元素
        next_update = self._queue.get()

        # with ....，简单理解相当于 rp = ExclusiveRouterProcessor(next_update.id)
        # 注意：rp 是一个临时变量，当这个函数（each_update_to_next_router）退出时，
        # rp 也就无效了
        with ExclusiveRouterProcessor(next_update.id) as rp:
            # 将从优先级队列中获取的 Router 变更信息(next_update)扔给 rp
            rp.queue_update(next_update)

            # 从 rp 中再获取一个 Router 变更信息(update)
            for update in rp.updates():
                # 假设是 return，而不是 yield
                return rp, update
```

如果只有 1 个协程，上述代码没有问题，因为 class L3NATAgent 的 _process_router_update 函数是一个 while 循环，它循环一次就调用 1 次 each_update_to_next_router，就得到 1 个 Router 变更消息；循环 1 次，就得到一个。如果有 5 个表更消息，它只需循环 5 次即可。

但是如果有多个协程，比如我们仍然基于先前的假设有 3 个协程并发执行，如图 8-33 所示。

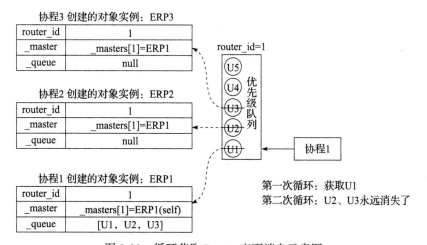

图 8-33 循环获取 Router 变更消息示意图

第一次循环时，考虑 3 个协程并发执行都在执行第一次循环，得到的结果如下。
1）优先级队列中的 U1、U2、U3 被移走（只剩下 U4、U5）。

2)U1、U2、U3 被放置到协程 1 创建的对象 ERP1 中的 _queue 队列中。

3)协程 1 获取到 U1,并处理这个变更消息。

另外,由于 each_update_to_next_router 函数执行的是 return,也就意味着这个函数退出。随着这个函数的退出局部变量 ERP1 将灰飞烟灭,这也就意味着协程 1 的第二次循环再度执行 each_update_to_next_router 函数时:优先级队列中的 U2、U3 随着 ERP1 的消失而永远消失了!这就意味着代码逻辑会出现错误,因为 U2、U3 还没来得及处理就永远消失了!

这样看来,each_update_to_next_router 函数用 return 是不行的。那么为什么用 yield 就可以呢?这是因为 yield 有两大作用:

1)返回"rp, update",这个功能与直接调用 return 是一致的。

2)函数不退出,而是挂起在这里。待下次重新调用这个函数时,函数从当前挂起出,继续执行。

这样的话,协程 1 的二次循环进入乃至多次循环进入都不会出现逻辑问题。

可以这么说,yield 在 class RouterProcessingQueue 的 each_update_to_next_router 函数中的作用是为了保护局部变量 ERP 长期有效,直到所有相关的 Router 变更信息被获取完毕。但是既然 yield 已经能保护局部变量 ERP 长期有效,为什么 class ExclusiveRouterProcessor 的 updates 函数还需要一个 yield 呢?这就又涉及本节一开始所说的 Router 变更消息的排序算法。

(4)yield 在 class ExclusiveRouterProcessor 中的作用

yield 在 class RouterProcessingQueue 中的作用,一言以蔽之,为了保证 Router 变更消息不丢失,那么它在 class ExclusiveRouterProcessor 中的作用又是什么呢?表面上看它是为了一个一个往外弹 Router 变更消息,代码如下:

```
# [neutron/agent/l3/router_processing_queue.py]
class ExclusiveRouterProcessor(object):
    def updates(self):
        if self._i_am_master():
            while self._queue:
                # 这里弹出一个 Router 变更消息
                update = self._queue.pop(0)
                # 暂时不用管 if,暂时就当做 if 不存在
                if self._get_router_data_timestamp() < update.timestamp:
                    # 返回 update,并且函数挂起在这里
                    yield update
```

如果我们不管代码中 if 条件判断,这段代码的逻辑就是一次只弹出一个 Router 变更消息,然后函数挂起,待到下次再调用这个函数时,从挂起处执行,又弹出一个,直到将所有的 Router 变更消息弹完为止。这样的代码逻辑没毛病,可是有点多此一举,它直接将整个队列(self._queue)返回即可,没有必要一个一个弹。

关键点就出在那个 if 分支上。class ExclusiveRouterProcessor 还有一个功能,就是记录当前已经处理的 Router 变更消息的时间戳,代码如下:

```
class ExclusiveRouterProcessor(object):
    def fetched_and_processed(self, timestamp):
        # 函数其实有两句代码，为了易于理解和讲述，我删掉一句。删掉的那一句不影响大局
        self._router_timestamps[self._router_id] = new_timestamp
```

这个函数会被 L3 Agent 处理 Router 变更消息时调用，代码如下：

```
# [neutron/agent/l3/agent.py]
class L3NATAgent(......):
    def _process_router_update(self):
        while (True):
            for rp, update in self._queue.each_update_to_next_router():
                # 处理 Router 变更消息 (update)
                ......
                # rp 就是 class ExclusiveRouterProcessor 的实例
                rp.fetched_and_processed(update.timestamp)
```

可以看到，L3 Agent 在处理完一个 Router 变更消息以后，就调用 rp.fetched_and_processed，rp 就会记录下该时间戳，表示当前已经处理的最新的 Router 变更消息所发生的时间戳。这里面暗含一个逻辑，就是在这个时间戳之前发生的变更消息就不用再处理了，如果还没有来得及处理的话。什么情况下会发生这样的情况呢？应该说，Router 变更消息的排序算法本身就存在这种可能性。前文介绍过这个算法，它是首先比较变更消息的优先级，然后才比较消息发生时的时间戳，也就是说，只要这个消息的优先级排在前面，哪怕它的发生时间靠后，这个消息也会被提前执行，如图 8-34 所示。

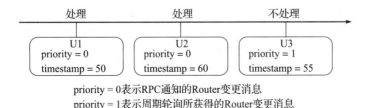

图 8-34 Router 变更消息的处理顺序

图 8-34 中，三个 Router 变更消息 U1、U2、U3 被按照消息的优先级先后排列，然后 U1 被处理、U2 被处理，待到 U3 时，它的时间戳是 55，这意味着它其实比 U2 发生的时间还早，而更早发生的变更消息，如果还没有处理，那就不必再处理了。这种情况之所以发生，就是因为 U3 的 priority（周期轮询所得）比 U2 的 priority（RPC 通知所得）低。这也说明，周期轮询所得到的 Router 变更消息，在 L3 Agent 里面不大受待见。

除了这种情况，L3 Agent 还有一种纠错机制，也会引发这样的情形发生。这个纠错的代码如下：

```
# [neutron/agent/l3/agent.py]
class L3NATAgent(......):
    def _process_router_update(self):
```

```
while (True):
    for rp, update in self._queue.each_update_to_next_router():
        router = update.router
        if update.action != queue.DELETE_ROUTER and not router:
            # 变更消息的类型不是删除，但是变更消息中没有带 Router 的具体信息
            # 重新从 Neutron Server 那边获取 Router 信息
            # 但是这个 Router 信息的时间戳已经不是当初发生变更消息的时间戳，
            # 而是当前重新获取 Router 消息中的时间戳
            update.timestamp = timeutils.utcnow()
            routers = self.plugin_rpc.get_routers(self.context,
                                                 [update.id])
            if routers:
                router = routers[0]

        # 处理 Router 变更消息 (update)
        ......
        # rp 就是 class ExclusiveRouterProcessor 的实例
        # 注意，此时的时间戳已经是当前重新获取 Router 消息中的时间戳了
        rp.fetched_and_processed(update.timestamp)
```

当一个 Router 变更消息既不是删除消息（那就意味着修改或者增加）却又没有附带上具体的 Router 信息时，应该说是某个地方出现了问题。此时 L3 Agent 会尝试挽回这个错误，于是它从 Neutron Server 那重新获取 Router 信息（调用 self.plugin_rpc.get_routers 函数），然后它再处理这个变更信息。但是，这个变更信息的时间戳已经不是当初那个变更信息发生的时间戳了，而是当前的时间戳，因为 Router 的具体信息是当前获取的，而不是当初变更信息附带过来的。这个代码逻辑如图 8-35 所示。

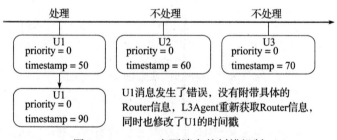

图 8-35　Router 变更消息的纠错机制

图 8-35 中，U1 消息由于发生了错误，L3 Agent 对这个错误进行了纠正，同时也修改了 U1 的时间戳，这也就造成了后面的 U2、U3 也不必再处理了，因为它们发生的时间相对于 U1 的最新发生时间而言属于过去式了。

现在我们再回头看看 class ExclusiveRouterProcessor 的那个 if 条件：

```
# [neutron/agent/l3/router_processing_queue.py]
class ExclusiveRouterProcessor(object):
    def updates(self):
        if self._i_am_master():
```

```
while self._queue:
    # 这里弹出一个 Router 变更消息
    update = self._queue.pop(0)
    # 判断时间戳，如果待处理的 Router 变更消息 (update) 更加靠后,
    # 那么就处理这个变更消息，否则就丢弃，再判断队列中的下一个消息
    if self._get_router_data_timestamp() < update.timestamp:
        # 返回 update，并且函数挂起在这里
        yield update
```

可以总结，class ExclusiveRouterProcessor 使用 yield 表面上是为了一个一个弹出 Router 变更消息，实际上是为了保证能够丢弃尚未来得及处理的过期的 Router 变更消息，以免造成逻辑错误。

（5）小结

L3 Agent 的 Router 处理机制总结起来并不复杂，主要分为如下几点：

1）串并处理原则。

① 对于同一个 Router 的变更消息，要能保证串行处理。

② 对于不同的 Router 的变更消息，要能保证并行处理。

2）优先处理原则。

① 几乎同时发生的消息，RPC 的 Router 变更消息要比周期轮询得到的变更消息优先处理。

② 同一种优先级的 Router 变更消息，早发生变更消息优先处理。

3）过期消息丢弃原则。

未来得及的处理的过期的 Router 变更消息，要丢弃，不能再处理。

为了实现这个机制，L3 Agent 首先使用 class RouterUpdate 对 Router 变更消息进行了包装，并借助了两重队列对变更消息进行规整。第一重队列是 class RouterProcessingQueue，它内部采用了优先级队列 PriorityQueue 对所有的变更消息进行排序，排序算法是首先基于消息的优先级，然后再基于消息的到达时间。第二重队列是 class ExclusiveRouterProcessor，它内部采用了一个字典型的数据结构将变更消息按照 Router ID 分为多个子队列，每个子队列借用第一重队列的排序结果，也即每个子队列也是排序的。

class RouterProcessingQueue 和 class ExclusiveRouterProcessor 联合起来保证单个 Router 的变更消息只能串行处理（只能有一个协程处理），多个 Router 的变更消息可以并行处理（每个 Router 的变更消息，有一个协程在处理）。两个 class 联合起来还能保证过期的 Router 变更消息能够被丢弃。为了确保以上两点，两个 class 还借助了 yield 这种编程方法。

L3 Agent 的 Router 变更消息处理机制，应该说并不复杂，而且代码写得也很简短，但是不得不说，代码写得太好了！不过这么好的代码，严格来说，只能说是提供了处理机制的基础，它还需要与真正的处理变更消息的代码相结合才能完整地实现 Router 变更消息的处理。L3 Agent 真正处理变更消息的代码是在一个 while 循环中。

4. Router 变更消息的循环处理

上一小节介绍了 Router 变更消息的处理机制，可以看到，假设 L3 Agent 接收到变更消

息以后，不管三七二十一，就直接处理，那是没办法实现这个机制的。所以无论是 RPC 接收到的变更消息，还是周期轮询所获取到的变更消息，它们都是放到一个队列中（前文介绍的 class RouterProcessingQueue 的对象），然后由多个协程循环不断地从这个队列中来获取变更消息并做真正的处理，如图 8-36 所示。

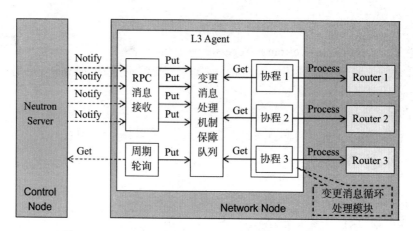

图 8-36　L3 Agent 处理 Router 变更消息的三段式示意图

在这样的三段式配合中，周期轮询模块相对比较简单（不像上一小节，一共只有 62 行代码，却那么复杂），本文就不多做介绍，简单理解它是周期性地（1 秒钟 1 次）向 Neutron Server 查询 Router 信息即可。RPC 模块前文已经介绍过。变更消息处理机制保障队列对外呈现的接口是 class RouterProcessingQueue 的函数 each_update_to_next_router（主要接口）以及 class ExclusiveRouterProcessor 的函数 fetched_and_processed，前文也已经介绍过。本小节主要介绍 Router 变更消息的循环处理模块。

前文介绍过，L3 Agent 启动时会执行 after_start 函数，而 after_start 函数就是在新的协程里执行 _process_routers_loop 函数，代码如下：

```
# [neutron/agent/l3/agent.py]
class L3NATAgentWithStateReport(L3NATAgent):
    def after_start(self):
        # 在协程里启动 self._process_routers_loop
        eventlet.spawn_n(self._process_routers_loop)
        ......

# _process_routers_loop 函数定义在父类 class L3NATAgent 中：
class L3NATAgent(......):
    def _process_routers_loop(self):
        LOG.debug("Starting _process_routers_loop")
        pool = eventlet.GreenPool(size=8)
        # 一个死循环 (while True)，协程中运行 _process_router_update 函数
        while True:
            pool.spawn_n(self._process_router_update)
```

_process_routers_loop 函数启动 8 个协程，每个协程都是循环执行 _process_router_update 函数。_process_router_update 的代码如下（上一小节简单介绍过这个函数）：

```
# [neutron/agent/l3/agent.py]
class L3NATAgent(......):
    def _process_router_update(self):
        # self._queue 就是 class RouterProcessingQueue 的实例
        # self._queue.each_update_to_next_router，神一样的接口，
        # 保障了 Router 变更消息处理机制
        for rp, update in self._queue.each_update_to_next_router():
            ......
            router = update.router
            ......
            # 变更消息中只有 Router ID，而无 Router 真正内容，意味着要删除这个 Router，
            # 当然实际代码中，还有其他判断逻辑，被我用省略号代替了（可以忽略，无伤大雅）
            if not router:
                removed = self._safe_router_removed(update.id)
                ......

            ......
            # 省略了很多代码，保留最主干的代码：_process_router_if_compatible
            self._process_router_if_compatible(router)

            # rp 就是 class ExclusiveRouterProcessor 的实例，
            # rp.fetched_and_processed，是为了保证过期的 Router 变更消息不再处理
            rp.fetched_and_processed(update.timestamp)
```

_process_router_update 函数中充满了变更消息处理机制保障队列相关的代码，不过这个保障队列的相关代码前文已经介绍过，这里不再重复。_process_router_update 函数包含了两个主要步骤：根据 Router 变更消息的性质，或者是删除 Router（_safe_router_removed），或者是处理 Router 的变化（增加或者删除，_process_router_if_compatible）。下面逐个介绍这两个函数。

（1）_safe_router_removed 函数分析

如果 Router 变更消息的性质是为了删除一个 Router 的话，_process_router_update 函数会调用函数 _safe_router_removed，其代码如下：

```
# [neutron/agent/l3/agent.py]
class L3NATAgent(......):
    def _safe_router_removed(self, router_id):
        # 忽略其他代码，只关注这一句：调用 _router_removed
        self._router_removed(router_id)

    def _router_removed(self, router_id):
        ri = self.router_info.get(router_id)
        ......
        ri.delete()
        ......
```

ri 的数据类型就是 8.2.2 节介绍的 class RouterInfo（下文会介绍，为什么是这个数据类型），其成员函数 delete，代码如下：

```
# [neutron/agent/l3/router_info.py]
class RouterInfo(object):
    def delete(self):
        ......
        self.process_delete()
        self.router_namespace.delete()
```

这个函数调用了两个函数，其中 process_delete 函数如下：

```
# [neutron/agent/l3/router_info.py]
class RouterInfo(object):
def process_delete(self):
        if self.router_namespace.exists():
            self._process_internal_ports()
            self.agent.pd.sync_router(self.router['id'])
            self._process_external_on_delete()
        else:
            LOG.warning(......)
```

由于 Class RouterInfo 在 8.2.2 节专门介绍过，这里不再深入继续往下挖掘这些代码，只需简单理解：由于 Router 要被删除，所以原来它与 br-int 对接的内部接口要 unplug，Router 的路由表中的默认网关要删除。

delete 函数调用的另一个函数 self.router_namespace.delete()，代码如下：

```
# [neutron/agent/l3/namespaces.py]
class RouterNamespace(Namespace):
    def delete(self):
        ns_ip = ip_lib.IPWrapper(namespace=self.name)
        for d in ns_ip.get_devices(exclude_loopback=True):
            if d.name.startswith(INTERNAL_DEV_PREFIX):
                # device is on default bridge
                self.driver.unplug(d.name, namespace=self.name,
                                   prefix=INTERNAL_DEV_PREFIX)
            elif d.name.startswith(ROUTER_2_FIP_DEV_PREFIX):
                ns_ip.del_veth(d.name)
            elif d.name.startswith(EXTERNAL_DEV_PREFIX):
                self.driver.unplug(
                    d.name,
                    bridge=self.agent_conf.external_network_bridge,
                    namespace=self.name,
                    prefix=EXTERNAL_DEV_PREFIX)

        # 调用父类 (class Namespace) 的 delete 函数
        super(RouterNamespace, self).delete()

# [neutron/agent/l3/namespaces.py]
```

```python
class Namespace(object):
    def delete(self):
        删除 namespace
        self.ip_wrapper_root.netns.delete(self.name)
        ......
```

这个函数做了两件事情：一是 unplug 内部接口、外部接口；二是调用父类的 delete 函数。而父类的 delete 函数就是删除该 Router 所在的 namespace。前文介绍过，因为 Neutron 的 Router 就是利用 Linux namespace 的内核功能，所以删除 Router 的就是需要删除 namespace。

（2）_process_router_if_compatible 函数分析

如果 Router 变更消息的性质是为了增加或者修改一个 Router 的话，_process_router_update 函数会调用函数 _process_router_if_compatible，其代码如下：

```python
# [neutron/agent/l3/agent.py]
class L3NATAgent(......):
    def _process_router_if_compatible(self, router):
        # 笔者删除了一些关于外部网关网络的一些判断逻辑，从主干分析的角度，我们忽略这些内容，
        # 它们并不是代码的主逻辑。
        ......
        # Router 变更消息中并没有指明这个 Router 是新增消息还是修改消息，
        # 如果这个 Router ID 不在当前存储的 Router ID 范围内，则认为是新增
        if router['id'] not in self.router_info:
            self._process_added_router(router)
        # 否则，就认为是修改
        else:
            self._process_updated_router(router)
```

从主干分析的角度，我们只关注最主要的两个步骤：处理新增的 Router、处理修改的 Router。两个步骤对应的代码如下：

```python
# [neutron/agent/l3/agent.py]
class L3NATAgent(......):
    def _process_added_router(self, router):
        # 首先增加一个 router
        self._router_added(router['id'], router)
        
        # ri 的类型就是 class RouterInfo
        ri = self.router_info[router['id']]
        ri.router = router
        ri.process()
        ......
    
    def _process_updated_router(self, router):
        # ri 的类型就是 class RouterInfo
        ri = self.router_info[router['id']]
        ri.router = router
        ri.process()
        ......
```

两个函数的唯一区别就是 _process_added_router 首先增加一个 Router，而 _process_updated_router 没有增加这个动作。剩下的两者就是一样了，都是从自己存储的 Router 信息中通过 Router ID 获取一个 Router 信息实例 ri，并且调用 ri.process 函数。ri 的数据类型就是 class RouterInfo。class RouterInfo 及其函数 process 8.2.2 节都介绍过，本节就不再重复。

这里我们只需关注 _process_added_router 增加一个 Router 的代码，它是调用函数 self._router_added，其代码如下：

```
# [neutron/agent/l3/agent.py]
class L3NATAgent(......):
    def _router_added(self, router_id, router):
        #  调用 _create_router
        ri = self._create_router(router_id, router)
        self.router_info[router_id] = ri
        ri.initialize(self.process_monitor)
        ......

    def _create_router(self, router_id, router):
        ......
        return legacy_router.LegacyRouter(*args, **kwargs)
```

_router_added 函数调用 _create_router 函数。_create_router 笔者删除了很多代码，只保留了最后一句。删除的代码是根据 Router 的类型返回不同类型的 Router，由于本文不涉及 HA、分布式等路由器，所以代码中就保留了最后一句话：与传统路由器相关的路由信息——LegacyRouter。

class LegacyRouter 继承自 class RouterInfo，它仅仅重载了一个函数：add_floating_ip，所以 8.2.2 节就专门介绍了 class RouterInfo，而且本章其他章节基本也是以 class RouterInfo 为代表，有意无意地忽略了 class LegacyRouter 的存在。

> **说明** 很难给 class LegacyRouter 或者 class RouterInfo 的实例取一个准确的名字。如果取名 Router，则与 Neutron Server RPC 接口传递过来的对象 Router 相冲突（该对象的模型基本等于第 4 章介绍的 Router 模型）；如果取名 RouterInfo，创建它实例的函数又取名 _create_router。实在没办法，笔者将其取名 Router，即打引号的 Router。再啰唆一遍，编程序，类、函数、变量等取名字很重要！

_router_added 函数除了调用 _create_router 创建一个 Router，还调用了这个 "Router" 实例的 initialize 函数，也就是 class RouterInfo 的成员函数 initialize，代码如下：

```
# [neutron/agent/l3/router_info.py]
class RouterInfo(object):
    ......
    def initialize(self, process_monitor):
        ......
```

```
# self.router_namespace 是在 __init__ 函数中构建的
self.router_namespace.create()

# __init__ 函数，构建 self.router_namespace
def __init__(......):
    ......
    ns = self.create_router_namespace_object(
        router_id, agent_conf, interface_driver, use_ipv6)
    self.router_namespace = ns
    ......
```

这个函数就不继续深究下去了，总之到最后是执行 Linux 命令行创建一个 namespace，并且开启路由转发功能（net.ipv4.ip_forward=1）。这样充分说明 Neutron 就是利用 Linux 的 namespace 实现了路由转发服务。

8.2.4　L3 Agent 小结

L3 Service 或者说是 Router，包括路由转发和 SNAT/DNAT 等功能。提供 L3 Service 的是 Linux 内核。为了做到各个 L3 Service 之间的隔离，Neutron 采用了 Linux 的 namespace 机制。也就是说，Neutron 的一个个 L3 Service，其本质上也就是一个个 namesapce 而已。

L3 Agent 利用 Linux 命令行对 Router 进行配置管理，包括增加、删除、修改等功能。但是 L3 Agent 可不仅仅是做一个 Linux 命令行配置那么简单，为了保证效率和正确性，L3 Agent 还实现了如下处理机制：

1）串并处理原则；

2）优先处理原则；

3）过期消息丢弃原则。

L3 Agent 所接收的 Router 变更消息来源有两种，一个是接收 Neutron Server 发送过来的 RPC 消息，一个是通过自身向 Neutron Server 周期轮询所得。无论是接收到哪种来源的消息，L3 Agent 都不是马上处理这些消息，而是存储在一个队列中，然后再通过一个死循环周而复始地从该队列中读取变更消息，然后再根据变更消息对 Router 进行配置。之所以这么做，就是为了实现 L3 Agent 的处理机制。

L3 Agent 处理 Router 的增加和修改的消息基本过程是一致的，只不过处理增加的消息多了一个 Router 创建过程。所谓创建 Router，从命令行角度来说，就是创建一个 namespace，并且打开这个 namespace 的转发开关。剩下的两者就一样了，都是对 Router 进行配置，包括：

1）Router 与 br-int、br-ex 的对接（这个是 Router 能工作的基础）；

2）Router 端口的 IP 地址；

3）路由转发规则（涉及路由表，包括默认路由）；

4）SNAT 规则（涉及外部网关）；

5）DNAT 规则（也就是 Floating IP）。

L3 Agent 处理 Router 删除的消息，其过程基本与 Router 增加的消息相反，比如删除与

br-int、br-ex 的对接、删除 namespace 等。

L3 Agent 模块的类图，如图 8-37 所示。

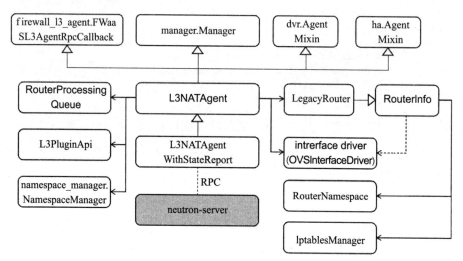

图 8-37　L3 Service 生命周期管理的类图

图 8-37 中，最中心的 class 就是 class L3NATAgent，它是 L3 Agent 的中枢，调度其他 class 完成 L3 Agent 的使命。class RouterInfo 除了承担存储路由信息的功能以外，最主要的功能是调用 Linux 命令上对 Router 进行配置。class OVSInterfaceDriver 的主要功能是调用 OVS 命令行创建 Router 的内部、外部接口，并且将 Router 通过这些接口分别与 br-int、br-ex 进行对接。class RouterProcessingQueue 的使命则是构建一个"Router 变更消息处理机制保障队列"，L3 Agent 收到 Router 变更消息以后，并不是马上处理，而是先放置在这个队列中，然后 L3 Agent 再通过一个循环来读取这些消息并做进一步的配置。可以说，正是 class RouterProcessingQueue 与 class L3NATagent 的联合才实现了 L3 Agent 的复杂的处理机制。当然，也不能忘记 class L3NATAgentWithStateReport 的功能，名如其人，它主要是周期性地向 Neutron Server 报告 L3 Agent 的状态，以维护 Neutron Server 与 L3 Agent 之间的心跳检测。

8.3　本章小结

Neutron 在每一个网络节点和控制节点上会根据节点上虚拟网元的类型部署相应的 Agent 进程。当 Neutron 控制节点的 neutron-server 进程接到 RESTful API 的请求，进行资源（Network、Port、Router 等）的增删改时，它会通过 RPC 消息通知对应的 Agent。Agent 接到消息以后，会对它管理的虚拟网元进行管理配置。

每一种虚拟网元都会有一类 Agent 进程与之相对应。由于篇幅原因，本章摘取了两个最典型的 Agent 进行讲述：一个 OVS Agent，对应 L2 转发；一个是 L3 Agent，对应 L3 转发。

OVS Agent 在启动时，就会完成如下工作：

1）创建 br-int、br-tun（br-phys 在 OVS Agent 启动之前就已经创建好）；

2）创建 br-int 与 br-tun、br-phys 之间的对接接口；

3）发布自身的隧道信息。

OVS Agent 在运行时会接收 Neutron Server 发布过来的 RPC 消息。RPC 消息分为两类：一类是 Tunnel 变化的消息，一类是 Port 变化的消息。对于前者，OVS Agent 会直接根据 Tunnel 变化信息配置 br-tun 的 Tunnel 接口，从而创建出一条条隧道。对于后者，OVS Agent 仅仅是将变更消息存储在相应的队列中。这是因为，OVS Agent 所接收到的 Neutron Server 发送过来的消息，并不能真正代表一个 Port 增加。OVS Agent 自己还需要周期性地向 br-int 轮询端口的变化信息（增加、删除、修改）。

所以说，OVS Agent 真正处理 Port 变化的消息的实体是在一个周而复始的循环中，这个循环结合 RPC 接收到的 Port 变更消息及自身周期轮询到的 Port 变更信息对 Port 进行配置。所谓配置，就是调用 OVS 命令行对 Port 配置转发规则、VID 转换规则、Port 的 Tag 等。

如果说 OVS 在一个循环中对 Port 进行处理是因为 OVS Agent 没法接到真正的 Port 增加消息而不得不做出的选择，那么 L3 Agent 对 RPC 消息也是放在一个循环中处理的话，则是一个主动的选择。因为 L3 Agent 要保证对 Router 的串并处理机制。

Router 的串并处理机制既是为了处理效率，也是为了处理的正确性。Router 的变更消息包括增加、删除、修改。

增加 Router 就是创建一个 namespace，并打开它的路由转发功能，删除 Router 就是删除一个 namespace。

当然一个 Router 还需要有接口与 br-int、br-ex 进行对接，同时它的接口还需要有 IP 地址，它自己还需要有路由转发表（包括默认网关路由），还需要有 SNAT/DNAT 转换规则。所以无论是增加一个 Router 还是修改一个 Router，都有可能涉及这些功能的配置。相应的，删除一个 Router 也需要删除相应的接口。

Neutron Agent 是 Neutron 架构的最后一环。Neutron Server 接到 RESTful 接口请求或者 CLI 指令以后，调用 Neutron Plugin 进行相应的处理，Neutron Plugin 处理完成以后，再通过 RPC 调用相应的 Agent 进行配置（当然，Agent 自身也可能会通过周期轮询得到变更消息）。

不同的 Agent，处理机制各有不同，而且也都比较复杂。但是繁华落尽，我们仿佛看到一个孤独的背影，像雕塑一样坐在那里，心无旁骛，时刻准备着，只要一接到指令，就敲击相应的命令行，进行配置！

推荐阅读

VMware Horizon桌面与应用虚拟化权威指南

作者：吴孔辉 著 ISBN：978-7-111-51202-8 定价：59.00元

由资深桌面虚拟化专家撰写，VMware大中华区总裁、VMware研发中心高级总监等业内领袖及专家联合推荐。本书涵盖了桌面虚拟化相关的基础知识，也对VMware Horizon产品进行了详细介绍，并从企业业务与技术需求的角度着手，进行桌面虚拟化的评估，全面讲述了桌面虚拟化系统的设计最佳实践。

虚拟化安全解决方案

作者：[美] 戴夫·沙克尔福 著 张小云 等译 ISBN：978-7-111-52231-7 定价：69.00元

资深虚拟化安全专家撰写，系统且深入阐释虚拟化安全涉及的工具、方法、原则和最佳实践。深入剖析虚拟基础设施各个层面的问题，从虚拟网络到管理程序平台和虚拟机，重点阐释三大主流虚拟化技术解决方案，能为工程师与架构师设计、安装、维护和优化虚拟化安全解决方案提供有效指导。

架构即未来：现代企业可扩展的Web架构、流程和组织(原书第2版)

作者：[美] 马丁 L. 阿伯特 等著 陈斌 译 ISBN：978-7-111-53264-4 定价：99.00元

本书深入浅出地介绍了大型互联网平台的技术架构，并从多个角度详尽地分析了互联网企业的架构理论和实践，是架构师和CTO不可多得的实战手册。

——唐彬，易宝支付CEO及联合创始人

本书基于两位作者长期的观察和实践，深入讨论了人员能力、组织形态、流程和软件系统架构对业务扩展性的影响，并提出了组织与架构转型的参考模型和路线图。

——赵先明，中兴通讯股份有限公司CTO